# 黑龙江三江国家级自然保护区湿地资源及生态功能评估

姜 明 张文广 武海涛 等 著

科学出版社
北 京

# 内 容 简 介

黑龙江三江国家级自然保护区是以沼泽湿地为主要保护对象的保护区，属内陆湿地与水域生态系统类型，是典型的低地高寒湿地，其地貌特征极具原始风貌，主要保护对象是湿地和水域生态系统。本书依托 2020～2021 年作者对保护区的调查，并参考相关文献资料，阐述了保护区的自然概况、资源调查与评估方法、植物多样性及生态功能、湿地水环境及生态功能、土壤性质及碳储量、湿地浮游动植物及生态功能、湿地水生无脊椎动物及生态功能，以及昆虫多样性、鱼类多样性、两栖动物多样性、爬行动物多样性、哺乳动物多样性、鸟类多样性及其栖息地分布和保护区相关生态旅游，最后部分为保护区物种组成的相关附录。

本书可为保护区管理工作提供基础数据，也可供湿地管理人员、社区干部以及地理学、生物学、生态学和环境学等专业的科研、工程技术人员和相关科研院校的师生阅读参考。

**图书在版编目数据**

黑龙江三江国家级自然保护区湿地资源及生态功能评估 / 姜明等著. --北京：科学出版社, 2025.6. -- ISBN 978-7-03-074938-3

Ⅰ. ①黑… Ⅱ. ①姜… Ⅲ. ①自然保护区—沼泽化地—环境生态评价—研究—黑龙江省 Ⅳ. ①P942.350.78

中国国家版本馆 CIP 数据核字(2023)第 033126 号

责任编辑：马 俊 岳漫宇 闫小敏 / 责任校对：郑金红
责任印制：肖 兴 / 封面设计：无极书装

**科学出版社** 出版
北京东黄城根北街 16 号
邮政编码：100717
http://www.sciencep.com

北京华宇信诺印刷有限公司印刷
科学出版社发行 各地新华书店经销
*
2025 年 6 月第 一 版 开本：787×1092 1/16
2025 年 6 月第一次印刷 印张：14 1/4
字数：338 000

**定价：198.00 元**

（如有印装质量问题，我社负责调换）

# 本书著者委员会

## 顾　问

李晓民　吴建平

## 主　任

姜　明　张文广　武海涛　李东生

## 副主任

于洪贤　刘　波　姚允龙　赵志春　杨　亮

田　雪　朱　玉　成善亮

## 编写人员

（以姓氏笔画为序）

于洪贤　王　瑜　王传禄　田　雪　付　怡

朱　玉　刘　波　严　硕　芦康乐　李　蕊

杨　亮　张文广　赵予熙　赵志春　赵琬婧

姜　明　祝司民　姚允龙　黄晓明　焦　健

谢志宇　管　强　谭博文

# 前　言

湿地广泛分布于世界各地，是生物多样性丰富和生产力较高的生态系统。湿地在抵御洪水、调节径流、控制污染、调节气候、美化环境等方面有重要作用，既是陆地上的天然蓄水库，又是众多野生动植物资源，特别是珍稀水禽的繁殖和越冬地。湿地与人类息息相关，是人类拥有的宝贵资源，被称为“生命的摇篮”“地球之肾”“鸟类的乐园”，是东北亚鸟类迁徙的重要通道、停歇地和繁衍栖息地。

黑龙江三江国家级自然保护区（以下简称保护区）于 1994 年经黑龙江省人民政府批准建立，是一个以沼泽湿地为主要保护对象的自然保护区，2000 年经国务院批准晋升为国家级自然保护区，2002 年被列入《国际重要湿地名录》，同年被批准加入国际鹤类保护网络。保护区位于黑龙江省三江平原东北部，地跨抚远、同江两市，东靠乌苏里江，西跨鸭绿河进入同江市境内，南与饶河县为邻，北隔黑龙江与俄罗斯毗邻，并以黑龙江、乌苏里江的主航道中心线与俄罗斯分界，是两江汇合的三角地带，分布有江心岛 23 个。保护区核心区面积 66 050hm$^2$，缓冲区面积 27 975hm$^2$，实验区面积 104 075hm$^2$，属内陆湿地与水域生态系统类型，主要保护对象是湿地和水域生态系统，湿地类型主要为沼泽、湿草甸、河口三角洲等。沼泽为湿地的主要部分，包括漂筏薹草沼泽、毛薹草沼泽、大叶章沼泽和芦苇沼泽等，属低冲积平原沼泽湿地，是典型的低地高寒湿地，其地貌特征极具原始风貌。

本书内容依托的调查历时近两年（2020～2021 年）。该调查系统评估了保护区的湿地土壤、植物、水环境与浮游动物、水生无脊椎动物、昆虫、鱼类、两栖动物、爬行动物、哺乳动物及鸟类等湿地资源，在实地调查的基础上，参考有关文献，形成了本书。本书由中国科学院东北地理与农业生态研究所组织编著。其中，姜明研究员整体策划；姚允龙博士负责第 1 章；刘波博士负责第 3 章；张文广博士负责第 2、4、14 章；杨亮博士负责第 5 章；田雪博士负责第 6 章；武海涛研究员负责第 7 章；朱玉博士负责第 8 章；于洪贤教授负责第 9～12 章；赵志春博士负责第 13 章；张文广博士负责全书统稿。

感谢保护区为本书出版所做的大量工作，本书在未来保护区科学管理方面将发挥重要的基础科研作用。

作　者

2025 年 1 月

# 目　　录

# 第 1 章　保护区自然概况

## 1.1　地 理 位 置

保护区位于黑龙江省三江平原的东北部，地跨抚远、同江两市，东靠乌苏里江，西跨鸭绿河进入同江市境内，南与饶河县为邻，北隔黑龙江与俄罗斯毗邻，并以黑龙江、乌苏里江的主航道中心线与俄罗斯分界，是两江汇合的三角地带，有江心岛23个。保护区核心区面积66 050hm²，缓冲区面积27 975hm²，实验区面积104 075hm²，由黑龙江流域的Ⅰ区（地理坐标为东经 133°39′20″～134°18′21″，北纬 47°56′26″～48°23′04″）和乌苏里江流域的Ⅱ区（地理坐标为东经134°10′06″～135°05′20″，北纬47°26′12″～48°10′16″）组成，属内陆湿地与水域生态系统类型，是东北亚鸟类迁徙的重要通道、停歇地和繁衍栖息地，主要保护对象是湿地和水域生态系统，其中三江湿地是全球少见的淡水沼泽湿地之一，湿地类型主要为沼泽、湿草甸、河口三角洲等。沼泽为湿地的主要部分，包括漂筏薹草沼泽、毛薹草沼泽、大叶章沼泽和芦苇沼泽等，属低冲积平原沼泽湿地，是典型的低地高寒湿地，其地貌特征极具原始风貌。

## 1.2　气　　候

保护区位于黑龙江省东北角，纬度较高，海拔 3500～4800m，属寒温带湿润半湿润大陆性季风气候，特点是：冬季长而严寒，夏季短而炎热，水量充沛，阳光充足。保护区因江河湖泊很多，且离鄂霍次克海较近，冬季在极地大陆气团控制之下，夏季受副热带海洋气团影响，因此温度年较差比同纬度的内地小，所以具有热时不酷热、寒时不酷寒的海洋性气候特征，四季温度变化显著，冻结期长，降水集中。

保护区年平均气温3.6℃。最冷月是1月，平均气温–18.57℃，极端最低气温–37.4℃。最热月是7月，平均气温22.6℃，极端最高气温36.0℃。无霜期平均为120天，历年平均日照总量为 2304.3h。年均降水量为 500～600mm，季节分配不均，春季平均为117.7mm，夏季（3个月）降水集中，平均为318.2mm。保护区近10年气温变化情况如图1-1和图1-2所示。

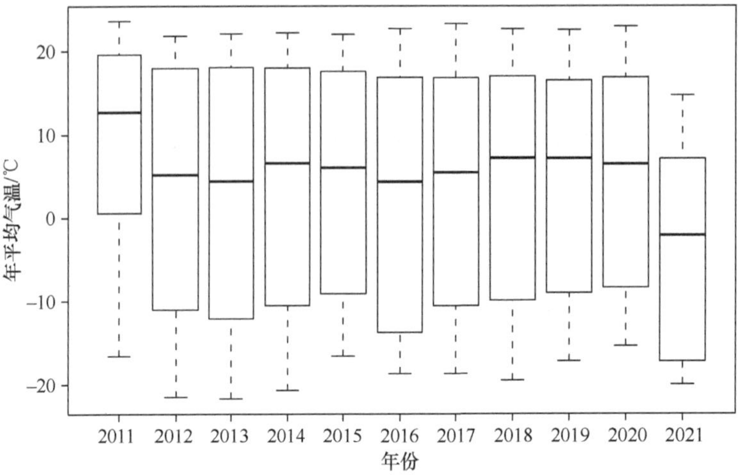


图 1-1　2011～2021 年年度气温变化情况

长方框为年平均温度变化范围，实线为年温度平均值，虚线为温度变化标准差

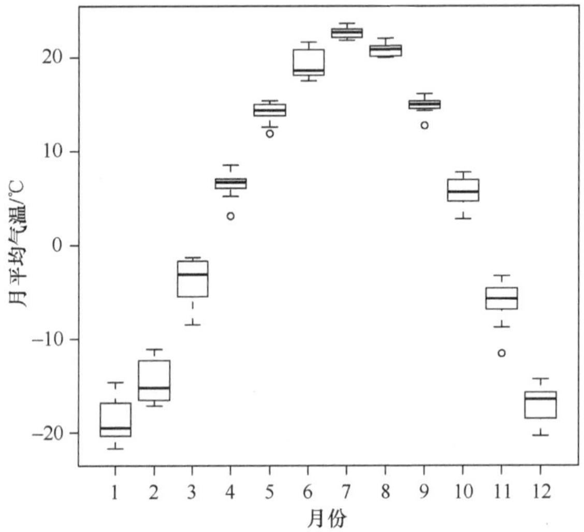


图 1-2　2011～2021 年月度气温变化情况

长方框为月平均温度变化范围，实线为月温度平均值，虚线为月温度变化标准差

## 1.3　水　　文

### 1.3.1　地下水

保护区所在的抚远市地下水资源储量丰富，主要类型有：北部低山丘陵区古生界至中生界基岩裂隙水，平原地区第四系更新统、全新统含水组。平原地区的边缘含水层浅薄，到中部逐渐深厚，具有储水盆地的构造特征。平原边缘的第四系含水层厚度多为 10～20m，过渡带为 50～150m。各含水层之间无隔水层，而是一个含水整体，透水性好，富水性强。保护区内地下水除高漫滩水质较差外，其余地区水质良好，无色、无味、透明，矿化度、硬度、主要离子（铁、碘）含量都较低。

### 1.3.2 地表水

保护区内河流纵横，沼泽遍布。地表水的电导率、氯离子、氨氮等环境因子表现出明显的季节变化。春季氯离子、浊度、全氮等环境因子高于其他季节，硝酸根、全磷、五日生化需氧量（$BOD_5$）则明显低于其他季节；秋季 pH 高于其他季节，叶绿素明显高于其他季节。保护区内蓄水量极其丰富，沼泽和沼泽化草甸蓄水率较高，且土壤和沼泽可以有效控制洪水量。主要河流属黑龙江、乌苏里江两大水系，黑龙江流经保护区 30km，乌苏里江流经保护区 115km。黑龙江流域及乌苏里江流域 2 个区域的保护区水质时间变化有较大的差异，导致水体的富营养化成分主要为氨氮和磷，受周围农田影响较大。保护区内共有大小河流 57 条，湖泡 210 多个，三大主要支流分别为鸭绿河、别拉洪河和浓江。其中，鸭绿河流经清水河保护管理站辖区核心区，浓江从清水河保护管理站实验区边缘流过，别拉洪河流经海青保护管理站辖区缓冲区边缘。保护区内河流上游多为湿地，无明显河槽，中游多为平原沼泽性河流，下游比较陡，有明显河槽。每年汛期，主要河流受黑龙江、乌苏里江顶托，回水距离为 25～30km，最长可达 70km。同时由于洪水顶托，抬高了河流的承泄水位，使两岸排水更为困难，促进了沼泽形成。

## 1.4 土　　壤

保护区以沼泽湿地为主，土壤有机质含量高、湿度大，受自然因素和人为因素影响，土壤有着不同的发育方向。成土母质多数是黏土以及亚黏土，形成的土壤土类丰富，主要包括白浆土、草甸土、沼泽土、泥炭土等，是十分宝贵的黑土分布区，大多保持着原始自然状态。北部为低山丘陵地貌，是暗棕壤分布区；中部是低漫坡平原区，为低山与平原过渡地带，成土母质为冲积物，是潜育白浆土集中分布区。低平原区土壤多为低地潜育白浆土，其次为白浆化草甸土和洼地沼泽土；沿江地带土壤多为泛滥地草甸土和沼泽化草甸土及泥炭土。保护区各类型土壤的理化性质差异较大，其中暗棕壤表层厚，通透性强，易热潮，养分转化快，易受干旱影响；全钾含量（2.52%）最高，全氮（0.39%）和全磷（0.17%）含量最低。草甸土土质疏松，有效养分释放很慢，水分充足；有机质含量（8.88%）最低，全氮、全磷和全钾含量分别为 0.43%、0.25%和 2.44%。沼泽土养分丰富，冷湿，质地较黏；全磷含量（0.42%）最高，有机质、全氮和全钾含量分别为 22.79%、1.07%和 2.16%。泥炭土松软，冷湿；有机质（25.56%）和全氮（1.26%）含量最高，而全钾含量最低（1.58%）。白浆土质地黏重，表层多为壤土，地表水难以下渗，地下水也难以上升至地表；有机质、全氮、全磷和全钾含量分别为 9.80%、0.44%、0.20%和 2.39%。土壤理化性质总体上表现为：黑龙江流域的含水量、全磷、全氮、有机碳、碳氮比和氮磷比在不同深度上均高于乌苏里江流域，而乌苏里江流域的容重和 pH 在不同深度上均高于黑龙江流域。总体而言黑龙江流域的湿地土壤质量优于乌苏里江流域，且各流域的湿地土壤质量指数自深到浅逐渐降低。

## 1.5 植　被

保护区植被长势较好，覆盖度高，种类多样，以森林、灌丛、草甸、沼泽、水生植被为主，其中森林植被主要为两大类：针阔混交林和阔叶混交林。植物组成较丰富，科、属、种多样，且属于温带性质；同时成分复杂，地理联系广泛，深受周边植物成分影响。保护区共有湿地种子植物 56 科 141 属 251 种，分布有野大豆（*Glycine soja*）、莲（*Nelumbo nucifera*）等国家二级重点保护野生植物，还有多种可药用、观赏以及作为原材料的野生植物，因此具有重要的生态和经济价值。

## 1.6 社会经济概况

保护区涉及抚远市、同江市 5 个乡镇的 26 个村，现有在岗职工 159 人，常住人口 11 255 人，其中核心区无常住人口，缓冲区有常住人口 3532 人，实验区有常住人口 7723 人，以汉族为主，还有赫哲族、俄罗斯族、朝鲜族等 13 个少数民族，附近的居民大多从事种植业和养殖业。保护区地处华夏东极、两江交汇处、中俄交界，地理位置得天独厚，且抚远市是全国少有的同时拥有铁路、机场、深水港、高速公路立体化交通网络的市县，从哈尔滨、佳木斯到抚远有航路、公路、铁路、水路，但保护区内部交通以边防公路、乡村道路为主。

# 第 2 章　保护区资源调查及评估方法

## 2.1　植物调查方法

### 2.1.1　调查时间

根据保护区湿地的特点，分别在 2020 年春季的 5 月 29 日至 6 月 5 日、夏季的 7 月 27 日至 8 月 3 日及 2021 年的春季对湿地植被进行了 3 次野外调查。

### 2.1.2　样地布设

（1）典型性和代表性：使有限的调查面积能够较好地反映植物群落的基本特征。

（2）自然性：人为干扰和动物活动影响相对较少的地点，并且较长时间不受流水冲刷、风蚀沙埋、过度放牧或开垦等破坏。

（3）可操作性：易于调查和取样的地段，避开危险地段。

（4）样地形状一般采用方形，也可采用矩形、圆形或带状，面积不小于 $400m^2$。

（5）在保护区湿地植被典型分布区域设计 20m×20m 的样地 36 个，样地受干扰较少，且植被类型单一。样地经纬度分布见表 2-1。

（6）样地描述记录按表 2-2 填写。

**表 2-1　保护区植物调查采样点分布表**

| 序号 | 经度/（°） | 纬度/（°） | 序号 | 经度/（°） | 纬度/（°） |
|---|---|---|---|---|---|
| 1 | 133.868 | 48.011 547 | 19 | 134.280 | 48.282 81 |
| 2 | 133.873 | 47.925 915 | 20 | 134.379 | 47.456 34 |
| 3 | 133.930 | 48.126 633 | 21 | 134.407 | 47.496 18 |
| 4 | 133.931 | 48.052 066 | 22 | 134.429 | 47.496 40 |
| 5 | 133.943 | 47.968 429 | 23 | 134.478 | 47.503 56 |
| 6 | 133.966 | 48.048 581 | 24 | 134.493 | 47.960 05 |
| 7 | 133.977 | 48.042 366 | 25 | 134.506 | 47.514 33 |
| 8 | 134.011 | 48.063 740 | 26 | 134.545 | 48.067 19 |
| 9 | 134.050 | 48.092 012 | 27 | 134.552 | 47.917 19 |
| 10 | 134.074 | 48.221 275 | 28 | 134.554 | 48.056 78 |
| 11 | 134.080 | 48.127 641 | 29 | 134.588 | 48.127 38 |
| 12 | 134.100 | 48.196 359 | 30 | 134.592 | 47.568 65 |
| 13 | 134.130 | 48.226 447 | 31 | 134.597 | 48.128 29 |
| 14 | 134.134 | 48.120 926 | 32 | 134.612 | 47.624 36 |
| 15 | 134.177 | 48.145 759 | 33 | 134.656 | 48.231 96 |
| 16 | 134.196 | 48.151 690 | 34 | 134.657 | 47.763 37 |
| 17 | 134.222 | 48.174 536 | 35 | 134.658 | 48.184 31 |
| 18 | 134.277 | 48.196 392 | 36 | 134.721 | 47.713 92 |

表 2-2　样地描述记录表

| 行政位置 | | 样地号 | |
|---|---|---|---|
| 经度 | | 纬度 | |
| 海拔/m | | 水深范围/m | |
| 主林层 | | 群落名称 | |
| 乔木平均高度/m | | 郁闭度/% | |
| 灌木覆盖度/% | | 灌木平均高/m | |
| 草本覆盖度/% | | 草本平均高/m | |
| 苔藓平均高/cm | | 苔藓覆盖度/% | |
| 调查人 | | 调查时间 | 年　月　日 |

注：主林层包括乔木层、灌木层、草本层、苔藓层。

### 2.1.3　样方设置

（1）主林层为乔木层，每个样地设置 1 个乔木群落调查样方；主林层为其他层片，每个样地随机设置 5 个调查样方。

（2）乔木群落：样方面积为 400m$^2$（平均高度≥5m）。灌木群落：平均高度≥3m 样方面积为 16m$^2$（4m×4m），平均高度为 1～3m 样方面积为 4m$^2$（2m×2m），平均高度＜1m 样方面积为 1m$^2$（1m×1m）。草本群落：平均高度≥2m 样方面积为 4m$^2$（2m×2m），平均高度＜2m 样方面积为 1m$^2$（1m×1m）。

（3）样方调查记录按照表 2-3～表 2-5 填写。植物名称统一参考网站 http://www.iplant.cn。

表 2-3　植物群落样方调查表（乔木层）

| 样地号 | | | 样方面积/m$^2$ | | |
|---|---|---|---|---|---|
| 调查时间 | 年　月　日 | | 调查人 | | |
| 调查结果 | | | | | |
| 植物名称 | 序号 | 冠幅/cm | 高度/m | 胸径/cm | 株数 |
| | | | | | |
| | | | | | |
| | | | | | |
| | | | | | |
| | | | | | |
| | | | | | |

表 2-4　植物群落样方调查表（灌木层）

| 样地号 | | | 样方序号 | | |
|---|---|---|---|---|---|
| 样方面积/m$^2$ | | | 群落名称 | | |
| 总盖度/% | | | 群落高度/cm | | |
| 调查时间 | 年　月　日 | | 调查人 | | |
| 调查结果 | | | | | |
| 序号 | 植物名称 | 平均盖度/% | 平均高度/m | 株数 | 物候期 |
| | | | | | |
| | | | | | |
| | | | | | |
| | | | | | |

表 2-5　植物群落样方调查表（草本层）

| | | | | | |
|---|---|---|---|---|---|
| 样地号 | | | 样方序号 | | |
| 样方面积/$m^2$ | | | 群落名称 | | |
| 总盖度/% | | | 群落高度/cm | | |
| 调查时间 | 年　月　日 | | 调查人 | | |
| 调查结果 | | | | | |
| 序号 | 植物名称 | 平均盖度/% | 平均高度/m | 株数 | 物候期 |
| | | | | | |
| | | | | | |
| | | | | | |
| | | | | | |
| | | | | | |

## 2.1.4　分层调查

如果植物群落在垂直结构上出现两个或两个以上的不同层片，即群落中出现乔木层、灌木层、草本层与苔藓层不同层片的组合，则需分层调查。首先要确定主林层并开展调查，然后在主林层样地内选择有代表性的地方设置次林层样方，随后进行各个次林层的植物调查。

在划分层片时，将乔木和其他生活型植物不同高度的幼苗划入实际所逗留的层片中；将生活在各层的寄生、附生和攀缘植物等层间植物归入相应的层片中。

## 2.1.5　典型标本采集

对于样方内难以确定名称的植物，现地采集实物标本和拍摄植物图片，并填写调查记录表 2-6 和表 2-7。

表 2-6　植物图片记录表

| | | | |
|---|---|---|---|
| 行政位置 | | 样地号 | |
| 植物层片 | | 样方序号 | |
| 拍摄人 | | 拍摄时间 | 年　月　日 |
| 性状描述 | | 存储位置 | |
| 中文名 | | 拉丁名 | |
| 鉴定人 | | 鉴定时间 | 年　月　日 |

注：性状描述指野外所采集植物的典型特征，如花的颜色、花冠类型、花结构及各部数量，是否有特殊气味、乳汁、白粉等特征。

表 2-7　植物标本采集记录表

| | | | |
|---|---|---|---|
| 样地编号 | | 样方序号 | |
| 植被层（乔木、灌木、草本、苔藓） | | 纬度 | |
| 经度 | | 海拔 | |
| 行政位置 | | 伴生植物 | |
| 积水状况 | | 性状描述 | |

1）植物图片拍摄要求：选择完整、正常、无病虫害的湿地植物作为拍摄对象。在构图上确保良好的视觉效果，特别是构图要尽量简单、突出重点。每张照片容量不小于2M，保存格式为“JPEG”，像素值不低于2560×1220。图片内容信息应包括大生境、小生境、植株全貌和特写，其中特写图片1～3张，要突出体现植株花（序）、果（序）及其在生殖枝上的着生部位（顶生、腋生），叶的着生关系（对生、互生或轮生），植株上的附属物（如毛水苏的茎疏被倒生刺毛），关键的分类学特征（如扛板归的托叶鞘叶状、穿茎等）。

2）植物实体标本采集要求：每号实体标本至少3个复份，填写同一个采集号；选择具备花和/或果的枝条或植株。草本植物最好采集整个植株（包括根），木本植物需剪取有果实和/或花及具有鉴定特征的部分。以每份标本长度不超过35cm，宽不超过25cm为宜。标本要及时整理、压干，并确保上交标本完整、不发霉生虫、信息完整。

### 2.1.6 分析方法

野外不能现场判定的群系名称，后续在室内根据样方数据计算物种重要值，对群落内物种的重要值高低进行排序，以最高的或者前几位物种为依据进行植物群系命名。物种重要值计算如下所述。

（1）密度和相对密度

密度是指单位面积内某物种的实测数目。

计算方法：

密度=样方内某种植物的个体数/样地面积

相对密度=某种植物的密度/本层所有植物密度之和×100%

（2）高度和相对高度

高度反映植物的生长情况和对生境的适应能力。调查时要求记录每个物种的高度，并计算其平均高度。

计算方法：

相对高度=某种植物的平均高度/本层所有植物平均高度之和×100%

（3）冠幅和相对冠幅

乔木树种的冠幅一般是指树冠在地面投影的东西和南北直径平均值。

计算方法：

相对冠幅=某种植物的平均冠幅/本层所有植物平均冠幅之和×100%

（4）盖度和相对盖度

盖度是指植物地上部分垂直投影面积占样方面积的比例，又称投影盖度，可以分为种盖度（分盖度）、层盖度、总盖度（群落盖度）。

计算方法：

盖度=某种植物的地表垂直投影面积/样方面积×100%

相对盖度=某种植物的盖度/本层所有植物盖度之和×100%

（5）郁闭度

郁闭度是指森林中乔木树冠遮蔽地面的程度，是反映林分密度的指标。数值上为林地树冠垂直投影面积与林地面积之比，完全覆盖地面时则为 1。

（6）频度和相对频度

频度是指某种植物在群落中水平分布的均匀程度。

计算方法：

频度=某种植物出现的样方数/同一样地内的全部样方数×100%

相对频度=某种植物的频度/本层所有植物频度之和×100%

（7）优势度和相对优势度

优势度表示一个物种在群落中的地位与作用。此处采用较为简化的计算方法。

计算方法：

优势度（乔木）=（相对高度＋相对冠幅）/2

优势度（灌木和草本）=（相对高度＋相对盖度）/2

相对优势度=某种植物的优势度/本层所有植物优势度之和×100%

（8）重要值

重要值是反映某个物种在群落中地位和作用的综合数量指标。

计算方法：

重要值=（相对密度+相对频度+相对优势度）/3

# 2.2　水质调查方法

## 2.2.1　样点布设

在黑龙江干流流域、乌苏里江流域，从上游到下游，依据 11 个管理站及不同湿地类型设定 23 个采样点，黑龙江流域水样均采集于河流，乌苏里江流域水样主要为湿地水，仅抓吉站水样采集自乌苏里江。采样点空间位置见表 2-8。

**表 2-8　保护区水资源调查采样点分布表**

| 采样点 | 纬度/（°） | 经度/（°） |
|---|---|---|
| H1 | 48.020 | 133.876 |
| H2 | 48.055 | 133.964 |
| H3 | 48.088 | 134.040 |
| H4 | 48.201 | 134.110 |
| H5 | 48.221 | 134.133 |
| H6 | 47.928 | 133.889 |
| H7 | 47.983 | 134.013 |
| H8 | 48.003 | 134.101 |
| H9 | 48.283 | 134.281 |
| H10 | 48.325 | 134.254 |
| W1 | 47.447 | 134.351 |
| W2 | 47.474 | 134.509 |

续表

| 采样点 | 纬度/（°） | 经度/（°） |
|---|---|---|
| W3 | 47.542 | 134.572 |
| W4 | 47.659 | 134.638 |
| W5 | 47.684 | 134.666 |
| W6 | 47.798 | 134.685 |
| W7 | 47.876 | 134.652 |
| W8 | 47.898 | 134.584 |
| W9 | 47.943 | 134.572 |
| W10 | 48.014 | 134.536 |
| W11 | 48.097 | 134.602 |
| W12 | 48.121 | 134.570 |
| W13 | 48.165 | 134.640 |

注：H1：鸭绿河 2；H2：鸭绿河 1；H3：鸭绿河 4；H4：鸭绿河 5；H5：鸭绿河 6；H6：浓江 1；H7：浓江 2；H8：浓江 3；H9：大力加湖 1；H10：大力加湖 2；W1：四合 3；W2：四合 2；W3：四合 1；W4：永发村 1；W5：永发村 2；W6：大甸子；W7：海青；W8：海兴；W9：姜明礼岗；W10：别拉洪河；W11：退耕还湿综合示范点；W12：抓吉 3；W13：抓吉。

### 2.2.2 调查指标

水质调查主要为地表水调查监测，调查指标包括：全氮（TN）、铵态氮（$NH_4^+$-N）、硝态氮（$NO_3^-$-N）、全磷（TP）、总有机碳（TOC）、生化需氧量（BOD）、化学需氧量（COD）、氧化还原电位（ORP）、溶解氧（DO）、pH、电导率等（表 2-9）。

**表 2-9 具体调查频率和指标**

| 监测项目 | 监测指标 | 监测方法 | 计量单位 | 监测频率 |
|---|---|---|---|---|
| 湿地水文要素 | 地表水深 | 自动或人工水位计 | mm | 自动观测 |
| | 流速 | 流速仪 | mm | 自动观测 |
| 地表水质 | pH | 玻璃电极法 | — | 同上 |
| | 氧化还原电位 | 玻璃电极法 | — | 同上 |
| | 全氮 | 分光光度计法 | mg/L | 同上 |
| | 铵态氮 | 便携式 YSI 现场测定 | mg/L | 同上 |
| | 硝态氮 | 便携式 YSI 现场测定 | mg/L | 一年三次（春夏秋） |
| | 磷酸盐 | 磷钼蓝分光光度法 | mg/L | 同上 |
| | 溶解氧 | 便携式 YSI 现场测定 | mg/L | 同上 |
| | 盐度 | 便携式 YSI 现场测定 | — | 同上 |
| | 电导率 | 便携式 YSI 现场测定 | mS/m | 同上 |
| | 汞 | 冷原子吸收分光光度法 | mg/L | 同上 |
| | 铁 | 邻菲罗啉分光光度法 | mg/L | 同上 |
| | 化学需氧量 | 重铬酸钾[滴定]法 | mg/L | 以第一年为基线 *r* |
| | 生化需氧量 | 稀释接种法 | mg/L | 一年三次（春夏秋） |

注：一表示无此项。

### 2.2.3 水质指标和测量方法

将得到的样品带回室内后，选择能够反映水质情况的指标，利用一系列仪器，采用常见的测量方法对样品进行测量与分析，得到实地的直接数据，为水质分析打下基础。

1. 水质指标的分类

水质指标是指水样中除去水分子外所含杂质的种类和数量，是描述水质状况的一系列标准，大致可分为如下几种。

1）物理指标（温度、浑浊度、透明度、颜色等）。

2）化学指标。①非专一性指标：电导率、pH 等；②无机物指标：有毒金属、硝酸盐、磷酸盐等；③非专一性有机物指标：总耗氧量、化学需氧量、生化需氧量、总有机碳等；④溶解性气体：氧气、二氧化碳等。

3）生物指标（藻类等）。

2. 具体指标的选取

按照《水和废水监测分析方法》（第 4 版）（国家环境保护总局《水和废水监测分析方法》编委会，2002）相关规定进行分析测试，项目包括溶解性固体总量（TDS）、酸碱度（pH）、氧化还原电位（ORP）、硝态氮（$NO_3^-$-N）、铵态氮（$NH_4^+$-N）、全氮（TN）、全磷（TP）、化学需氧量（COD）、溶解氧（DO）和五日生化需氧量（$BOD_5$）。水中溶解氧采用碘量法现场固定实地测量，pH 采用 pH 计实地测量，结束后把样品冷藏带回室内按照表 2-9 提及的方法进行其他理化指标的检测。利用这些指标的测量结果，全面认识水质状况，全方位反映整个流域和各个采样点的水质特征。

（1）溶解性固体总量（TDS）

溶解性固体总量是溶解在水里的无机盐和有机物的总和，其主要成分有钙、镁、钠、钾离子和碳酸根离子、碳酸氢根离子、氯离子、硫酸根离子和硝酸根离子等。TDS 值越高，表示水中含有的杂质越多，相反 TDS 值越低，表示水中含有的杂质越少，水质越好。

（2）酸碱度（pH）

酸碱度是水溶液最重要的理化参数之一。凡涉及水溶液的自然现象、化学变化以及生产过程都与 pH 有关，因此在衡量水质时需要测量 pH。水的 pH 是水中氢离子活度的负对数值，由于氢离子活度的数值往往很小，应用时很不方便，所以就用 pH 这一概念作为水溶液呈酸性或碱性的判断指标。而且，氢离子活度的负对数值能够反映酸性、碱性变化幅度的数量级大小，应用起来十分方便，由此得到：中性水溶液 pH=7；酸性水溶液 pH＜7，pH 越小，表示酸性越强；碱性水溶液 pH＞7，pH 越大，表示碱性越强。

（3）氧化还原电位（ORP）

氧化还原电位是反映物质氧化或还原性质的一种指标。如果水溶液含有氧化剂或还原剂，那么电子就会进行交换，在酸/碱反应中是氢离子（$H^+$）交换，而在其他化学反应中是电子交换。上述过程即氧化和还原反应，对于净化水体时去除氰化物、铬酸盐、亚硝酸盐非常重要。凡是能释放一个或多个电子的物质均称之为还原剂，而获得电子的物质是氧化剂。因此，在还原反应中电子数目增加，在氧化反应中电子数目减少。ORP 值是反映水溶液氧化还原能力的指标，单位是毫伏（mV），离子化水的 ORP 值较低或为负值，而普通水的 ORP 值较高，软水的 ORP 值最高。

（4）硝态氮（$NO_3^-$-N）

硝态氮属于无机态氮（地表水含有的 $NH_4^+$-N、$NO_2^-$-N、$NO_3^-$-N 常称为“三氮”），是氮最常见的形态，包括硝酸钾中的氮、硝酸铵中的氮等。氮是植物必需的一种养分，植株通常含有其干物质 1%～5%的氮，且氮常以硝酸盐和铵离子或尿素的形态被植物吸收。污水中的硝态氮主要是通过氨氮氧化形成的，即含氮有机物分解生成铵盐，进而被氧化成硝态氮，在硝化细菌的作用下被进一步氧化成亚硝态氮和硝态氮。

在湿润、温暖、通气良好的土壤中，氮的存在形态以 $NO_3^-$-N 为主。硝态氮的特性是易溶于水。当硝态氮肥溶于水时，能迅速产生硝酸根离子和相应的阳离子。由于硝酸根带有负电荷，不能被带负电荷的土壤胶粒吸附，因此硝态氮只能存在于水中。当水体中硝态氮含量过高时，会对水中各种动植物尤其是鱼类等产生毒害作用，所以硝态氮（$NO_3^-$-N）超标是水体受到污染的一种信息，是最常见的化学污染，是衡量水质的一个重要指标。

（5）铵态氮（$NH_4^+$-N）

铵态氮包括在化合物中以离子键形式存在的 $NH_4^+$（铵根离子），更多地表现出无机物特征，称为铵氮，如 $NH_4NO_3$、$(NH_4)_2SO_4$、$NH_4H_2PO_4$；也包括在化合物中以共价键形式存在的氨基，更多地表现出有机物特征，称为氨氮，如$(NH_2)_2CO$（尿素）。在正常水体中，氨氮由于硝化细菌的作用容易氧化成硝态氮，所以氨氮含量远小于硝酸盐氮。因为游离氨含量越多，毒性越强，所以铵态氮含量是评价水质是否受到污染的一个常用指标。水体中铵态氮的来源主要是生活污水、农田退水、养殖废水和工业废水等。

（6）全氮（TN）

全氮是水中各种形态无机和有机氮的总量，包括 $NO_2^-$、$NO_3^-$和 $NH_4^+$等无机氮和蛋白质、氨基酸和有机胺等有机氮，以每升水含氮毫克数表示。全氮含量是衡量水质的重要指标之一，常用于评价水体被污染和自净状况。当地表水中各类氮物质超标时，微生物大量繁殖，浮游生物旺盛生长，导致富营养化。在环境承载能力开始减弱或环境容量较小、生态环境脆弱而容易发生严重污染并需要采取特别保护措施的地区，现有企业和新建企业要执行全氮特别排放限值 30mg/L。

（7）全磷（TP）

全磷是指水体中磷元素的总量，主要是磷酸盐形式，包括各种元素磷、正磷酸盐、缩合磷酸盐、焦磷酸盐、偏磷酸盐和与有机基团结合的磷酸盐等，主要来源为生活污水、化肥、有机磷农药及洗涤剂所用的磷酸盐增洁剂等。磷酸盐会干扰水中的混凝过程，打乱水体的平衡。虽然水体中的磷是藻类生长需要的一种关键元素，但是磷过量会引起藻类植物的过度生长，造成水体污秽异臭，使湖泊发生富营养化，所以全磷含量是反映水体富营养化程度的重要指标。

（8）化学需氧量（COD）

化学需氧量又称作化学耗氧量，是利用化学氧化剂将水中的可氧化物质（如有机物、亚硝酸盐、亚铁盐、硫化物等）氧化分解，然后根据残留的氧化剂量计算出氧的消耗量。通常，用重铬酸钾作为化学氧化剂测定的 COD 记为 $COD_{Cr}$，是表示水中还原性物质多少的一个指标。水中的还原性物质包括各种有机物、亚硝酸盐、硫化物、亚铁盐等，但主要是有机物，因此 COD 往往又可作为衡量水中有机物质含量的指标。

COD 值越大，说明水体受到的有机物污染越严重。随着测定水样中还原性物质以及测定方法的不同，COD 值也不同。目前应用最普遍的测定方法是酸性高锰酸钾氧化法与重铬酸钾氧化法。

（9）溶解氧（DO）

溶解氧是指空气中的分子态氧溶解在水中的量。水中有些有机化合物在好氧菌的作用下会发生生物降解，因而需要消耗溶解氧。溶解氧通常有两个来源：一个来源是水中溶解氧未饱和时，大气中的氧向水体渗入；另一个来源是水中植物通过光合作用释放出氧。因此，水中的溶解氧会由于空气里氧气的渗入及绿色水生植物的光合作用而不断得到补充。但当水体受到有机物污染，耗氧严重，溶解氧得不到及时补充时，厌氧菌就会很快繁殖，有机物腐败而使水体变黑、发臭。

溶解氧含量是研究水体自净能力的一种依据。水里的溶解氧被消耗到低于一定数值时，要恢复到初始状态，所需时间短，说明该水体的自净能力强，或者说水体污染不严重；否则说明水体污染严重，自净能力弱，甚至失去自净能力。

（10）五日生化需氧量（$BOD_5$）

五日生化需氧量是用微生物代谢所消耗的溶解氧量来间接表示水体有机物污染程度的一个重要指标，是指第 5 天好氧微生物氧化分解单位体积水中有机物所消耗的溶解氧量，主要用于监测水体有机物污染状况。一般有机物可以被微生物所分解，但微生物分解水中的有机化合物需要消耗氧，如果水中的溶解氧不能满足微生物的需要，水体就处于污染状态。

选用这个指标，一是因为 5 天内有机物分解耗氧明显，不会发生氨氮等其他物质分解导致的氧消耗。二是最开始做这项研究是在英国，其所有河流流出国境（即流入大海）的最长时间是 5 天。三是因为 5 天内微生物的降解作用已经达到一个较高的比例，易于检测。四是因为 5 日工作日制度，使得送样的本周就可以取得结果，所以定为 5 日。

3. 水质对比分析

依照《地表水环境质量标准》（GB 3838—2002）中的规定、淡水使用目的和保护目标，可将我国淡水分为五大类。

Ⅰ类水质：水质良好。地下水只经消毒处理，地表水只经简易净化（如过滤）、消毒处理后即可供生活饮用者。主要适用于源头水、国家自然保护区。

Ⅱ类水质：水质轻度污染。经常规净化处理（如絮凝、沉淀、过滤、消毒等）即可供生活饮用者。主要适用于集中式生活饮用水、地表水源地一级保护区、珍稀水生生物栖息地、鱼虾类产卵场、仔稚幼鱼索饵场等。

Ⅲ类水质：主要适用于集中式生活饮用水、地表水源地二级保护区、鱼虾类越冬和洄游通道、水产养殖区等渔业水域及游泳区。

Ⅳ类水质：水质较差。主要适用于一般工业用水区及人体非直接接触娱乐用水区。

Ⅴ类水质：水质最差。主要适用于农业用水区及一般景观要求水域。

该分类标准和适用范围对于水质分析有一定的指示意义，各个指标分类的具体数值范围如表 2-10 所示。本研究对各个采样点和整个流域湿地水质的分析均参照此标准。

表 2-10　地表水环境质量标准基本项目标准限值　　（单位：mg/L）

| 序号 | 项目 | 分类 | Ⅰ类 | Ⅱ类 | Ⅲ类 | Ⅳ类 | Ⅴ类 |
|---|---|---|---|---|---|---|---|
| 1 | pH（无量纲） | | | | 6～9 | | |
| 2 | 溶解氧 | ≥ | 饱和率 90%（或 7.5） | 6 | 5 | 3 | 2 |
| 3 | 高锰酸盐指数 | ≤ | 2 | 4 | 6 | 10 | 15 |
| 4 | 化学需氧量（COD） | ≤ | 15 | 15 | 20 | 30 | 40 |
| 5 | 五日生化需氧量（$BOD_5$） | ≤ | 3 | 3 | 4 | 6 | 10 |
| 6 | 氨氮（$NH_3$-N） | ≤ | 0.15 | 0.5 | 1.0 | 1.5 | 2.0 |
| 7 | 总磷（以 P 计） | ≤ | 0.02（湖、库 0.01） | 0.1（湖、库 0.025） | 0.2（湖、库 0.05） | 0.3（湖、库 0.1） | 0.4（湖、库 0.2） |
| 8 | 总氮（湖、库，以 N 计） | ≤ | 0.2 | 0.5 | 1.0 | 1.5 | 2.0 |

### 2.2.4　分析方法

（1）全流域水质分析

首先，分别对每个季节各采样点 3 个重复水样的测试指标计算均值，然后统一进行数理统计分析，即统计每个指标所有采样点数据的极差、最小值、最大值、均值、标准差和变异系数，最后根据各个指标的统计结果判断全流域湿地水质状况。

（2）各个河段水质分析

首先分别统计每个采样点各个指标的均值，然后与地表水水质的各个指标分别进行对比分析，判断各个采样点的湿地水质状况，并采用相关分析揭示各个采样点所有指标之间的关系，最后利用聚类分析将各个采样点进行归类，辨别各个河段水质存在差异的内部机制。

## 2.3　土壤调查方法

### 2.3.1　调查时间

根据保护区湿地的特点，在 2020 年 5 月 29 日至 6 月 5 日对湿地土壤进行野外采样调查。

### 2.3.2　样地布设

前期对保护区调研发现，水源主要为黑龙江和乌苏里江，湿地的土壤特性与水文地貌条件和无脊椎动物的变化息息相关，因此本次土壤调查将保护区划分为黑龙江和乌苏里江流域两片区域。另外，保护区湿地类型和湿地植被类型多样，在湿地周边还发现农田等其他土地类型。考虑到土壤的持水能力和碳汇功能，各流域再进行详细划分，其中黑龙江流域采样区域主要包括 4 个区：鸭绿河段、清水河段、鸭绿河段面源污染影响区和清水河段面源污染影响区；乌苏里江流域采样区域主要包括 3 个区：沼泽湿地、受农田等影响区域和退耕示范区。总体上，土壤采集样点与水质、浮游生物、植物调查样点基本一致。本次调查选择了 45 个土壤样点，经纬度分布见表 2-11。

**表 2-11　保护区土壤调查采样点分布表**

| 乌苏里江流域 | | | 黑龙江流域 | | |
|---|---|---|---|---|---|
| 采样点 | 纬度 | 精度 | 采样点 | 纬度 | 精度 |
| 土 1 | 48.067 130 | 134.547 625 | 鸭绿河 1 | 48.066 378 | 134.016 468 |
| 土 2 | 48.067 133 | 134.548 625 | 鸭绿河 2 | 48.063 740 | 134.011 444 |
| 土 3 | 48.066 003 | 134.547 061 | 鸭绿河 3 | 48.048 581 | 133.966 037 |
| 土 4 | 48.067 189 | 134.545 017 | 鸭绿河 4 | 48.052 066 | 133.930 824 |
| 土 5 | 48.162 408 | 134.642 222 | 鸭绿河 5 | 48.011 547 | 133.867 941 |
| 土 6 | 48.131 669 | 134.600 150 | 鸭绿河 6 | 47.924 780 | 133.867 913 |
| 土 7 | 48.127 378 | 134.588 528 | 鸭绿河 7 | 47.968 429 | 133.942 608 |
| 土 8 | 47.949 089 | 134.515 572 | 鸭绿河 8 | 48.010 748 | 134.111 280 |
| 土 9 | 47.949 361 | 134.513 214 | 鸭绿河 9 | 48.092 012 | 134.050 391 |
| 土 10 | 47.948 933 | 134.513 053 | 鸭绿河 10 | 48.108 254 | 134.080 254 |
| 土 11 | 47.915 372 | 134.544 217 | 清水河 1 | 48.145 759 | 134.177 385 |
| 土 12 | 47.887 508 | 134.587 989 | 清水河 2 | 48.196 359 | 134.100 024 |
| 土 13 | 47.766 567 | 134.710 200 | 银川 1 | 48.072 388 | 134.000 386 |
| 土 14 | 47.862 989 | 134.654 836 | 银川 2 | 48.081 467 | 133.917 845 |
| 土 15 | 47.996 700 | 134.511 267 | 银川 3 | 48.127 641 | 134.079 514 |
| 土 16 | 47.760 517 | 134.654 758 | 银川 4 | 48.153 375 | 134.063 231 |
| 土 17 | 47.631 778 | 134.632 192 | 四合 1 | 47.496 183 | 134.406 888 |
| 土 18 | 47.666 542 | 134.660 161 | 四合 2 | 47.496 404 | 134.429 414 |
| 土 19 | 47.595 592 | 134.599 300 | 四合 3 | 47.522 224 | 134.523 834 |
| 土 20 | 47.623 594 | 134.604 869 | | | |
| 土 21 | 47.540 056 | 134.578 678 | | | |
| 土 22 | 47.511 992 | 134.498 856 | | | |
| 土 23 | 47.451 928 | 134.372 444 | | | |
| 土 24 | 47.471 583 | 134.360 919 | | | |
| 土 25 | 47.526 242 | 134.532 011 | | | |
| 土 26 | 47.767 339 | 134.648 636 | | | |

### 2.3.3　样品采集

每个土壤调查采样点随机设置 3 个重复，进行垂直取样（三层：0～10cm、10～20cm、20～30cm）。每个重复按“五点采样法”采集土壤样品，挑除石块及植被根系等，将 5 份土样均匀混合装入样品袋中，4℃保存。样品带回实验室后平整铺开，在阴凉条件下自然风干，然后研磨、过直径 0.25mm 的网筛，放入 4℃冰箱保存用于测定理化性质。同时利用“环刀法”取样，用于测定土壤含水量和容重。

### 2.3.4 处理方法

（1）土壤含水量和容重的测定

称重铝盒中的样品，在烘干箱中于 105℃烘干至恒重，含水量和容重的计算公式分别为

$$W\% = (m_1 - m_2) \times 100/m_2$$

$$\mathrm{BD} = m_2/V$$

式中，$W\%$为土壤含水量；$m_1$ 为土壤鲜重（g）；$m_2$ 为土壤干重（g）；BD 为土壤容重（$g/cm^3$）；$V$ 为环刀体积（$cm^3$）。

（2）土壤 pH 的测定

称取 5g（精确至 0.001g）风干土加入含 12.5ml 去离子水（水土比 1∶2.5）的离心管中，在恒温水浴振荡器（HZS-HA，东联，中国）中以 180r/min 振荡 30min，取出后放入离心机（LXJ-118，安亭，中国）中以 3000r/min 离心 5min，倒取上清液用 pH 计（PHS-3C，雷磁，中国）进行测定。

（3）土壤有机碳的测定

称取风干土样 1g（精确至 0.001g）放入 50ml 高型烧杯中，加入 3.0ml 水充分将土样摇散，再加入 10.0ml 重铬酸钾溶液，然后加入 10.0ml 浓硫酸并不断摇动，放热 20min 后加入 10.0ml 水，摇匀静置过夜。吸取上清液 15.0ml 于 50ml 容量瓶中，加水至刻度充分摇匀，然后在紫外分光光度计（SUV-2500，岛津，日本）上测得 590nm 波长的吸光值并在工作曲线上查出对应数值，标准曲线的绘制见水合热重铬酸钾氧化-比色法。有机碳含量的计算公式为

$$\mathrm{TOC} = (m_1 \times 1.32 \times 100) / (m \times 10^3)$$

式中，TOC 为有机碳含量（g/kg）；$m_1$ 为标准曲线显示的土样含碳量（mg）；1.32 为氧化校正系数；$m$ 为土样重量（g）。

（4）土壤全氮的测定

称取风干土样 0.2g（精确到 0.001g）放入三角瓶底部，加几滴蒸馏水润湿，并加入 0.925g 混合催化剂（100g 硫酸钾、10g 五水硫酸铜和 1g 硒粉，混合后用研钵磨碎并过 80 目筛），再加入 2.5ml 浓硫酸，轻轻摇匀后放入消解仪。用小漏斗盖住消解管口，设置消解温度为 370℃，设置消解时间为 4h（加热直至溶液呈清澈的淡蓝绿色）。消解完成后取下三角瓶冷却，并加入去离子水转入 250ml 容量瓶中，定容并充分混匀，最后过滤得到待测溶液，同时做样品空白。待测溶液使用全自动间断化学分析仪（Smartchen 300，Alliance，意大利）进行测定，全氮含量的计算公式为

$$\mathrm{TN} = (c \times V) / (m \times 10^3)$$

式中，TN 为全氮含量（g/kg）；$c$ 为测定的全氮浓度（mg/L）；$V$ 为容量瓶体积（ml）；$m$ 为土样重量（g）；$10^3$ 为毫升变升的除数。

（5）土壤全磷的测定

称取风干土样 0.15g（精确到 0.001g）放入 50ml 锥形瓶中，加 2.5ml 浓硫酸摇匀并加入 5 滴高氯酸。用小漏斗盖住瓶口，在 280℃左右的消煮炉上进行消解，溶液转白并变为透

明后继续升温到 370℃消煮 1h，消解时间总共约 2h。消煮完成后冷却锥形瓶和消解液至室温，用去离子水多次冲洗锥形瓶，转移消煮液到 250ml 容量瓶中，然后用水稀释定容至 250ml，最后过滤得到待测溶液，同时做样品空白。待测溶液使用全自动间断化学分析仪（Smartchen 300，Alliance，意大利）进行测定，全磷含量的计算公式为

$$\mathrm{TP} = (c \times V) / (m \times 10^3)$$

式中，TP 为全磷含量（g/kg）；$c$ 为测定的全磷浓度（mg/L）；$V$ 为容量瓶体积（ml）；$m$ 为土样重量（g）；$10^3$ 为毫升变升的除数。

### 2.3.5　分析方法

土壤质量是土壤特性的综合反映，也是最敏感地揭示土壤条件的动态指标，因而能体现自然因素及人类活动对土壤的影响。土壤质量指数计算如下所述。

（1）各项指标权重 $W_i$

采用主成分分析（PCA）对数据进行降维，结合保护区土壤各项指标建立权重，范围为 0～1。

（2）各项指标隶属度 $S_i$

隶属度在模糊数学综合评价中用隶属度函数计算，各指标的隶属度（$S_i$）值可表示其状态值。隶属度函数分为两种类型：升型和降型函数。

升型函数：即与指标呈正相关关系，当达到临界值时便会趋于平衡。OM、N、P 的隶属度可用该函数表达：

$$S_i = (x - L) / (H - L)$$

降型函数：由于无法确定本区域土壤 pH 的最适范围，考虑到未干扰湿地的 pH 相对于受干扰湿地较低，因此 pH 的隶属度可以用降型函数表达：

$$S_i = (H - x) / (H - L)$$

式中，$S_i$ 为土壤变量线性得分（0～1）；$x$ 为土壤实测值；$L$ 为最小值；$H$ 为最大值（Masto et al.，2008）。

（3）综合得分 SQI

$$\mathrm{SQI} = \sum_{i=1}^{n} W_i S_i$$

SQI 值范围从 0 到 1。SQI 值越高表明土壤质量越好（Ngo-Mbogba et al.，2015）。

（4）土壤碳密度计算

$$\rho = \mathrm{BD} \times \mathrm{TOC} \times \mathrm{depth}$$

式中，$\rho$ 为碳密度（$\mathrm{kg/m^2}$）；BD 为土壤密度（$\mathrm{g/cm^3}$）；TOC 为土壤有机碳含量（g/kg）；depth 为土壤深度（cm）。

## 2.4　物种多样性指数计算方法

群落的物种多样性（species diversity）是群落这一组织水平独有的，能反映群落功能的组织特征，是包含表征群落结构的两个重要参数，即物种丰富度（物种数）和物种

均匀度（物种相对多度）的一个综合指标（陈化鹏和高中信，1992）。物种多样性有 3 种：α 多样性、β 多样性和 γ 多样性（Whittaker，1972；Cody and Diamond，1975）。其中，α 多样性是指一个生境或群落内共存的物种数，是生境内多样性，与物种多样性的一般概念相一致；β 多样性是生境间多样性，指沿着一个环境梯度物种组成（物种丰富度和物种均匀度）的变化速度或周转率，是变化的生境的函数；γ 多样性是地区多样性，指不同地点中相同生境类型内随着地区替代（geographic replacement）的发生而不断出现新种的速率，也就是具有相似生境的相距一定距离的不同地点间的物种周转率或地区扩展时的物种周转率。多数学者关注 α 多样性，相应的测定指数如下。

基于早期研究（金翠霞和吴亚，1981；王伯荪等，1984；张明海等，1990），对各个多样性指数在物种多样性研究中的有效性进行比较，并依据物种的个体数量和丰富度进一步估算物种多样性指数。为了避免单一多样性指数表征结果存在偏差，分别采用 Shannon-Wiener 多样性指数、Margalef 物种丰富度指数、Simpson 优势度指数、Pielou 均匀度指数来表征保护区群落的物种多样性。

Shannon-Wiener 多样性指数（$H'$）：是物种数量和个体在群落中所占比例的综合反映。

$$H' = -\sum_{i=1}^{s}(P_i \times \ln(P_i))$$

Margalef 物种丰富度指数（$d$）：可以比较同一地点或相似环境中的群落物种。

$$d = (S-1)/\ln S$$

Simpson 优势度指数（$C$）：可以表达群落组成状况。优势度指数越大，表明生物群落内不同物种的数量分布越不均匀，优势种的生态功能越突出。

$$C = 1 - \sum_{i=1}^{s} P_i^2$$

Pielou 均匀度指数（$J$）：指的是一个群落或环境中所有物种分布的均匀程度。

$$J=H/\ln S$$

式中，$S$ 为物种总数；$P_i$ 为第 $i$ 个物种的多度比例，即 $P_i=N_i/N$，$N_i$ 为第 $i$ 个物种的多度，$N$ 为所有物种的多度总和；$H$ 为香农多样性指数。

优势种根据物种的出现频率及个体数量来确定，用物种优势度（$Y$）来表示。

$$Y=P_i \times f_i$$

式中，$f_i$ 为第 $i$ 个物种出现的频率。当 $Y>0.02$ 时，可视为优势种（Lampitt et al.，1993）。

## 2.5　浮游动植物调查方法

### 2.5.1　调查时间

本次调查共分三次进行，时间分别为 2020 年 4 月、7 月和 10 月。

### 2.5.2　样点布设

本次调查在保护区共设置 41 个采样点，按照采样位置及采样点的生境特点分为两大区域和 7 种主要类型（表 2-12），其中两大区域分别为黑龙江流域和乌苏里江流域，黑龙江流域采样区域主要包括 4 种类型：鸭绿河段、清水河段、面源污染影响区和大力加湖，乌苏里江流域采样区域主要包括 3 种类型：沼泽湿地、面源污染影响区和退耕示范区。

**表 2-12 采样点分类及生境特点**

| 流域 | 类型 | 生态特征 |
|---|---|---|
| 黑龙江流域 | 鸭绿河段 | 取样点均在鸭绿河主河道，周围污染少见 |
| | 清水河段 | 取样点均在清水河主河道，周围污染少见 |
| | 面源污染影响区 | 有农田退水流入或在沟渠中取样，一般受农田开垦影响严重或受生活污染影响 |
| | 大力加湖 | 在大力加湖中靠近公路一侧取样 |
| 乌苏里江流域 | 沼泽湿地 | 以大叶章 薹草群落为主，地表少量积水 |
| | 面源污染影响区 | 有农田退水流入或在沟渠中取样，一般受农田开垦影响严重或受渔牧业及生活污染影响 |
| | 退耕示范区 | 退耕还湿示范区 |

### 2.5.3 样品采集及处理方法

定量样品用于测定单位体积内浮游生物的数量或重量。定性样品用于识别水体中的浮游生物种类。每个采样点采集一个定性样品，并根据水深采集定量样品。

浮游植物定性样品：用 25#浮游植物网（直径 0.064mm）在水面（0～0.5m）上以“∞”形状拖曳 3～5min，滤液加鲁氏碘液固定。

浮游动物定性样品：用 25#浮游动物网以“∞”形状反复在水下 0.5m 缓慢拖曳 10min，过滤后的水样集中在滤网头，移至标本瓶（100ml）后用 5%的甲醛固定。

浮游植物定量样品：当水深小于 5m 时，使用 5L 采样器采集 1L 的地表水样本（水下 0.5m）；当水深为 5～10m 时，从上下层采集水样混合均匀，取 1L 定量使用，用鲁氏碘液固定。

浮游动物定量样品：从不同水层（表层、水下 0.5～1m、水下 1～1.5m）共采集 20L 水样，过滤后的水样集中在滤网头，移至标本瓶（100ml）后用 5%的甲醛溶液固定。

### 2.5.4 样品鉴定

定性和定量样品均尽快带回实验室，在显微镜下进行鉴定和计数。每瓶样品测量两次，然后取平均值。计数前摇动样品瓶，充分混匀。

浮游植物和原生动物：吸取样品 0.1ml 放入计数框，在显微镜 10×40 倍镜下观察，对不同物种进行鉴定并计数。我们根据《中国淡水藻类：系统、分类及生态》（胡鸿钧和魏印心，2006）和《淡水微型生物与底栖动物图谱》（周凤霞和陈剑虹，2011）来鉴定浮游植物及原生动物。

后生浮游动物：吸取样品 1ml 放入计数框，在显微镜 10×10 倍镜下观察，对不同物种进行鉴定并计数。我们根据《中国淡水轮虫志》、《中国动物志》（淡水枝角类、淡水桡足类）和《水生生物学》来鉴定浮游动物；利用体积法计算轮虫生物量，参照黄翔飞和陈雪梅的体长-体重回归方程分别计算枝角类与桡足类生物量。

### 2.5.5 分析方法

本研究计算了浮游生物的丰度和生物量，分析了浮游生物群落的多样性。为了避免单一多样性指数表征结果存在偏差，采用 Shannon-Wiener 多样性指数、Margalef 物种丰富度指数、Pielou 均匀度指数和 Simpson 优势度指数对保护区浮游生物群落多样性进行分析。

表 2-13 为生物多样性指标评价标准，将本研究的浮游生物多样性指数与相应的标准进行比较，可以得到水质评价。

**表 2-13 三种多样性指数的评价标准**

| 指数 | 评价 | | | |
|---|---|---|---|---|
| Shannon-Wiener 多样性指数（*H'*） | 0～1.0 重污染 | 1.0～2.0 α-中污染 | 2.0～3.0 β-中污染 | >3.0 轻污染或无污染 |
| Margalef 物种丰富度指数（*d*） | 0～1.0 重污染 | 1.0～2.0 α-中污染 | 2.0～3.0 β-中污染 | >3.0 轻污染或无污染 |
| Pielou 均匀度指数（*J*） | 0～0.3 重污染 | 0.3～0.5 α-中污染 | 0.5～0.8 β-中污染 | 0.8～1.0 轻污染或无污染 |

浮游生物与水环境因子之间存在密切的相关性，并相互影响。统计调查数据后，我们将对水质和浮游生物的丰度、生物量进行 Pearson 相关分析，以确定水质和浮游生物可相互影响，并通过浮游生物多样性来反映保护区的生态特征，从而为保护区管理服务。

## 2.6 水生无脊椎动物调查方法

### 2.6.1 样品采集

开展生物群落组成及结构研究要以可靠的采样工具为基础。由于湿地水生无脊椎动物的栖息环境具有复杂性，野外采样常用定量采集和定性采集相结合的方法，以保证样品的代表性。本次湿地水生无脊椎动物采集主要采用“D”形抄网法（D-frame dip net），网口为 0.35m（宽）×0.25m（高），网孔为 1mm，网口为“D”形，网袋为口袋形，拖网与一根长的杆子相连（1m）。手持杆部，水平抄取 1m 距离，每个地点采集 4 个样本。即使用“D”形抄网过滤整个水体，刮取湿地底部，扫过挺水和沉水植物表面，能采集到一个相对完整的湿地水生无脊椎动物样本。

野外调查采样点的代表性要强，应选择那些具有代表性的湿地。本次调查在保护区共设置 34 个采样点，按照采样点所属流域分为两大区域和 7 种主要类型（表 2-12），其中两大区域分别为黑龙江流域和乌苏里江流域，黑龙江流域采样区域主要包括 4 种类型：鸭绿河段、清水河段、面源污染影响区和大力加湖，乌苏里江流域采样区域主要包括 3

种类型：沼泽湿地、面源污染影响区和退耕示范区。本次调查共分两次进行，涵盖春季和夏季两个季节，时间分别为 2020 年 5 月和 8 月。

重复采样点布设要考虑几个因素，如底质、水深、植被组成，以及水体受干扰状况等。本次湿地水生无脊椎动物调查重复采样点布置的原则：尽量选取水深不同、优势植被不同、底质不同等具有代表性的采样点。同时，在现场记录必要的环境要素数据，包括采样面积、植被组成、水深、水温、溶解氧、pH、经纬度、海拔、周边土地利用类型和主要的人类活动等。并将混有植物、掉落物和底质的样品从“D”形抄网中转移至自封袋，加注乙醇保存并尽快带回实验室，使用实体显微镜分拣水生无脊椎动物并进行分类鉴定工作。

### 2.6.2　采样面积

由物种-面积关系可知，调查面积越小或样方越少，被遗漏的物种数越多。但调查面积太大或样方过多，单位面积信息量就越少，而且花费工时。以往的溪流底栖动物研究结果表明，最小采样面积大于 $1m^2$ 才能保证结果具可靠性。实际操作时要视具体情况而论，若水生无脊椎动物密度较大，$1m^2$ 的采样面积就基本能反映物种组成，若密度较小，则要适当增加采样面积。本次湿地水生无脊椎动物调查，从实际工作量和采样工具方面考虑，采用 $1.4m^2$ 面积来保证采样结果的可靠性：0.35m（网口宽度）×1m（距离）×4（重复）。

### 2.6.3　样品鉴定

在快速生物评价中，常常仅需将水生无脊椎动物鉴定到科级水平，因为根据科级水平即可成功得到在物种水平上同样明显的水生无脊椎动物分布类型，若鉴定到物种水平，则耗时较长，且会带来额外费用。当研究目的是确定水生无脊椎动物的整体组成类型以判断不同地区动物组成的相似性时，也只需鉴定到科级水平即可，而从物种水平进行分析就很困难，因为没有或只有很少物种可能同时出现在不同地区。若研究目的是明确一个地区的生物多样性水平，则最好鉴定到属级水平，甚至是物种水平。本次调查的湿地水生无脊椎动物中软体动物鉴定到物种水平，其余门大多数鉴定到属级水平。

### 2.6.4　分析方法

（1）群落组成及多样性

采用物种优势度（$Y$）确定水生无脊椎动物优势种，采用 Shannon-Wiener 多样性指数、Margalef 物种丰富度指数和 Pielou 均匀度指数对物种多样性进行分析。

（2）群落结构差异

为了识别螺类群落结构的变化和不同采样点之间的可能分组，我们使用 Bray-Curtis 相异度作为距离度量进行物种水平上的聚类分析和非度量多维排列，并对数据进行平方根转换以减少影响。当聚类分析显示分组时，使用群落相似性分析（ANOSIM）来评估哪些组之间存在显著差异；使用指示物种分析来识别不同湿地类型的指示物种（Dufrene and Legendre，1997），本研究使用指定组中物种的丰度和出现频率来为每个物种生成 0（无指示）至 100（完全指示）的值，然后进行蒙特卡罗检验来测试指示物种的显著性；使用方差分析来确定不同湿地之间螺类个体数、类群数、多样性指数的差异。聚类分析、非度量多维排列、群落差异性分析使用 PRIMER7 软件，指示物种分析使用 PC-ORD v.5.0 软件，方差分析使用 SPSS 21.0 软件。

## 2.7 昆虫调查方法

### 2.7.1 调查时间

在 2020 年 7 月中旬进行调查，此时为湿地昆虫的生长高峰期。

### 2.7.2 样点布设

本次调查在保护区共设置 25 个采样点，按照采样点的地理位置和生境特点，分为两大流域、三种湿地利用类型及 9 个采样区域（表 2-14）。其中，两大流域包括黑龙江流域和乌苏里江流域；三种湿地利用类型包括天然湿地、干扰湿地以及恢复湿地；采样区域包括鸭绿河湿地、抓吉站湿地、大旬子湿地、永发湿地、海青湿地、浓桥湿地、浓江湿地、四合湿地以及综合示范区。

**表 2-14 采样点类型及主要生境特征**

| 流域 | 利用类型 | 采样点名称 | 生态特征 |
|---|---|---|---|
| 黑龙江流域 | 天然湿地 | 鸭绿河自然流段、浓江-内蒙古点、浓桥点 | 位于鸭绿河的主河道，主要植物类型有芦苇群落、芦苇-薹草群落、薹草群落 |
| | 干扰湿地 | 鸭绿河-农田毗邻点 | 采样点附近有农田毗邻或有农田退水流入，主要植物群落有菰-香蒲群落、薹草群落 |
| 乌苏里江流域 | 天然湿地 | 大旬子点、海青点、四合点、永发点、抓吉点 | 采样点有大叶章-薹草群落、芦苇-漂筏薹草群落、芦苇群落、菖蒲群落，地表有积水 |
| | 干扰湿地 | 抓吉点、四合点、永发点 | 有农田退水流入或在沟渠两侧取样，一般受农田开垦影响或受生活污染影响 |
| | 恢复湿地 | 综合示范点 | 退耕还湿示范区，以芦苇群落为主 |

### 2.7.3 样品采集

采用标准扫网法对昆虫群落进行采集，可以对不同类群的昆虫进行全面收集。选择晴朗、无风的天气进行采样，采集时间为 8:00～15:00。捕虫网的直径为 40cm，用轻质的 200 目棉布制成。在每个采样点采用“Z”形样带对昆虫进行取样，为避免边缘效应，样带距离样点边缘至少 2m。每个样地共扫 30 网，单向 180°计为一网。扫网收集的昆虫放入装有乙酰乙酯的毒瓶中进行毒杀后，放入装有 75%乙醇的收集瓶内进行保存并带回实验室。

昆虫样品带回实验室后进行分拣，参考已有标本和图鉴，利用光学显微镜（Nikon SMZ745T）对其形态进行鉴定，并请专家帮忙鉴定，全部标本均鉴定到科，其中一些类群鉴定到种。

### 2.7.4　分析方法

依据昆虫的个体数量和丰富度进一步估算昆虫的多样性指数。为了避免单一多样性指数表征结果存在偏差，分别采用 Margalef 物种丰富度指数、Shannon-Wiener 多样性指数、Simpson 优势度指数、Pielou 均匀度指数对保护区的昆虫群落多样性进行分析。

利用线性混合效应模型（linear mixed effect model）评估保护区不同流域及湿地利用类型对昆虫群落数量和多样性指数的影响，并利用 Tukey 检验进行多重比较。利用非度量多维尺度分析（NMDS）明确不同流域和湿地利用类型对昆虫群落组成的影响。利用置换多元方差分析（PERMANOVA）研究昆虫群落差异的显著性。所有统计分析均使用 R 语言，统计检验显著性水平以 $P \leqslant 0.05$ 为准。

## 2.8　鱼类调查方法

### 2.8.1　调查时间

根据保护区的生态环境特点，本次调查分 3 次进行，时间为 2020 年 5 月、7 月和 9 月。

### 2.8.2　样点布置

依据《内陆水域渔业自然资源调查手册》中鱼类调查采样点的设置要求和原则，在保护区进行了鱼类资源调查采样点的布设。

根据保护区的生态特点，兼顾水源地水质监测点的分布，设置了 6 个采样点（表 2-15），其中鱼类调查采样点为 1 号、4 号、5 号和 6 号。

**表 2-15　保护区采样点设置**

| 序号 | 名称 | 北纬 | 东经 |
|---|---|---|---|
| 1 | 抓吉站 | 48°10′4.37″ | 134°38′16.41″ |
| 2 | 围芦泡子 | 48°7′6.98″ | 134°8′8.93″ |
| 3 | 22 连野外 | 48°4′9.22″ | 134°33′9.21″ |
| 4 | 海青站 | 47°48′12.05″ | 134°41′33.27″ |
| 5 | 四合 | 47°32′8.17″ | 134°34′14.43″ |
| 6 | 夹信岛 | 48°21′6.60″ | 134°10′35.71″ |

### 2.8.3　样品采集

选择水域的主流、缓流、急流、支流等各种典型的栖息环境，利用合适的网具进行捕捞，调查记录鱼类的种类和数量并采样分析。

河流采样断面的渔获物采集以定置网具为主要渔法并辅以其他可采用的方法。采用底层定置网具（俗称地笼，0.5m×0.5m×15m、0.25m×0.25m×7.5m）和挂网（5m×20m，网目 2cm；5m×50m，网目 5cm）进行样品采集，于傍晚设置，24h 后统计渔获物。其中，底层定置网具样品用于定量计算，底层挂网样品用于定性统计。

在保护区主要河流的上游、中游和下游分别设定三个采样点，在三个采样点分别布设相同的网具——张网、地笼和刺网等，24h 取一次网，采集的鱼类标本现场鉴定种类，进行体长、体重等生物学测量，并记录数量、采集地等相关数据。

在现场调查采集渔获物的过程中，对代表性采集方法的过程进行录像、拍照。

在进行鱼类现场调查之前，要去有关主管部门办理好采捕手续，如在禁渔期、禁渔区采集鱼类标本的证明和准捕证等。

若受到时间、季节等因素限制，调查者可以通过与水产部门、渔民及相关管理人员进行座谈来获得相应资料，并查明一些物种的地方名、分布、数量及在当地的利用情况等。

## 2.9　两栖和爬行动物调查方法

两栖动物的数量调查主要采用样线法，而样线法适用于大面积调查。

### 2.9.1　确定原则

（1）在样带内沿样线方向分段布线。

（2）沿样线往返一次为一个调查。

（3）样线的长度以 100～200m 为宜，应均匀选择多条样线，沿样线前进方向布设样点，样线的数量由样带的长度而定，一般应在 3～5 条及以上。

### 2.9.2　观察方法

（1）沿样线观察时，每次巡视的速度应保持一致。

（2）发现动物个体后，立即记录动物名称及其与观察者之间的距离和生境状况，观察者的动作应尽量不惊扰动物。

## 2.10　哺乳动物调查方法

### 2.10.1　访问法

访问法主要是根据访问对象对动物的描述来确定物种，访问对象为保护区管护人员、林场护林员以及当地居民。每次访问时都先由被访人述说当地的哺乳动物种类及主要特征，同时提供彩色图谱让其对见到而不认识的哺乳动物进行辨认，以确定物种。此种方法主要用于辅助大型、中型哺乳动物的调查。

### 2.10.2 样线法

样线法适用于各种生境中大多数哺乳动物的调查。调查时以步行为主，步行速度为2～3km/h，观察对象可以是动物实体，也可以是动物的活动痕迹，如雪地中的动物足迹、卧迹、粪便、尿斑等。记录实体时，只记录位于调查员前方及两侧的个体，包括越过样带的个体，并记录所见实体和活动痕迹至样带中线的垂直距离。记录足迹链时只记录与样带线交叉的足迹链，故不存在垂距或 $x$=（即垂距为 0）。所记录的动物活动痕迹应该是 24h 内动物新鲜的活动痕迹，要避免重复记录和漏记。观察记录对象也包括样带预定宽度以外的实体。

哺乳动物调查主要在冬季利用雪被完成，可与冬季鸟类调查同时进行。冬季黑龙江省野生动物栖息生境被雪覆盖，哺乳动物的活动痕迹留在雪地上（冬眠种类除外），便于调查。

大型、中型哺乳动物采用样线法结合访问法进行调查。根据保护区的地形、地貌及植被状况，布设不同的样线，基本涵盖整个保护区，每条样线从低到高穿越所有的生境类型，在样线上观察记录哺乳动物的实体、痕迹（如食迹、足迹、粪便、尿斑、卧迹、抓痕等）和遗迹（如尸体、骨骼、皮张、毛发等），并记录相应的 GPS 数据。

由于熊类属冬眠动物，冬季无法见其足迹，我们采用访问当地管护人员的方法估计熊类数量。

### 2.10.3 铗日法

小型哺乳动物（啮齿类）的调查采用铗日法，“铗日”为调查计算的单位，一个铗日是指一个鼠铗经过的一个昼夜的捕捉时间。在调查样地布放 100 个鼠铗，经过一个昼夜则为 100 个铗日。本次调查以平均 100 个铗日所捕捉到的小型哺乳动物数量作为（日）捕获率。鼠铗布放间距为 5m，行距为 50m，单位面积内布铗密度保持一致。15:00～17:00 布放鼠铗，翌日同一时间取铗并再次布放，对捕到的动物种类进行鉴定，并对其捕获生境进行记录。鼠铗饵料选择可因地因季节而异，但应尽可能保持一致，以便相互比较。

### 2.10.4 换算系数的确定

换算系数（$C$）是野生动物数量调查中非常重要的参数，是反映野生动物种群数量与活动痕迹数量关系的参数，能将野生动物的活动痕迹数换算成实体数，因此是野生动物资源调查中不可忽视的重要内容，其值一般小于等于 1（≤1）。

$$C = \frac{\text{动物活动实体数}}{\text{动物活动痕迹数}}$$

（1）鹿科动物换算系数的估计方法

我们采用足迹链跟踪法来估计鹿科动物的换算系数，基本原理是完整地跟踪两卧迹间的一昼夜足迹链，并将其准确地描绘在地形图上。

具体操作方法：跟踪小组至少由 2 人组成，发现一条新鲜（即 48h 之内）足迹链后，一人顺向跟踪，另一人逆向跟踪，顺向跟踪直至发现昨天夜间的卧迹，逆向跟踪直至发现前天夜间的卧迹。值得注意的是，在两个夜间卧迹之间存在数个白天临时卧迹，应注意区分。

估计方法：将足迹链置于坐标上，并转动坐标 $n$ 次，坐标与足迹链的交点数分别为 $N_1, N_2, \cdots, N_n$（$n\geqslant4$），则换算系数为

$$C=\frac{n}{\sum_{i=1}^{N}N_i}$$

则 $m$ 个足迹链的平均换算系数为

$$C_m=\frac{1}{M}\sum_{i=1}^{n}C_i$$

$C_m$ 就是该鹿科动物的平均换算系数。显然，换算系数 $C_m\leqslant1$。不同地区、不同季节、不同生境中的换算系数是变化的，故每个季节、每种生境都应进行换算系数的求算。

（2）鼬科及犬科动物换算系数的估计方法

鼬科及犬科动物的换算系数应采用轰赶法进行估计，具体方法如下所述。

1）选择调查样地，根据动物种类确定样地面积，如黄鼬 $0.1km^2$，赤狐 $0.3km^2$ 等。

2）轰赶前记数：选择好样地后，找调查起点，并设置明显标志。将调查队分成两组，在同一时间内分头沿样地边界行进，将见到的足迹记在事先准备好的表格和地形图上，然后将已有的实地足迹涂掉，在两组约好的终点会合。

3）轰赶：两小组会合后沿样地边散开，在同一时间一齐采用呐喊、敲击等方式向前轰赶，一直赶到样地顶边，会合于起点。

4）计数：轰赶的同时，位于样地两边的队员负责记录逃出的动物个体及新鲜足迹链数，即可统计样地内动物的实体数。最后对轰赶前后的足迹链数比较，计算出换算系数。

5）同一地区，选择不同生境各进行 2～3 次上述轰赶调查，计算出平均换算系数。

（3）依出现频率计算换算系数的估计方法

利用已有野外记录亦可粗略地统计出换算系数。选择某一地区外业调查记录表，计算动物的出现频率（$n$=100），即 1 条样线出现 1 次动物（足迹）记为 $P_1$=1；出现 2 次，若超出该动物 1 天的活动距离则为 2 个动物个体，概率为 1，若在 1 天活动距离之内则完全可能为 1 只动物，即概率为 1/2，当然也不可否定为 2 只动物，即概率为 1，求其平均为 $P_2$=(1/2+1)/2=0.75；出现 3 次记为 $P_3$=(1/3+2/3+3/3)/3=0.6667。然后依动物出现的频率 $n_i$ 和概率 $P_i$，求出换算系数，即 $C=(P_1N_1+P_2N_2+\cdots+P_mN_m)/m$。

$$C=\frac{1}{m}\sum_{i=1}^{m}P_iN_i$$

亦可简单地计算最小换算系数，即 $P_1=1, P_2=1/2, P_3=1/3, \cdots, P_m=1/m$，属经验求法，其理论问题尚需探讨。当动物的出现频率大于等于 2（$n\geqslant2$）时，此法将不同频率的出现概率视为完全一样，但实际中可能有较大偏差，只是不易估计，故而求其平均。但此法的适用前提、限定条件、范围、样线长度、一昼夜活动距离、检验方法等均有待探讨。

# 2.11　鸟类调查方法

## 2.11.1　样点布设

本次调查所选样点（样线）几乎涵盖保护区所有湿地分布区，同时与湿地植被、水生生物、鱼类、两栖动物等调查样点尽可能重叠或是相邻，以有利于生境分析及数据汇总。鸟类调查样点还增加了农田，特别是农田中有积水的区域以及退耕、休耕农田，这些区域为迁徙期雁鸭类的主要停歇地，在本次调查中应给予足够的关注。

## 2.11.2　样品采集

（1）样线法

样线法是鸟类调查中最常见的方法，有着广泛的应用。调查时沿确定的路线（水、陆、空均可）行进，记录两侧可见的鸟类，如果提前规定了两侧宽度则是样带法；如果未提前规定宽度，而是记录鸟类到样线的垂直距离则是截线法。调查时移动速度为 3km/h，对于飞行鸟类，只记录与观察者行进方向相反的个体，相同方向的个体不予记录。样线法一般适合高度开放、异质性低的生境。本次调查主要在湿地及林地类型生境中进行，记录的鸟类距离应是首次发现位置到样线的垂直距离，而非鸟类飞行的距离或重落地的距离。

（2）样点法

样点法是在某一时间段内，以确定的观察点为中心对周围鸟类进行计数，可以在一年中的任何时间进行。样点法能够用于估计物种的相对密度，或者与观测距离相结合计算绝对密度。和样线法类似，样点法也要求观察点之间有一定的距离间隔，以免重复记录。到达观察点后先不做记录，等到鸟类安静后开始计数，计数时间不宜过长，以免重复记录。由于一天中不同时间段鸟的活动节律不同，尽可能选择相近的时刻开展调查。样点法比较适合雀形目鸟类调查或水禽调查，在国内外都有着广泛应用。

（3）（分区）直数法

即直接计数某一指定区域内所有鸟类的种类和数量，不需要进行抽样。直数法是针对水禽的一种快速有效的调查方法：因为大部分水鸟是容易被发现并计数的。如果调查区域过大，可先将湿地划分为若干个区，然后分别调查每个小区，最后将结果汇总，即分区直数法。直数法本质上是对某一区域鸟类进行普查，优点在于原理简单，但对大群聚集的鸟类计数时，受个体间互相重叠影响，容易估错数量。野外操作中，我们采用多人重复计数、利用相机拍摄照片后在计算机中放大重数等方式来减小数量统计上的误差。同时，本次针对东方白鹳这个单一物种繁殖数量的调查统计，主要采取分区直数法，对于野外不能到达的区域，结合秋冬季的补充调查进行数据校准。

## 2.11.3　数据收集

通过双筒望远镜（Leica 10×25）、单筒望远镜（Bushnell 20～60×80）及激光测距仪，采用样线法、样点法、定点观察法、直接计数法对湿地鸟类进行监测。每条样线长度原则上以3～5km为好，具体依据调查区域而定；样线上的样点间距以能涵盖调查区域鸟类为准，生境类型、可视度是主要决定因素，视野弱的森林湿地一般以100m为好，视野好的芦苇沼泽等湿地一般以500m为好；样线宽度也取决于生境类型、可视度、观察对象，森林湿地一般为30～50m，芦苇沼泽等湿地为100～1000m。样线长度、样点间距、样线宽度以能涵盖调查区域为准。

鸟类监测时间原则上选择清晨和傍晚人类活动频次较少、频率较低的时间段，一般为日出前约1h至日出后2h和日落前3h的时间段，每个样点监测时长原则上为15～30min，实际监测的时间段和时长取决于监测区域人类活动情况、鸟类种类和数量、能见度、辨识度等因素，本次野外调查每个样地一般记录15min，在鸟类数量较多、不易辨识鸟种和精确计数的样点，观测记录延长至30min。

对于那些距离较远且难以识别的鸟种，通过相机、录音笔等对其形态、生境、行为、鸣声等特征进行信息留存，并通过参考相关鸟类图鉴（常家传等，1995；约翰·马敬能等，2000；郑光美，2017）和鸣声声谱与语图、请教专家进行鸟种鉴定；若仍无法进行鸟种识别，则根据其外部整体形态特征（如体廓、喙、颈、跗、蹠等）和行为特征（如飞行时翅频等）把其归为未识别鸭类、未识别鸥类、未识别鸻鹬类等。

数量统计主要采用现场直数法、现场推测法、照片推测法3种方法。现场直数法是指现场直接通过计数器以直数法进行计数，适用于鸟类种群数量可数的群体。现场推测法是指基于现场直数进行推测，并作为后期照片推测法的参考，适用于鸟类种群数量难以直接计数的群体。照片推测法则是指现场通过相机进行拍照，当天调查结束后对照片中的鸟种数量通过计算机进行第二次计数，第二次计数的依据包括可数部分和不可数部分，适用于鸟类种群数量难以直接计数的群体。其中，可数部分一般指鸟头和鸟腿，如从观测角度看，鸟体重叠、2个鸟头则计为2只，鸟头重叠、鸟体重叠、3条腿则算作2只；不可数部分指形态特征（鸟体长宽等），如从观测角度看，鸟头、鸟腿均重叠但鸟体宽度明显大于1只而小于2只则计为2只，主要以照片中能识别的鸟体特征为推测标准，对相邻但难以区分的鸟体数量进行推测。

野外调查过程中，3种计数方法会表现为3种情况。①从观测角度看，栖息时整个群体易于区分个体，若观测角度适宜，可采用现场直数法计数。例如，鹤形目、鹳形目和雁形目有集群现象，集群时个体间保持一定的距离，至少有1个观察角度能进行较为精确的数量统计。②从观测角度看，栖息时部分群体易于区分个体、部分群体难以区分个体，可采用现场直数法、现场推测法与照片推测法相结合的方式计数。例如，针对鹤形目、鹳形目和雁形目集群，对于易于区分个体的部分，采用现场直数法进行计数；对于难以区分个体、部分个体间距离较小且无法找到1个适宜的观测角度去区分全部个体、个体间区分存在难度的部分，首先应采用现场推测法进行计数并作为后期参考，然后对该部分群体进行拍照用于后期的照片推测法计数。③从观测角度看，栖息时整个群体难以区分个体，可采用现场推测法与照片推测法相结合的方式计数。例如，鸻形目集群中大部分个体间距离较小，根本无法找到适合的观测角度进行计数，应首先采用现场推测法进行计数并作为后期参考，然后直接拍照进行第二次推测计数，或待鸟群整体起飞时拍照待后期采用照片推测法进行第二次计数。

关于鸟种数量，不管何种栖息方式，原则上均计数 2～4 遍，取最小值作为本次分析的种群保守数量监测值。对于通过推测法也难以计数的鸟种，选取最佳观测点，连续观察 15～30min，当种群个体进行水平移动、出现易于个体识别的状态时再进行计数。此外，鸟类种群计数也受到观测距离、观测目标所在的坡度位置以及植被情况等因素影响。

# 第3章　保护区植物多样性及生态功能

## 3.1　湿地植物分析

### 3.1.1　湿地植被特征及物种组成

研究区湿地植被主要分布在乌苏里江、鸭绿河及其支流所形成的河漫滩沼泽湿地，且类型多样，优势种主要包括芦苇（*Phragmites australis*）、菰（*Zizania latifolia*）、灰脉薹草（*Carex appendiculata*）、瘤囊薹草（*Carex schmidtii*）、漂筏薹草（*Carex pseudocuraica*）、狭叶甜茅（*Glyceria spiculosa*）等挺水植物，以及毛薹草（*Carex lasiocarpa*）、大叶章（*Deyeuxia purpurea*）、乌拉草（*Carex meyeriana*）、宽叶羊胡子草（*Eriophorum latifolium*）等湿生植物，在深水区还常见莲（*Nelumbo nucifera*）、荇菜（*Nymphoides peltata*）、细果野菱（*Trapa incisa*）等浮叶植物，以及金鱼藻（*Ceratophyllum demersum*）、黑藻（*Hydrilla verticillata*）、狐尾藻（*Myriophyllum verticillatum*）、狸藻（*Utricularia vulgaris*）等沉水植物。

（1）大叶章群落

大叶章群落主要分布在乌苏里江、鸭绿河及其支流的河滨滩涂地，受河水泛滥影响较小，土壤湿润至水分饱和，洪水季节时有淹水。群落高60～130cm，盖度60%～100%。常见伴生种包括灰脉薹草、千屈菜（*Lythrum salicaria*）、红花金丝桃（*Triadenum japonicum*）、毛薹草、长戟叶蓼（*Persicaria maackiana*）、小白花地榆（*Sanguisorba tenuifolia* var. *alba*）。

（2）大叶章+灰脉薹草群落

大叶章+灰脉薹草群落主要分布在乌苏里江、鸭绿河及其支流的滩涂湿地及洲心岛，受河水泛滥影响较大，灰脉薹草形成塔头，大叶章生长在塔头上，塔头高约40cm，塔头间有积水，尤其是洪水季节积水较深，几乎没有植物生存生长。群落高105～170cm，盖度约95%。塔头微生境为其他植物生存生长创造了有利条件，常见伴生种包括山黧豆（*Lathyrus quinquenervius*）、泥炭藓（*Sphagnum palustre*）、缝瓣繁缕（*Stellaria radians*）、二歧银莲花（*Anemone dichotoma*）、绣线菊（*Spiraea salicifolia*）、芦苇、管花腹水草（*Veronicastrum tubiflorum*）、箭头唐松草（*Thalictrum simplex*）、菵草（*Beckmannia syzigachne*）、小白花地榆、稗（*Echinochloa crus-galli*）、风花菜（*Rorippa globosa*）、白花堇菜（*Viola lactiflora*）、毛水苏（*Stachys baicalensis*）。

（3）大叶章+瘤囊薹草群落

大叶章+瘤囊薹草群落主要分布在湖滨湿地和沼泽湿地，受地表径流影响较小，水源补给主要为地下潜水和降水，土壤水分饱和或有浅层积水。群落高80～105cm，盖度70%～80%。相对稳定的生境条件为湿地植物的生存繁衍创造了条件，常见伴生种包括千屈菜、芦苇、绣线菊、白桦（*Betula platyphylla*）、地笋（*Lycopus lucidus*）、燕子花（*Iris laevigata*）、泽芹（*Sium suave*）、东方羊胡子草（*Eriophorum angustifolium*）、狭叶黄芩（*Scutellaria regeliana*）、驴蹄草（*Caltha palustris*）、柳（*Salix* sp.）、浮萍（*Lemna minor*）、荸荠（*Eleocharis* sp.）、水蓼（*Persicaria hydropiper*）、泽泻（*Alisma plantago-aquatica*）。在自然水文条件退化而旱化的湿地，有沼生柳叶菜（*Epilobium palustre*）、酸模叶蓼（*Persicaria lapathifolia*）、蓍（*Achillea* sp.）、长戟叶蓼、蓟（*Cirsium* sp.）等旱生植物出现。

（4）大叶章+三蕊柳群落

三蕊柳为落叶灌木或小乔木，是三江平原沼泽湿地常见的柳属植物。大叶章+三蕊柳群落主要分布在河漫滩地势较高的区域，土壤湿润，无积水，洪水季节有短暂积水。群落高约 1m，盖度 95%。伴生种丰富，包括芦苇、绣线菊、二歧银莲花、繸瓣繁缕、球尾花（*Lysimachia thyrsiflora*）、燕子花、灰脉薹草、瘤囊薹草、崖柳（*Salix floderusii*）、沼泽蕨（*Thelypteris palustris*）、沼柳（*Salix rosmarinifolia* var. *brachypoda*）、毛薹草、小白花地榆、狭叶甜茅。

（5）大叶章+绣线菊群落

绣线菊为落叶灌木，是三江平原沼泽湿地常见的一种木本植物。大叶章+绣线菊群落主要分布在河漫滩受河水影响较小的区域，土壤湿润，无积水，洪水季节有短暂积水。群落高 80～110cm，盖度 80%～100%。伴生种较多，常见的有繸瓣繁缕、白花堇菜、沼柳、小白花地榆、沼泽蕨、千屈菜、泽芹、婆婆纳（*Veronica* sp.）、二歧银莲花、大叶猪殃殃（*Galium dahuricum*）、黄连花（*Lysimachia davurica*）、酸模（*Rumex* sp.）、地笋、泽泻、三轮草（*Cyperus orthostachyus*）。

（6）狭叶甜茅群落

狭叶甜茅群落主要分布在受地表径流影响较小的沼泽湿地，土壤湿润至水分饱和，常与大叶章群落、越橘柳+瘤囊薹草群落相伴而生。群落高 40cm，盖度 95%。常见伴生种包括地耳草（*Hypericum japonicum*）、柳叶菜（*Epilobium hirsutum*）、旋覆花（*Inula japonica*）、泽芹、千屈菜、芦苇、十字兰（*Habenaria schindleri*）、长箭叶蓼（*Persicaria hastatosagittata*）、毛水苏、小白花地榆、驴蹄草、细叶繁缕（*Stellaria filicaulis*）、毛薹草。

（7）狭叶甜茅+漂筏薹草群落

狭叶甜茅+漂筏薹草群落主要分布在湖滨湿地和沼泽湿地，受地表径流影响较小，土壤较湿润或有浅层积水。群落高 70～95cm，盖度 70%～90%。主要伴生种有芦苇、小白花地榆、问荆（*Equisetum arvense*）、燕子花、毛薹草、沼委陵菜（*Comarum palustre*）、大叶章、瘤囊薹草。

（8）灰脉薹草群落

在保护区灰脉薹草是形成塔头的主要优势种。灰脉薹草群落主要分布在河漫滩湿地，受水流影响较大，塔头间有明显积水，水深 5～30cm。群落高 100～130cm，盖度 90%～100%。塔头间由于水流的冲刷作用和淹水影响，几乎没有植物存在，但塔头微生境有利于其他植物的生存繁衍，主要伴生种有大叶章、细叶繁缕、箭头蓼（*Persicaria sagittata*)、野大豆（*Glycine soja*）、狭叶甜茅。

（9）瘤囊薹草群落

瘤囊薹草也是保护区形成塔头的优势种之一。瘤囊薹草群落主要分布在受地表径流影响较小的沼泽湿地，靠降水、冰雪融水和地下潜水补给水分。群落高约 60cm，盖度约 90%。伴生种丰富，常见的有毛薹草、并头黄芩（*Scutellaria scordiifolia*）、十字兰、千屈菜、梅花草（*Parnassia palustris*）、睡菜（*Menyanthes trifoliata*）、驴蹄草、白花堇菜、漂筏薹草、蓍、羊胡子草（*Eriophorum scheuchzeri*）、燕子花、越橘柳（*Salix myrtilloides*）、小白花地榆、小花地笋（*Lycopus parviflorus*）、毛水苏、地耳草。在保护区由于沼泽湿地被沟渠或农田所包围，切断了其与水系的天然联系，沼泽湿地有退化趋势，表现为白桦、桤木（*Alnus* sp.）等灌木开始侵入沼泽湿地。

（10）越橘柳群落

越橘柳属于落叶小灌木，隶属杨柳科柳属，在三江平原沼泽湿地较为常见。越橘柳群落主要分布在天然沼泽湿地，主要靠降水、地下潜水补给水分。群落高约 100cm，盖度约 50%。主要伴生种有狭叶甜茅、旋覆花、荸荠、红花金丝桃、驴蹄草、瘤囊薹草、毛薹草。

（11）芦苇群落

在保护区芦苇群落为典型的挺水植物群落，主要分布在湖滨和河漫滩较深水位处，地表积水 10cm 以上，受河水冲刷影响较大。群落高 220cm 以上，盖度约 95%。伴生种较少，可见灰脉薹草、地耳草、大叶章、香蒲（*Typha orientalis*）、泽泻。

（12）香蒲群落

香蒲群落也是保护区较为常见的挺水植物群落，主要分布在河漫滩较深水位处，地表经常有积水，水深 20cm 以上，常与菰群落、灰脉薹草群落伴生。群落高约 210cm，盖度 95%。伴生种可见慈姑（*Sagittaria trifolia* subsp. *leucopetala*）、大叶章、狭叶甜茅、问荆（*Equisetum arvense*）。

（13）菰群落

菰群落主要分布在河漫滩湿地，河床不明显，洪水季节有浅层积水。群落高约 240cm，盖度约 95%，常与香蒲群落相伴而生。由于菰生长高大、致密，伴生种较少，常见的有绣线菊、大叶章和狭叶甜茅。

（14）菰+欧菱群落

菰+欧菱群落主要分布在乌苏里江江叉浅水处、河滨浅水处。菰为典型的挺水植物，欧菱（*Trapa natans*）为浮叶植物。群落高约 2.4m，盖度 95%。菰和欧菱为共优种，有时欧菱为建群种。伴生种较少，主要有芦苇、荇菜（*Nymphoides peltata*）和细果野菱。

### 3.1.2 自然湿地植被初级生产力

保护区自然湿地草本群落的地上年净初级生产力平均为 0.8kg/m$^2$±0.08kg/m$^2$，但不同群落类型间差异显著（$F$=7.27，$P$<0.001）。最大的是菰群落（1.53kg/m$^2$±0.17kg/m$^2$），

最小的是瘤囊薹草群落（0.29kg/m²±0.01kg/m²），最大值是最小值的 5.3 倍，差异巨大（图 3-1）。菰群落的地上年净初级生产力高主要是因为菰生长高大（238cm±4cm），且密度较大（211 株/m²±36 株/m²）；而狭叶甜茅群落和瘤囊薹草群落的地上年净初级生产力较低，主要与其植株相对矮小有关，平均高度分别是 55cm 和 69cm；灰脉薹草虽然植株高大（114cm±15cm），但会形成塔头，塔头间植株很少，导致灰脉薹草群落的地上年净初级生产力较低（0.68kg/m²±0.07kg/m²）；大叶章群落的地上年净初级生产力也很高（1.09kg/m²±0.41kg/m²），与大叶章较高的株高（100cm±13cm）和致密生长（680 株/m²±99 株/m²）有关；香蒲群落的地上年净初级生产力与菰群落、大叶章群落差异不明显，处于较高水平，这是因为香蒲株高 217cm±16cm，密度也较大（44 株/m²±5 株/m²）；芦苇群落的地上年净初级生产力在几个群落类型中处于中间水平，为 0.82kg/m²±0.11kg/m²，这是由于芦苇株高 225cm±8cm，密度 285 株/m²±94 株/m²，变异较大，在有些分布区生长稀疏，因此其整体地上年净初级生产力不高。

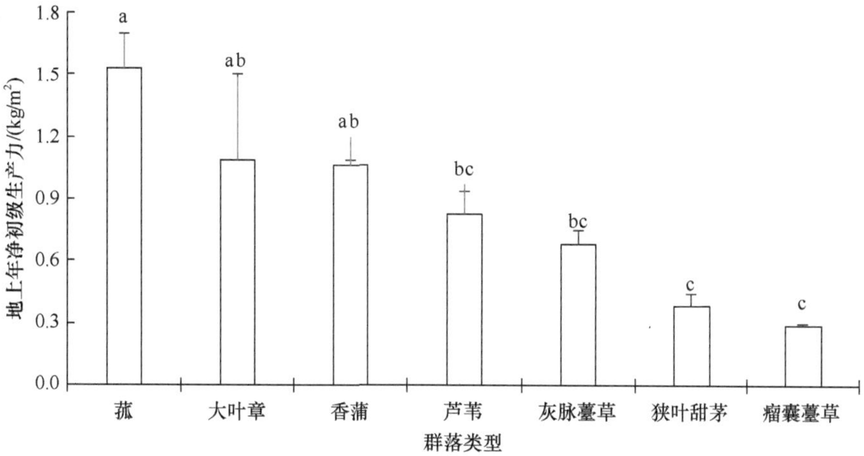


图 3-1　自然湿地不同群落类型地上年净初级生产力

相同字母表示无显著差异，不同字母表示有显著差异，下同

菰群落、大叶章群落、香蒲群落和芦苇群落地上年净初级生产力较高，一方面与植物自身生长高大和/或致密有关，另一方面是由于其均分布在河漫滩或者河床不明显的河道内，不仅水流速度较低对优势种群生长影响不大，而且水中丰富的氮、磷等养分不断在群落内积累，促进优势种群生长繁衍。尽管大叶章不耐淹水，但其广泛分布在河漫滩由灰脉薹草形成的塔头上，塔头高 40cm 以上，这种微生境非常有利于大叶章的生长，群落地上年净初级生产力较高（1.09kg/m²），在保护区河滨湿地和洲心岛都广泛分布。另外，优势种群生长高大、致密，使到达地表的光照有效辐射显著降低、地表温度较低，加上汛期较深的淹水和水体流动的影响，导致这些群落的伴生种较少。

灰脉薹草群落、狭叶甜茅群落、瘤囊薹草群落主要分布在与河流、湖库失去水文联系的自然湿地，主要靠降水和地表径流补给水分，而这些水体中的营养元素含量远远低于河水，加上湿地水位较低，不能激发部分优势种快速生长，因此群落地上年净初级生产力相对较低。

## 3.2 湿地植物物种多样性

### 3.2.1 植物物种组成

保护区共有湿地种子植物 57 科 144 属 251 种（见附录 I ）。从各科所含种数来看，含 30 种以上的科只有莎草科（Cyperaceae）（43 种），含 10～29 种的科有菊科（Compositae）（24 种）、禾本科（Gramineae）（21 种）、蓼科（Polygonaceae）（13 种）共 3 科。上述 4 科共有 40 属 101 种，科数仅占保护区总科数的 7.02%，但属数和种数分别占保护区总属数、总种数的 27.78%和 40.24%，是保护区植被的优势科（表 3-1）。

**表 3-1 保护区湿地植物科的组成**

| 序号 | 科名 | 物种数量 | 所占比例/% |
| --- | --- | --- | --- |
| 1 | 莎草科 | 43 | 17.13 |
| 2 | 菊科 | 24 | 9.56 |
| 3 | 禾本科 | 21 | 8.37 |
| 4 | 蓼科 | 13 | 5.18 |
| 5 | 毛茛科 | 9 | 3.59 |
| 6 | 灯芯草科 | 8 | 3.19 |
| 7 | 石竹科 | 7 | 2.79 |
| 8 | 眼子菜科 | 7 | 2.79 |
| 9 | 唇形科 | 6 | 2.39 |
| 10 | 玄参科 | 6 | 2.39 |
| 11 | 杨柳科 | 6 | 2.39 |
| 12 | 豆科 | 5 | 1.99 |
| 13 | 蔷薇科 | 5 | 1.99 |
| 14 | 报春花科 | 4 | 1.59 |
| 15 | 桦木科 | 4 | 1.59 |
| 16 | 兰科 | 4 | 1.59 |
| 17 | 茜草科 | 4 | 1.59 |
| 18 | 伞形科 | 4 | 1.59 |
| 19 | 香蒲科 | 4 | 1.59 |
| 20 | 百合科 | 3 | 1.20 |
| 21 | 车前科 | 3 | 1.20 |
| 22 | 浮萍科 | 3 | 1.20 |
| 23 | 桔梗科 | 3 | 1.20 |
| 24 | 柳叶菜科 | 3 | 1.20 |
| 25 | 千屈菜科 | 3 | 1.20 |
| 26 | 鸢尾科 | 3 | 1.20 |
| 27 | 泽泻科 | 3 | 1.20 |
| 28 | 败酱科 | 2 | 0.80 |
| 29 | 茨藻科 | 2 | 0.80 |

续表

| 序号 | 科名 | 物种数量 | 所占比例/% |
|---|---|---|---|
| 30 | 黑三棱科 | 2 | 0.80 |
| 31 | 堇菜科 | 2 | 0.80 |
| 32 | 狸藻科 | 2 | 0.80 |
| 33 | 茅膏菜科 | 2 | 0.80 |
| 34 | 水鳖科 | 2 | 0.80 |
| 35 | 睡菜科 | 2 | 0.80 |
| 36 | 睡莲科 | 2 | 0.80 |
| 37 | 藤黄科 | 2 | 0.80 |
| 38 | 苋科 | 2 | 0.80 |
| 39 | 小二仙草科 | 2 | 0.80 |
| 40 | 雨久花科 | 2 | 0.80 |
| 41 | 菖蒲科 | 1 | 0.40 |
| 42 | 谷精草科 | 1 | 0.40 |
| 43 | 葫芦科 | 1 | 0.40 |
| 44 | 虎耳草科 | 1 | 0.40 |
| 45 | 花蔺科 | 1 | 0.40 |
| 46 | 花荵科 | 1 | 0.40 |
| 47 | 景天科 | 1 | 0.40 |
| 48 | 藜芦科 | 1 | 0.40 |
| 49 | 莲科 | 1 | 0.40 |
| 50 | 龙胆科 | 1 | 0.40 |
| 51 | 牻牛儿苗科 | 1 | 0.40 |
| 52 | 杉叶藻科 | 1 | 0.40 |
| 53 | 十字花科 | 1 | 0.40 |
| 54 | 天南星科 | 1 | 0.40 |
| 55 | 旋花科 | 1 | 0.40 |
| 56 | 鸭跖草科 | 1 | 0.40 |
| 57 | 紫草科 | 1 | 0.40 |
| 总计 | | 251 | 100.00 |

从属的组成来看(表 3-2)，含 10 种及以上的属只有薹草属(*Carex*)和蓼属(*Persicaria*)。含 5～10 种的属包括灯心草属（*Juncus*）、柳属（*Salix*）、眼子菜属（*Potamogeton*）、剪股颖属(*Agrostis*)、羊胡子草属(*Eriophorum*)。上述 7 属共有 64 种，占保护区总种数的 25.50%；其余 137 属含有 187 种，其中 100 属为单种属。

**表 3-2 保护区湿地植物属的组成**

| 序号 | 属名 | 物种数量 | 所占比例/% |
|---|---|---|---|
| 1 | 薹草属 | 25 | 9.96 |
| 2 | 蓼属 | 10 | 3.98 |
| 3 | 灯芯草属 | 7 | 2.79 |
| 4 | 柳属 | 6 | 2.39 |

续表

| 序号 | 属名 | 物种数量 | 所占比例/% |
|---|---|---|---|
| 5 | 眼子菜属 | 6 | 2.39 |
| 6 | 剪股颖属 | 5 | 1.99 |
| 7 | 羊胡子草属 | 5 | 1.99 |
| 8 | 荸荠属 | 4 | 1.59 |
| 9 | 拉拉藤属 | 4 | 1.59 |
| 10 | 香蒲属 | 4 | 1.59 |
| 11 | 繁缕属 | 3 | 1.20 |
| 12 | 鬼针草属 | 3 | 1.20 |
| 13 | 马先蒿属 | 3 | 1.20 |
| 14 | 毛茛属 | 3 | 1.20 |
| 15 | 莎草属 | 3 | 1.20 |
| 16 | 旋覆花属 | 3 | 1.20 |
| 17 | 鸢尾属 | 3 | 1.20 |
| 18 | 藨草属 | 2 | 0.80 |
| 19 | 茨藻属 | 2 | 0.80 |
| 20 | 慈姑属 | 2 | 0.80 |
| 21 | 地笋属 | 2 | 0.80 |
| 22 | 浮萍属 | 2 | 0.80 |
| 23 | 腹水草属 | 2 | 0.80 |
| 24 | 蒿属 | 2 | 0.80 |
| 25 | 黑三棱属 | 2 | 0.80 |
| 26 | 狐尾藻属 | 2 | 0.80 |
| 27 | 桦木属 | 2 | 0.80 |
| 28 | 金莲花属 | 2 | 0.80 |
| 29 | 堇菜属 | 2 | 0.80 |
| 30 | 看麦娘属 | 2 | 0.80 |
| 31 | 狸藻属 | 2 | 0.80 |
| 32 | 菱属 | 2 | 0.80 |
| 33 | 柳叶菜属 | 2 | 0.80 |
| 34 | 蒲公英属 | 2 | 0.80 |
| 35 | 桤木属 | 2 | 0.80 |
| 36 | 山黧豆属 | 2 | 0.80 |
| 37 | 蓍属 | 2 | 0.80 |
| 38 | 水葱属 | 2 | 0.80 |
| 39 | 酸模属 | 2 | 0.80 |
| 40 | 梭鱼草属 | 2 | 0.80 |
| 41 | 甜茅属 | 2 | 0.80 |
| 42 | 银莲花属 | 2 | 0.80 |
| 43 | 早熟禾属 | 2 | 0.80 |
| 44 | 珍珠菜属 | 2 | 0.80 |
| 45 | 百合属 | 1 | 0.40 |

续表

| 序号 | 属名 | 物种数量 | 所占比例/% |
|---|---|---|---|
| 46 | 败酱属 | 1 | 0.40 |
| 47 | 稗属 | 1 | 0.40 |
| 48 | 半边莲属 | 1 | 0.40 |
| 49 | 薄荷属 | 1 | 0.40 |
| 50 | 报春花属 | 1 | 0.40 |
| 51 | 篦齿眼子菜属 | 1 | 0.40 |
| 52 | 萹蓄属 | 1 | 0.40 |
| 53 | 扁莎属 | 1 | 0.40 |
| 54 | 草莓属 | 1 | 0.40 |
| 55 | 菖蒲属 | 1 | 0.40 |
| 56 | 车前属 | 1 | 0.40 |
| 57 | 车轴草属 | 1 | 0.40 |
| 58 | 葱属 | 1 | 0.40 |
| 59 | 打碗花属 | 1 | 0.40 |
| 60 | 大豆属 | 1 | 0.40 |
| 61 | 地杨梅属 | 1 | 0.40 |
| 62 | 地榆属 | 1 | 0.40 |
| 63 | 点地梅属 | 1 | 0.40 |
| 64 | 毒芹属 | 1 | 0.40 |
| 65 | 独活属 | 1 | 0.40 |
| 66 | 费菜属 | 1 | 0.40 |
| 67 | 风铃草属 | 1 | 0.40 |
| 68 | 风毛菊属 | 1 | 0.40 |
| 69 | 拂子茅属 | 1 | 0.40 |
| 70 | 附地菜属 | 1 | 0.40 |
| 71 | 狗舌草属 | 1 | 0.40 |
| 72 | 狗尾草属 | 1 | 0.40 |
| 73 | 菰属 | 1 | 0.40 |
| 74 | 谷精草属 | 1 | 0.40 |
| 75 | 蔊菜属 | 1 | 0.40 |
| 76 | 盒子草属 | 1 | 0.40 |
| 77 | 黑藻属 | 1 | 0.40 |
| 78 | 红叶藜属 | 1 | 0.40 |
| 79 | 花蔺属 | 1 | 0.40 |
| 80 | 花荵属 | 1 | 0.40 |
| 81 | 黄芪属 | 1 | 0.40 |
| 82 | 黄芩属 | 1 | 0.40 |
| 83 | 蓟属 | 1 | 0.40 |
| 84 | 疆千里光属 | 1 | 0.40 |
| 85 | 金丝桃属 | 1 | 0.40 |
| 86 | 卷耳属 | 1 | 0.40 |

续表

| 序号 | 属名 | 物种数量 | 所占比例/% |
|---|---|---|---|
| 87 | 苦苣菜属 | 1 | 0.40 |
| 88 | 老鹳草属 | 1 | 0.40 |
| 89 | 藜芦属 | 1 | 0.40 |
| 90 | 藜属 | 1 | 0.40 |
| 91 | 莲属 | 1 | 0.40 |
| 92 | 柳兰属 | 1 | 0.40 |
| 93 | 龙胆属 | 1 | 0.40 |
| 94 | 芦苇属 | 1 | 0.40 |
| 95 | 驴蹄草属 | 1 | 0.40 |
| 96 | 芒属 | 1 | 0.40 |
| 97 | 茅膏菜属 | 1 | 0.40 |
| 98 | 梅花草属 | 1 | 0.40 |
| 99 | 貉藻属 | 1 | 0.40 |
| 100 | 牛鞭草属 | 1 | 0.40 |
| 101 | 女菀属 | 1 | 0.40 |
| 102 | 萍蓬草属 | 1 | 0.40 |
| 103 | 婆婆纳属 | 1 | 0.40 |
| 104 | 千屈菜属 | 1 | 0.40 |
| 105 | 全光菊属 | 1 | 0.40 |
| 106 | 三棱草属 | 1 | 0.40 |
| 107 | 三腺金丝桃属 | 1 | 0.40 |
| 108 | 沙参属 | 1 | 0.40 |
| 109 | 山芹属 | 1 | 0.40 |
| 110 | 山莴苣属 | 1 | 0.40 |
| 111 | 杉叶藻属 | 1 | 0.40 |
| 112 | 舌唇兰属 | 1 | 0.40 |
| 113 | 石胡荽属 | 1 | 0.40 |
| 114 | 石竹属 | 1 | 0.40 |
| 115 | 绶草属 | 1 | 0.40 |
| 116 | 水八角属 | 1 | 0.40 |
| 117 | 水车前属 | 1 | 0.40 |
| 118 | 水棘针属 | 1 | 0.40 |
| 119 | 水茫草属 | 1 | 0.40 |
| 120 | 水苏属 | 1 | 0.40 |
| 121 | 水芋属 | 1 | 0.40 |
| 122 | 睡菜属 | 1 | 0.40 |
| 123 | 睡莲属 | 1 | 0.40 |
| 124 | 唐松草属 | 1 | 0.40 |
| 125 | 橐吾属 | 1 | 0.40 |
| 126 | 菵草属 | 1 | 0.40 |
| 127 | 委陵菜属 | 1 | 0.40 |

续表

| 序号 | 属名 | 物种数量 | 所占比例/% |
|---|---|---|---|
| 128 | 缬草属 | 1 | 0.40 |
| 129 | 荇菜属 | 1 | 0.40 |
| 130 | 绣线菊属 | 1 | 0.40 |
| 131 | 萱草属 | 1 | 0.40 |
| 132 | 鸭跖草属 | 1 | 0.40 |
| 133 | 野青茅属 | 1 | 0.40 |
| 134 | 虉草属 | 1 | 0.40 |
| 135 | 蝇子草属 | 1 | 0.40 |
| 136 | 玉凤花属 | 1 | 0.40 |
| 137 | 泽兰属 | 1 | 0.40 |
| 138 | 泽芹属 | 1 | 0.40 |
| 139 | 泽泻属 | 1 | 0.40 |
| 140 | 沼委陵菜属 | 1 | 0.40 |
| 141 | 种阜草属 | 1 | 0.40 |
| 142 | 朱兰属 | 1 | 0.40 |
| 143 | 紫萍属 | 1 | 0.40 |
| 144 | 紫菀属 | 1 | 0.40 |
| 总计 | | 251 | 100.00 |

包含植物在内的生物多样性是生物圈的核心组成部分，也是人类赖以生存的物质基础（马克平和钱迎倩，1998）。在保护区共记录湿地野生种子植物 251 种，占东北地区湿地野生种子植物种数（747 种）的 33.6%（刘波等，2012），占三江平原典型湿地植物种数（379 种）的 66.2%（倪红伟等，2004），说明保护区湿地植物多样性水平较高，能够在一定程度上反映三江平原湿地植被的组成特征。保护区湿地面积达 16.44 万 $hm^2$（赵琬婧等，2018），广阔的湿地为动植物的生存繁衍创造了适宜生境，是维系区域生物多样性的重要保障。

保护区有大面积的典型湿地植被和多种重点保护植物物种，如野大豆、莲等国家二级重点保护野生植物。另外，根据《中国高等植物受威胁物种名录》（覃海宁等，2017），十字兰（*Habenaria schindleri*）、龙舌草（*Ottelia alismoides*）、条叶龙胆（*Gentiana manshurica*）等处于濒危或易危状态。保护区还有多种可药用、观赏、作为原材料的野生植物，具有重要的生态和经济价值。物种的成功繁衍和生存与其依赖的栖息生境息息相关，保护和恢复物种栖息地是维持区域物种多样性的关键。自保护区成立以来，各级政府十分重视三江平原湿地的保护和恢复工作（刘子刚等，2019），对维系区域生物多样性起到关键作用。建议下一步在强化湿地保护工作的基础上，在保护区建立固定样地开展湿地植被和生境因子动态监测，评估湿地保护和恢复效果，从而为湿地科学管理提供依据。

### 3.2.2　植物种的地理成分

根据《中国东北部种子植物种的分布区类型》（傅沛云和曹伟，2003）的划分标准，可将保护区 251 种湿地种子植物划分为 34 个类型（表 3-3）。

表 3-3　三江自然保护区种子植物种的分布区类型

| 分布区类型 | 种数 | 分布区类型 | 种数 |
|---|---|---|---|
| Ⅰ世界 | 18 | 11 中国东部分布 | 4 |
| 1 世界分布 | 18 | 12 东北-华北分布 | 3 |
| Ⅱ亚寒带-寒带 | 56 | 14 东北分布 | 8 |
| 2 北温带-北极分布 | 15 | 14-1 东北-俄罗斯远东区分布 | 4 |
| 2-1 旧世界温带-北极分布 | 9 | 14-2 东北-达乌里分布 | 7 |
| 2-2 亚洲-北美-北极分布 | 1 | 14-3 东北-大兴安岭分布 | 2 |
| 2-3 亚洲温带-北极分布 | 1 | 14-4 东北-蒙古草原分布 | 5 |
| 3 西伯利亚分布 | 8 | 16-1 大兴安岭-俄罗斯远东区分布 | 1 |
| 3-1 东部西伯利亚分布 | 22 | 16-2 大兴安岭-蒙古草原分布 | 1 |
| Ⅲ温带 | 154 | 19 达乌里-蒙古分布 | 2 |
| 4 北温带分布 | 25 | 20-1 俄罗斯远东区-蒙古草原分布 | 1 |
| 4-1 北温带-南温带分布 | 2 | Ⅳ热带 | 23 |
| 5 旧世界温带分布 | 24 | 22 北温带-热带分布 | 4 |
| 6 亚洲-北美分布 | 2 | 22-1 旧世界温带-热带分布 | 6 |
| 6-1 东亚-北美分布 | 1 | 22-2 亚洲北美温带-热带分布 | 2 |
| 7 温带亚洲分布 | 13 | 22-3 亚洲温带-热带分布 | 8 |
| 8 东亚分布 | 10 | 25 旧世界热带分布 | 1 |
| 9 中国-日本分布 | 32 | 26 热带亚洲-热带大洋洲分布 | 1 |
| 10-1 东北-日本中北部分布 | 7 | 27 热带亚洲-热带非洲分布 | 1 |

（1）世界分布

此分布型是指世界广布种，几乎遍布世界各大洲，没有特殊的分布中心。保护区世界分布植物有 18 种，包括挺水植物芦苇（*Phragmites australis*）、水烛（*Typha angustifolia*）、千屈菜（*Lythrum salicaria*），沉水植物狐尾藻（*Myriophyllum verticillatum*）、大茨藻（*Najas marina*）、篦齿眼子菜（*Stuckenia pectinata*），以及浮叶植物浮萍（*Lemna minor*）等。

（2）亚寒带-寒带分布

此分布型是通过第四纪几次冰期以来植物为适应寒冷气候而逐步迁移分化所形成的。保护区亚寒带-寒带分布植物共有 56 种。其中，北温带-北极分布有 15 种，如大叶章（*Deyeuxia purpurea*）、笃斯越橘（*Vaccinium uliginosum*）、睡菜（*Menyanthes trifoliata*）等群落优势种，以及一些常见种如沼委陵菜（*Comarum palustre*）、梅花草（*Parnassia palustris*）等；还有 3 个亚型：旧世界温带-北极分布有 9 种，如绣线菊（*Spiraea salicifolia*）、球尾花（*Lysimachia thyrsiflora*）、野火球（*Trifolium lupinaster*）等；亚洲-北美-北极分布有 1 种，即山黧豆（*Lathyrus quinquenervius*）；亚洲温带-北极分布有 1 种，为灰脉薹草（*Carex appendiculata*）。西伯利亚分布有 8 种，如二歧银莲花（*Anemone dichotoma*）、东北甜茅（*Glyceria triflora*）、乌拉草（*Carex meyeriana*）等；亚型东部西伯利亚分布有 22 种，包括毛水苏（*Stachys baicalensis*）、狭叶甜茅（*Glyceria spiculosa*）、燕子花（*Iris laevigata*）、柴桦（*Betula fruticosa*）等群落优势种或常见种。

（3）温带分布

此分布型主要分布于温带地区且主要在北半球温带地区。保护区温带分布植物共有 10 个类型和 10 个亚型，包含 154 种植物。其中，北温带分布有 25 种，如两栖蓼（*Persicaria amphibia*）、湿生薹草（*Carex limosa*）、荇菜（*Nymphoides peltata*）等；亚型北温带-南温带分布有 2 种，分别为灰绿藜（*Chenopodium glaucum*）、蕨麻（*Argentina anserina*）。旧世界温带分布有 24 种，包括拂子茅（*Calamagrostis epigeios*）、毛薹草（*Carex lasiocarpa*）、莎薹草（*Carex bohemica*）、三蕊柳（*Salix nipponica*）等。亚洲-北美分布有 2 种，分别为长柱金丝桃（*Hypericum longistylum*）、泽芹（*Sium suave*）；亚型东亚-北美分布有 1 种，即小花地笋（*Lycopus parviflorus*）。温带亚洲分布有 13 种，包括黄连花（*Lysimachia davurica*）、具刚毛荸荠（*Eleochairs valleculosa* var. *setosa*）、泽泻（*Alisma plantago-aquatica*）等。东亚分布有 10 种，包括三穗薹草（*Carex tristachya*）、地笋（*Lycopus lucidus*）、山梗菜（*Lobelia sessilifolia*）等。中国-日本分布有 32 种，包括国家二级重点保护野生植物野大豆（*Glycine soja*）、十字兰（*Habenaria schindleri*）等；亚型东北-日本中北部分布有 7 种，包括樱草（*Primula sieboldii*）、细叶繁缕（*Stellaria filicaulis*）、红花金丝桃（*Triadenum japonicum*）等。中国东部分布有 4 种，包括荻（*Miscanthus sacchariflorus*）、蒌蒿（*Artemisia selengensis*）、条叶龙胆（*Gentiana manshurica*）、细果野菱（*Trapa incisa*）。东北-华北分布有 3 种，分别为短穗看麦娘（*Alopecurus brachystachyus*）、锥囊薹草（*Carex raddei*）、尖嘴薹草（*Carex leiorhyncha*）。东北分布有 8 种，包括大花百合（*Lilium concolor* var. *megalanthum*）、长箭叶蓼（*Persicaria hastatosagittata*）、阴地银莲花（*Anemone umbrosa*）等湿地常见种；还有 4 个亚型：东北-俄罗斯远东区分布有 4 种，包括驴蹄草（*Caltha palustris*）等；东北-达乌里分布有 7 种，包括兴安藜芦（*Veratrum dahuricum*）、野苏子（*Pedicularis grandiflora*）等；东北-大兴安岭分布有 2 种，分别为狭叶黄芩（*Scutellaria regeliana*）和东北桤木（*Alnus mandshurica*）；东北-蒙古草原分布有 5 种，包含巨药剪股颖（*Agrostis macranthera*）、冠菱（*Trapa litwinowii*）等。大兴安岭分布有两个亚型，其一为大兴安岭-俄罗斯远东区分布有 1 种，为显脉薹草（*Carex kirganica*），其二为大兴安岭-蒙古草原分布有 1 种，为湿薹草（*Carex humida*）。达乌里-蒙古分布有 2 种，分别为歧序剪股颖（*Agrostis divaricatissima*）和管花腹水草（*Veronicastrum tubiflorum*）。蒙古草原分布亚型俄罗斯远东区-蒙古草原分布有 1 种，即东北眼子菜（*Potamogeton mandschuriensis*）。

（4）热带分布

此分布型是分布于热带地区并与本地区第三纪暖热时期区系相联系的一类成分。保护区热带分布植物分为 4 个类型和 3 个亚型，共有 23 种。其中，北温带-热带分布有 4 种，包括水蓼（*Persicaria hydropiper*）、睡莲（*Nymphaea tetragona*）等；还有 3 个亚型：旧世界温带-热带分布有 6 种，如红蓼（*Persicaria orientalis*）、酸模叶蓼（*Persicaria lapathifolia*）等；亚洲北美温带-热带分布有 2 种，分别为荆三棱（*Bolboschoenus yagara*）、鸭跖草（*Commelina communis*）；亚洲温带-热带分布有 8 种，包括菰（*Zizania latifolia*）、香蒲（*Typha orientalis*）、林泽兰（*Eupatorium lindle yanum*）等。旧世界热带分布有 1 种，即龙舌草（*Ottelia alismoides*）。热带亚洲-热带大洋洲分布有 1 种，即石胡荽（*Centipeda minima*）。热带亚洲-热带非洲分布有 1 种，即鸭舌草（*Monochoria vaginalis*）。

保护区湿地种子植物种的地理成分比较复杂，包含 17 个分布区类型和 17 个亚型。三江平原湿地与湖北网湖湿地、山西 37 处湿地的植物区系既有区别又有联系（朱正宁，2006；王璐等，2014）。三者热带成分中种所占比例最高的是网湖湿地（15.73%），而三江平原湿地和山西湿地占比均小于 10%，与三者所处的气候带有关，湖北网湖湿地位于我国亚热带，而山西湿地和三江平原湿地位于北温带。湿地植物温带成分中种所占比例为三江平原湿地（61.35%）＞山西湿地（54.42%）＞网湖湿地（34.27%）；主要是因为山西属于华北地区，与位于东北地区的三江平原湿地类似，均以温带成分为主。三江平原湿地种子植物含有一定比例的寒带成分（56 种，占 22.31%），而网湖湿地和山西湿地植物没有此类成分。寒带成分与第四纪冰期以来植物为适应寒冷气候而逐步迁移分化有关，反映了本地区植物与极地寒带的联系，说明保护区不同植被带的湿地植物中有很多源于该气候带。

保护区湿地植被也具有一定的非地带性特征，主要表现为世界广布种较多（刘丽燕等，2015；严靖等，2015）。本研究发现保护区含有世界分布种子植物 18 种，占总种数的 7.17%，其中一类是生长在水体中的沉水植物或浮叶植物，如狐尾藻、篦齿眼子菜、浮萍等，因为水中环境条件更为稳定，天然障碍少；另外一类是草本中具有随人定居特性的植物，因此广布，如稗（*Echinochloa crusgalli*）、藜（*Chenopodium album*）、狼耙草（*Bidens tripartita*）等。

## 3.3 退耕还湿地植被恢复状况

在国家大力开展退耕还湿等湿地恢复工程的背景下，保护区积极响应，争取国家资金开展了多项退耕还湿工作。湿地植被成功恢复是湿地恢复的重要表征，尤其是典型湿地植物成功恢复。为了掌握保护区退耕还湿地的恢复状况，本项目调查了 9 个退耕还湿样地，重点分析了其植被类型、物种组成和水文状况。

### 3.3.1 主要植被类型及物种组成

（1）主要植被类型及影响因素

保护区退耕还湿地的主要植被类型包括大叶章群落、宽叶蒿群落、稗群落、大叶章+蒌蒿群落、大叶章+芦苇群落、大叶章+鬼针草群落、灰脉薹草+荸荠群落、灰脉薹草+三棱水葱群落、香蒲群落。与自然湿地相比，退耕还湿地也出现了大叶章（*Deyeuxia purpurea*）、芦苇（*Phragmites australis*）、灰脉薹草（*Carex appendiculata*）、荸荠（*Eleocharis dulcis*）等优势种；不同的是在自然湿地常见的狭叶甜茅（*Glyceria spiculosa*）、漂筏薹草（*Carex pseudocuraica*）、瘤囊薹草（*Carex schmidtii*）、越橘柳（*Salix myrtilloides*）、菰（*Zizania latifolia*）等优势种在退耕还湿地几乎没有出现。推测一方面是因为退耕还湿地土壤中已经缺乏这些植物的繁殖体，其繁殖体靠自然途径传播的能力较弱；另一方面是因为退耕还湿地恢复初期的土壤或水文条件不利于这些植物的生存生长。

水文条件是影响湿地植被分布格局的主要环境因子。保护区退耕还湿地的植被类型和分布与地表水深密切相关。地势较高的退耕还湿地，植被类型以大叶章+蒌蒿群落、稗群落、大叶章群落为主，与优势种的水分生态型有关，这几种植物均为旱生或中生植物。土壤水分饱和或有 5～20cm 浅层积水的退耕还湿地，植被优势种有鬼针草（*Bidens pilosa*）、灰脉薹草、荸荠、三棱水葱（*Schoenoplectus triqueter*）、香蒲（*Typha orientalis*），均为典型的湿生植物。

大叶章群落是自然湿地和退耕还湿地共有的植被类型。自然湿地大叶章群落高 60～130cm，盖度 60%～100%，大叶章平均密度 680 株/$m^2$；退耕还湿地大叶章群落高约 120cm，盖度 30%～80%，大叶章平均密度 247 株/$m^2$。可见，自然湿地的大叶章种群密度要远远高于退耕还湿地，说明退耕还湿地的自然植被仍处在恢复演替阶段。

（2）物种组成特征

在退耕还湿地共记录到 50 种植物，其中物种数量较多的植被类型是宽叶蒿群落（14 种）、稗群落（12 种）和大叶章+蒌蒿群落（11 种），这三种群落仅在退耕还湿地出现，自然湿地没有（表 3-4）。稗、宽叶蒿、蒌蒿均为一年生或多年生杂草，说明退耕还湿地还处于自然植被恢复的初期演替阶段。

**表 3-4 退耕还湿地植被类型及物种**

| 群落名称 | 物种组成 | 物种数 |
|---|---|---|
| 大叶章群落 | 大叶章，白花堇菜，缝瓣繁缕，风花菜，黄连花，蒿柳，小白花地榆，灰脉薹草，西伯利亚剪股颖 | 9 |
| 荸荠+灰脉薹草群落 | 荸荠，灰脉薹草，桃叶蓼，风花菜，荆三棱，三轮草，菵草，水葱，泽泻，石胡荽 | 10 |
| 宽叶蒿群落 | 宽叶蒿，东方蓼，豚草，戟叶蓼，灰绿藜，狗尾草，毛水苏，狭叶甜茅，木贼，长芒稗，三棱水葱，拉拉藤，大叶章，细叶繁缕 | 14 |
| 大叶章+蒌蒿群落 | 大叶章，蒌蒿，毛水苏，灰脉薹草，长箭叶蓼，风花菜，鬼针草，歧序剪股颖，缝瓣繁缕，石胡荽，管花腹水草 | 11 |
| 灰脉薹草+鬼针草群落 | 鬼针草，长芒稗，莎薹草，大叶章，风花菜，三棱水葱，灰脉薹草，戟叶蓼，毛水苏，球穗扁莎 | 10 |
| 灰脉薹草+三棱水葱群落 | 灰脉薹草，长芒稗，三棱水葱，戟叶蓼，漂筏薹草，槐叶蘋，鬼针草，欧菱，水蓼，荇菜 | 10 |
| 大叶章+芦苇群落 | 狭叶甜茅，大叶章，小白花地榆，藜，薹草，蒌蒿，绣线菊，芦苇，灰脉薹草 | 9 |
| 稗群落 | 稗，蒌蒿，大叶章，桃叶蓼，小蓬草，毛水苏，鬼针草，灰脉薹草，三轮草，千屈菜，香蒲，芦苇 | 12 |

退耕还湿过程中，水文条件的改变是决定植被演替方向与速度的关键因子。例如，在退耕地出现的宽叶蒿群落，宽叶蒿作为建群种，高达 2.3m，盖度 95%以上，生长高大、致密，一定程度上限制了其他植物的生存繁衍，尽管伴生有 13 种植物，但豚草（*Ambrosia artemisiifolia*）、灰绿藜（*Oxybasis glauca*）、狗尾草（*Setaria viridis*）、戟叶蓼（*Persicaria thunbergii*）、木贼（*Equisetum hyemale*）等旱生或中生植物较多。因此，为了加快退耕还湿速度、促进植被向湿生演替，充足的水分条件是关键。

在退耕还湿地，以大叶章为优势种的群落出现了白花堇菜（*Viola lactiflora*）、缝瓣繁缕（*Stellaria radians*）、风花菜（*Rorippa globosa*）、黄连花（*Lysimachia davurica*）、小白花地榆（*Sanguisorba tenuifolia* var. *alba*）、灰脉薹草、蒌蒿、毛水苏（*Stachys baicalensis*）、长箭叶蓼（*Persicaria hastatosagittata*）、鬼针草、歧序剪股颖（*Agrostis divaricatissima*）、

管花腹水草（*Veronicastrum tubiflorum*）、狭叶甜茅、薹草（*Carex* sp.）、绣线菊（*Spiraea salicifolia*）等典型湿地植物，说明退耕还湿地的植被恢复已经初见成效，随着水文环境的改变，退耕还湿地将继续向自然湿地演变。

### 3.3.2 植被初级生产力分析

保护区退耕还湿地的地上年净初级生产力平均为0.56kg/m²±0.11kg/m²，与自然湿地相比（0.8kg/m²±0.08kg/m²），差异不明显（$t$=–1.8，$P$=0.078）。

如图3-2所示，不同植被类型间的地上年净初级生产力存在显著差异（$F$=6.72，$P$=0.001）。其中，宽叶蒿群落最大，为1.5kg/m²±0.4kg/m²，主要与宽叶蒿生长高大有关（195cm±23cm），但其密度较小（14 株/m²±9 株/m²），说明宽叶蒿单株生物量大、生长旺盛。大叶章群落地上年净初级生产力也较大（1.05kg/m²±0.26kg/m²），与宽叶蒿群落差异不显著，主要与大叶章植株较高（115cm±3cm）和生长致密（247 株/m²± 94 株/m²）有关，群落盖度达 90%±4%。灰脉薹草+三棱水葱群落、灰脉薹草+鬼针草群落、荸荠+灰脉薹草群落地上年净初级生产力较低，主要是因为群落生境处于淹水状态，不适宜生物量大的中生或旱生植物生长，而灰脉薹草等典型湿地优势种虽然已经开始定居生长，但还处于扩张阶段，生长稀疏、生产力较低。稗群落地上年净初级生产力较低，主要与稗植株较矮（40cm±8cm）有关，但其密度并不低（113 株/m²±71 株/m²），群落盖度为13%±5%。大叶章+蒌蒿群落、大叶章+芦苇群落周围是农田，主要靠降水和地表径流补给水分，旱化明显，因此大叶章、芦苇等优势种生长不好，生产力较低。

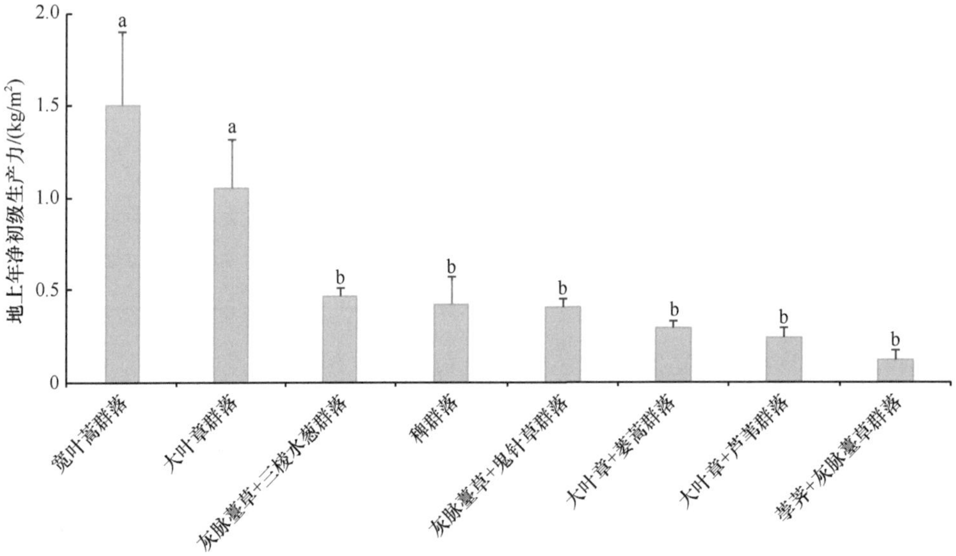


图3-2 退耕还湿地不同群落类型地上年净初级生产力

大叶章群落是自然湿地和退耕还湿地均出现的植被类型，以大叶章为优势种，二者地上年净初级生产力差异不显著（$t$=–0.083，$P$=0.938），退耕还湿地为1.05kg/m²±0.26kg/m²，自然湿地为1.09kg/m²±0.41kg/m²。从株高来看，自然湿地和退耕还湿地大叶章群落差异不大（$t$=1.12，$P$=0.303），前者为 100cm±13cm，后者为 115cm±3cm。自然湿地大叶章种群密度显著高于退耕还湿地（$t$=–2.62，$P$＜0.05），分别是 247 株/$m^2$±94 株/$m^2$ 和 680 株/$m^2$±99 株/$m^2$；与之类似，自然湿地大叶章群落盖度显著大于退耕地（$t$=–3.5，$P$＜0.001），分别是 90%±4%和 50%±15%。同样说明，尽管退耕还湿地大叶章群落中出现了很多典型的湿地植物，但其仍然处于恢复演替阶段。

## 3.4　森林植被特征及群落结构

### 3.4.1　森林植被总体特征

根据魏胜利 2017 年公开发表的数据，保护区重点公益林面积 39 646.7$hm^2$，其中有林地 7629$hm^2$，疏林地 301$hm^2$，灌木林地 24 387$hm^2$，未成林地 200$hm^2$；监测区森林覆盖率 19.24%，林地权属全部为国有。重点公益林活立木总蓄积 670 228$m^3$，其中有林地 659 424$m^3$，疏林地 116$m^3$，散生木 9941$m^3$，其他地类 747$m^3$。从有林地龄组结构看，幼龄林、中龄林、近熟林、成熟林、过熟林面积占比分别为 14.48%、13.15%、21.06%、38.16%和 13.16%，可见幼龄林、中龄林、近熟林面积合计占近一半，说明林木处于生长旺盛阶段，林分质量较好，抗逆性强。有林地中，天然林面积 7527$hm^2$，林木蓄积 659 424$m^3$，分别占有林地面积、蓄积的 98.7%和 100%，说明天然林占主导地位。天然林分主要有 8 种类型，各类型面积及蓄积见表 3-5。

**表 3-5　天然林各林分面积、蓄积构成表**

| 林分类型 | 面积/$hm^2$ | 蓄积/$m^3$ |
|---|---|---|
| 蒙古栎林 | 3 412.8 | 328 743 |
| 白桦林 | 200.8 | 7 406 |
| 黑桦林 | 100 | 9 261 |
| 山杨林 | 602.4 | 97 079 |
| 杨树林 | 100 | 2 201 |
| 柳树林 | 1 004 | 27 445 |
| 阔叶混交林 | 2 007 | 185 855 |
| 针阔混交林 | 100 | 1 434 |

资料来源：魏胜利，2017。

将郁闭度分为低（0.20～0.39）、中（0.40～0.69）、高（0.70～1.00）三个等级。天然林平均郁闭度为 0.572，低、中、高等级面积占比分别是 25.33%、62.67%、12.00%。天然林平均高度为 13.56m，高度 5m 以下的占有林地面积的 6.67%，高度 5.0～9.9m 的占 17.33%；高度 10.0～14.9m 的占 37.33%，高度 15.0～19.9m 的占 38.67%。

### 3.4.2　主要森林植被群落结构

（1）蒙古栎群落

优势层片为乔木层和草本层，灌木层不发达。乔木层高 15～18m，郁闭度约 0.5，优势种为蒙古栎（*Quercus mongolica*）；灌木层主要为山杨（*Populus davidiana*）、黄檗（*Phellodendron amurense*）和蒙古栎的幼树；草本层高 20～80cm，盖度 40%～60%。群落伴生种有紫椴（*Tilia amurensis*）、山杨、黑桦（*Betula davurica*）、黄檗、山葡萄（*Vitis amurensis*）、大果榆（*Ulmus macrocarpa*）、白桦（*Betula platyphylla*）、榛（*Corylus heterophylla*）、藜芦（*Veratrum nigrum*）、狭叶荨麻（*Urtica angustifolia*）、山刺玫（*Rosa davurica*）、山尖子（*Parasenecio hastatus*）、蚊子草（*Filipendula digitata*）、野豌豆（*Vicia sepium*）和山芹（*Ostericum sieboldii*）。地表凋落物厚 2～3cm，土壤湿润、棕黑色、有机质含量高。蒙古栎平均高度 14m，平均胸径 23cm，密度 13 株/400m$^2$；山杨平均高度 15m，平均胸径 32cm，密度 2 株/400m$^2$；紫椴平均高度 9m，平均胸径 9.3cm，密度 2 株/400m$^2$。

（2）山杨群落

优势层片为乔木层，分为两层，上层优势种为山杨，下层为蒙古栎；山杨高约 20m、郁闭度 0.5～0.6，蒙古栎高约 10m，伴生白桦。灌木层不发达，主要有毛榛（*Corylus mandshurica*）、山葡萄。草本层高 30～40cm，盖度 10%～90%，主要有银莲花（*Anemone cathayensis*）、蚊子草、藜芦、北重楼（*Paris verticillata*）、羊胡子草（*Eriophorum scheuchzeri*）、山尖子、舞鹤草（*Maianthemum bifolium*）、乌头（*Aconitum carmichaelii*）、老鹳草（*Geranium wilfordii*）。山杨平均高度 20m，平均胸径 22cm，密度 46 株/400m$^2$；蒙古栎平均高度 7m，平均胸径 7.6cm，密度 9 株/400m$^2$。

（3）黑桦群落

优势层片为乔木层，黑桦为优势种，常见蒙古栎伴生；灌木层不发达；草本层相对发达。黑桦高约 26m，胸径 20～30cm；蒙古栎高约 18m，胸径 15～30cm。主要伴生白桦。群落周围是开垦的水田，样地内有少量树被砍伐的痕迹，但整体状态良好。

# 第 4 章　保护区湿地水环境及生态功能

## 4.1　水 质 分 析

### 4.1.1　水质描述统计分析

通过调查发现，保护区不同流域水质理化性质差异较大。黑龙江与乌苏里江流域水质参数的统计分析见表 4-1、表 4-2。

对比《地表水环境质量标准》（GB 3838—2002）的水质标准，2021 年 5 月黑龙江流域湿地水体 TN 浓度均值较高，为 2.03mg/L，且变异系数较高（0.74），说明存在显著的空间差异；TP 浓度、$COD_{Cr}$、$BOD_5$、DO、pH、$NH_3$-N 浓度均值均满足农业用水及一般景观水质要求。乌苏里江流域湿地水质优于黑龙江流域，TN、TP、$NH_3$-N 浓度均值均满足农业用水及一般景观水质要求，且变异系数都在 0.8 以上，存在显著的空间差异。

7 月两流域各水质指标均值有所下降，但有些样点部分指标最大值较高。黑龙江流域 TN 最大浓度为 12.75mg/L，TP 最大浓度为 0.34mg/L，呈富营养化状态；乌苏里江流域 TN 最大浓度为 2.93mg/L，$COD_{Cr}$ 最大值为 48.95mg/L，$BOD_5$ 最大值为 13.75mg/L。与 5 月水质比较，7 月两流域的 $NH_3$-N 浓度均值（0.20mg/L 和 0.32mg/L）有明显下降，而 TP 浓度、$COD_{Cr}$、$BOD_5$ 均值有小幅提升。

9 月除 TP 与 $COD_{Cr}$ 外，两流域其余水质指标均值与最大值均满足农业用水及一般景观水质要求。黑龙江流域 TP 最大浓度为 0.50mg/L；乌苏里江流域 $COD_{Cr}$ 最大值为 43.39mg/L。两流域 ORP 均值分别达到 140.77mV 和 126.28mV，相对其他月份增加了许多，说明 9 月保护区地表水氧化性更强；TN 浓度和 $BOD_5$ 均值达到最小值。黑龙江流域 TP、$BOD_5$ 和叶绿素 a（Chl-a）的变异系数都达到最大值，分别为 1.28、0.79、1.48，说明其在 9 月呈现更明显的空间差异性。

### 4.1.2　水质理化标准分析

根据采样点分布，本次调查中黑龙江流域水样均采集于河流，而乌苏里江流域水样主要为湿地水，仅抓吉站水样采集于乌苏里江。

（1）碳

保护区水体的全碳（TC）浓度为 24.53～162.28mg/L，黑龙江流域要略高于乌苏里江流域。两流域水体 TOC 分别占 TC 的 76.5%和 76.4%，说明保护区水体中的碳主要以有机碳的形式存在。

黑龙江流域水体中 TC、TOC 和 IC（无机碳）的时间变化一致，即 7 月浓度要高于 9 月浓度。乌苏里江流域水体中 TC 和 TOC 的变化趋势与黑龙江流域一致，而 IC 浓度则表现为 9 月高于 7 月（图 4-1）。

表 4-1　黑龙江流域水质统计特征

| 月份 | 项目 | TN/（mg/L） | TP/（mg/L） | $NH_3$-N/（mg/L） | TC/（mg/L） | $COD_{Cr}$/（mg/L） | $BOD_5$/（mg/L） | $T$/℃ | DO/（mg/L） | EC/（μg/L） | TDS/（mg/L） | Chl-a/（μg/L） | pH | ORP/mV |
|---|---|---|---|---|---|---|---|---|---|---|---|---|---|---|
| | 最大值 | 5.62 | 0.19 | 3.37 | — | 32.24 | 4.59 | 12.99 | 11.82 | 165.10 | 154.00 | 490.70 | 7.91 | 74.00 |
| | 最小值 | 0.51 | 0.01 | 0.10 | — | 13.11 | 1.11 | 6.09 | 6.68 | 49.00 | 58.00 | 32.95 | 7.06 | −14.90 |
| 5 月 | 平均值 | 2.03 | 0.10 | 0.93 | — | 21.95 | 2.74 | 9.37 | 10.33 | 104.45 | 99.10 | 185.21 | 7.40 | 50.76 |
| | 标准差 | 1.49 | 0.07 | 1.01 | — | 5.96 | 1.12 | 1.91 | 1.44 | 41.11 | 37.10 | 171.66 | 0.32 | 33.21 |
| | 变异系数 | 0.74 | 0.66 | 1.09 | — | 0.27 | 0.41 | 0.20 | 0.14 | 0.39 | 0.37 | 0.93 | 0.04 | 0.65 |
| | 最大值 | 2.18 | 0.34 | 0.40 | 25.11 | 34.51 | 3.91 | 31.47 | 9.02 | 254.50 | 156.00 | 383.75 | 7.37 | 76.70 |
| | 最小值 | 1.27 | 0.06 | 0.04 | 15.57 | 23.85 | 1.23 | 26.03 | 2.22 | 132.70 | 80.00 | 41.78 | 6.02 | 12.70 |
| 7 月 | 平均值 | 1.59 | 0.13 | 0.20 | 20.29 | 30.68 | 2.93 | 28.50 | 5.49 | 198.85 | 121.00 | 142.28 | 6.42 | 45.35 |
| | 标准差 | 0.37 | 0.10 | 0.15 | 2.95 | 3.56 | 0.93 | 1.58 | 1.97 | 43.94 | 25.69 | 104.41 | 0.38 | 18.06 |
| | 变异系数 | 0.23 | 0.74 | 0.75 | 0.15 | 0.12 | 0.32 | 0.06 | 0.36 | 0.22 | 0.21 | 0.73 | 0.06 | 0.40 |
| | 最大值 | 1.22 | 0.50 | 0.70 | 24.53 | 34.03 | 5.38 | 8.19 | 15.28 | 80.50 | 81.00 | 506.13 | 6.76 | 152.60 |
| | 最小值 | 0.55 | 0.02 | 0.14 | 11.94 | 20.14 | 0.70 | 2.06 | 8.90 | 49.30 | 55.00 | 13.83 | 5.72 | 120.80 |
| 9 月 | 平均值 | 0.92 | 0.12 | 0.33 | 16.50 | 27.78 | 1.82 | 5.65 | 10.80 | 67.46 | 69.33 | 104.02 | 6.03 | 140.77 |
| | 标准差 | 0.25 | 0.16 | 0.17 | 4.30 | 4.18 | 1.44 | 1.81 | 1.84 | 11.73 | 9.81 | 154.31 | 0.33 | 10.67 |
| | 变异系数 | 0.28 | 1.28 | 0.53 | 0.26 | 0.15 | 0.79 | 0.32 | 0.17 | 0.17 | 0.14 | 1.48 | 0.05 | 0.08 |

注：一表示此项无数据，*T* 代表温度，EC 代表电导率，后同。

表 4-2　乌苏里江流域水质统计特征

| 月份 | 项目 | TN/（mg/L） | TP/（mg/L） | $NH_3$-N/（mg/L） | TC/（mg/L） | $COD_{Cr}$/（mg/L） | $BOD_5$/（mg/L） | *T*/℃ | DO/（mg/L） | EC/（μg/L） | TDS/(mg/L) | Chl-a/（μg/L） | pH | ORP/mV |
|---|---|---|---|---|---|---|---|---|---|---|---|---|---|---|
| 5 月 | 最大值 | 6.01 | 0.45 | 4.94 | — | 58.38 | 5.52 | 20.46 | — | 304.60 | 286.65 | — | 8.66 | 94.40 |
| | 最小值 | 0.47 | 0.01 | 0.04 | — | 11.68 | 1.91 | 5.00 | — | 69.90 | 38.20 | — | 6.61 | –79.60 |
| | 平均值 | 1.79 | 0.09 | 0.73 | — | 23.38 | 3.15 | 9.90 | — | 134.64 | 122.76 | — | 7.30 | 8.86 |
| | 标准差 | 1.58 | 0.12 | 1.19 | — | 10.94 | 0.98 | 3.58 | — | 74.99 | 73.50 | — | 0.53 | 46.82 |
| | 变异系数 | 0.88 | 1.24 | 1.64 | — | 0.47 | 0.31 | 0.36 | — | 0.56 | 0.60 | — | 0.07 | 5.28 |
| 7 月 | 最大值 | 2.93 | 0.28 | 1.40 | 31.74 | 48.95 | 13.75 | 35.24 | 11.75 | 242.80 | 142.00 | 1207.79 | 7.31 | 68.70 |
| | 最小值 | 0.85 | 0.04 | 0.02 | 13.43 | 12.55 | 0.50 | 27.36 | 3.53 | 60.10 | 36.00 | 52.39 | 5.96 | –8.10 |
| | 平均值 | 1.38 | 0.10 | 0.32 | 18.95 | 29.18 | 3.85 | 30.69 | 7.75 | 156.28 | 91.38 | 264.99 | 6.52 | 41.96 |
| | 标准差 | 0.53 | 0.06 | 0.35 | 4.47 | 10.14 | 3.38 | 1.74 | 2.18 | 46.44 | 26.41 | 334.64 | 0.42 | 17.51 |
| | 变异系数 | 0.39 | 0.61 | 1.08 | 0.24 | 0.35 | 0.88 | 0.06 | 0.28 | 0.30 | 0.29 | 1.26 | 0.06 | 0.42 |
| 9 月 | 最大值 | 1.60 | 0.18 | 0.82 | 24.58 | 43.39 | 4.10 | 10.73 | 11.52 | 125.90 | 120.00 | 367.94 | 8.61 | 161.80 |
| | 最小值 | 0.43 | 0.03 | 0.12 | 10.93 | 15.30 | 0.02 | 5.90 | 7.90 | 48.60 | 48.00 | 16.78 | 5.67 | 20.80 |
| | 平均值 | 0.79 | 0.08 | 0.32 | 16.79 | 24.87 | 1.48 | 7.57 | 10.21 | 82.38 | 79.81 | 82.95 | 6.67 | 126.28 |
| | 标准差 | 0.30 | 0.05 | 0.19 | 3.77 | 7.69 | 1.18 | 1.18 | 1.11 | 24.98 | 22.70 | 86.72 | 0.90 | 31.86 |
| | 变异系数 | 0.38 | 0.67 | 0.58 | 0.22 | 0.31 | 0.80 | 0.16 | 0.11 | 0.30 | 0.28 | 1.05 | 0.14 | 0.25 |

河流中碳的存在形式与降水中的全碳和流经地区密切相关。黑龙江流域鸭绿河段TC浓度呈逐渐升高趋势，浓江河段9月TC浓度显著下降；乌苏里江流域TC浓度呈降低趋势，7月、9月最大值均出现在四合湿地（31.74mg/L和24.58mg/L）。

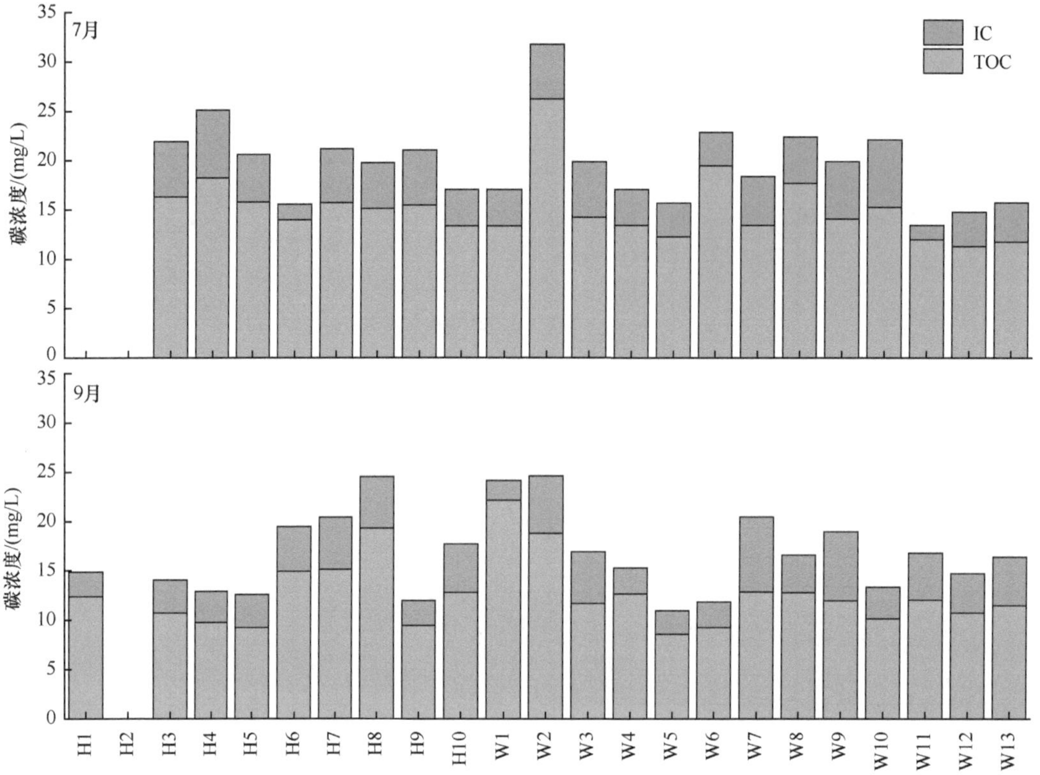


图4-1　保护区碳浓度时空变化（彩图请扫封底二维码）

H1：鸭绿河2；H2：鸭绿河1；H3：鸭绿河4；H4：鸭绿河5；H5：鸭绿河6；H6：浓江1；H7：浓江2；H8：浓江3；H9：大力加湖1；H10：大力加湖2；W1：四合3；W2：四合2；W3：四合1；W4：永发村1；W5：永发村2；W6：大甸子；W7：海青；W8：海兴；W9：姜明礼岗；W10：别拉洪河；W11：退耕还湿综合示范点；W12：抓吉三；W13：抓吉；下同

（2）氮

保护区水体的全氮（TN）浓度为0.43～6.01mg/L（图4-2），主要以铵态氮（$NH_4^+$-N）和硝态氮（$NO_3^-$-N）的形式存在，其中铵态氮占12.6%～45.8%，硝态氮占16.6%～28.7%，说明水体中溶解氧含量高，硝化作用强（赵光影等，2009）。黑龙江流域TN浓度要高于乌苏里江流域，水体中的氮浓度与其流经地区的农田开发利用程度密切相关。

两流域TN浓度的时间变化趋于一致，表现为5月＞7月＞9月。5月水体中的氮浓度最高，可能与5月降水较少且河流刚刚融化，整个冬季河水的氮元素积累有关；7月与9月的氮浓度差异可能与这两个月的农耕活动和降水存在差异有关。$NH_4^+$-N浓度在两流域则表现为5月＞9月＞7月。

对比地表水Ⅴ类水质标准（＜2mg/L），黑龙江流域5月有4个断面TN浓度超标，其中最大值在H2（鸭绿河），断面测得5.62mg/L，最小值在H6（浓江），断面测得0.51mg/L，虽两个断面相邻，但降幅达到5.11mg/L，与H6断面所处湿地面积较大、人为影响较小、氮在水体中沉降扩散有关；7月有2个断面TN浓度未超过Ⅱ类水质标准且均分布在鸭绿河段，鸭绿河段 TN 浓度要高于浓江河段，水体中的氮主要以有机氮的形式存在。

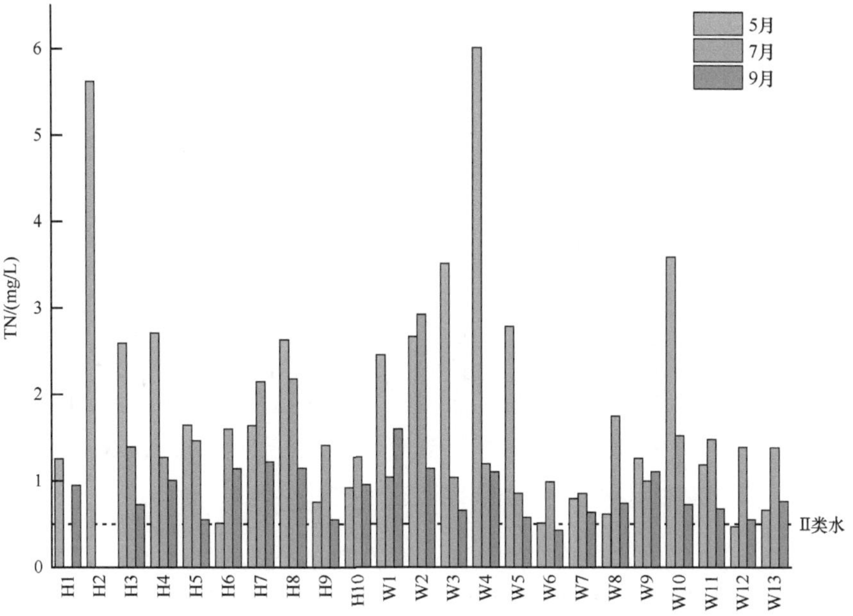


图 4-2　保护区 TN 浓度时空变化（彩图请扫封底二维码）

乌苏里江流域 5 月有 6 个断面全氮浓度较高，其中四合段（W1～W5 断面）明显高于其他地区，在 W4 断面测得极大值 6.01mg/L；7 月情况有所改善，仅 W2 断面 TN 浓度（2.93mg/L）超过地表水 V 类水质标准；9 月保护区水体的全氮浓度在 3 个月份中最低，大部分点位都达到地表水III类水质标准。四合、永发村与别拉洪河区域有农田分布，农业面源污染使得湿地水体中全氮浓度较高，但农业生产活动后经过湿地的水质净化作用，水体中全氮浓度有所降低。

（3）磷

磷是植物生长的限制因素，水体中的磷主要来源于周围农田退水、降水和生活污水。因此，在流经农业发达、人为影响较大的区域时，水体中磷浓度会随之升高。保护区水体的全磷（TP）浓度为 0.08～0.45mg/L（图 4-3），黑龙江流域浓度均值（0.12mg/L）大于乌苏里江流域（0.09mg/L），从整个保护区看，差异并不显著。

黑龙江流域 TP 浓度在时间上表现为 7 月＞9 月＞5 月，而乌苏里江的变化趋势为 7 月＞5 月＞9 月。这种时间上的变化差异可能是降水、农田退水排入、流经地区开发利用等因素综合作用的结果。

黑龙江流域 5 月 TP 浓度时空变化趋势与 TN 相似，鸭绿河段与浓江河段要高于大力加湖，并在 H4 断面测得最大值 0.19mg/L；7 月 TP 浓度达到峰值，并在 H8 断面测得最大值 0.36mg/L；9 月 TP 浓度最大值在 H6 断面测得，为 0.50mg/L，最小值在 H4 断面测得，为 0.02mg/L，差值为 0.48mg/L，变异系数为 1.28，空间差异性显著。三个时期全磷浓度峰值均在浓江河段出现，说明湿地水体中磷元素主要来源于周边的农业生产活动，土壤中残留的磷元素经降水冲刷进入湿地。

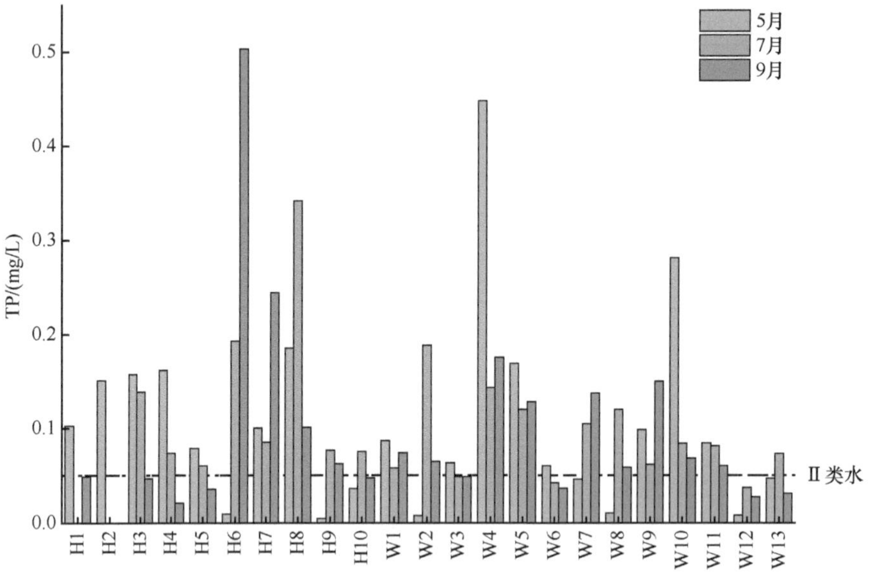


图 4-3　保护区 TP 浓度时空变化（彩图请扫封底二维码）

乌苏里江流域 5 月在 W4 和 W10 断面测得的 TP 浓度分别为 0.45mg/L 和 0.28mg/L，与周围点位相比增幅较大，是因为永发村和别拉洪河区域有村落、农田分布，农田退水和生活污水的汇入造成全磷浓度较高；7 月和 9 月 TP 浓度有所下降，有多个断面的湿地水质达到保护区要求的Ⅱ类水质标准。

（4）化学需氧量

保护区水体的 $COD_{Cr}$ 为 11.68～58.38mg/L（图 4-4），5 月黑龙江流域均值较小，而其他两个月份则要大于乌苏里江流域。

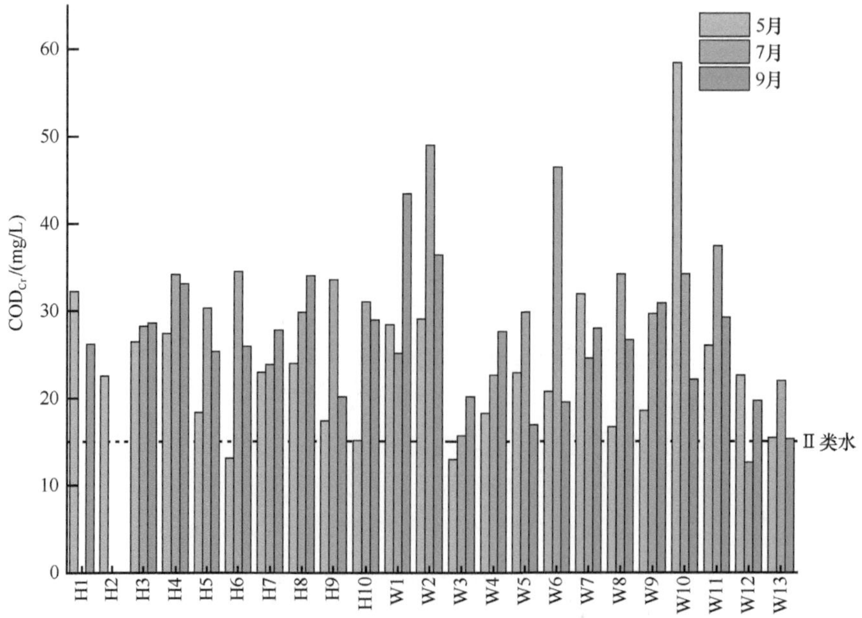


图 4-4　保护区 $COD_{Cr}$ 时空变化（彩图请扫封底二维码）

两流域 $COD_{Cr}$ 时间变化趋于一致，表现为 7 月>9 月>5 月。$COD_{Cr}$ 的Ⅴ类水质要求是<50mg/L，仅别拉洪河在 5 月（58.38mg/L）未达到标准。

黑龙江流域 $COD_{Cr}$ 变异系数为 0.22，大小在 20～35mg/L。5 月在 H1 断面测得最大值 32.24mg/L，在 H6 断面测得最小值 13.11mg/L；7 月在 H6 断面测得最大值 34.51mg/L，在 H7 断面测得最小值 23.85mg/L；9 月在 H8 断面测得最大值 34.03mg/L，在 H9 断面测得最小值 20.14mg/L。

乌苏里江流域 $COD_{Cr}$ 变异系数为 0.38，空间差异性比黑龙江流域大。5 月由于农田退水为劣Ⅴ类水，在 W3 断面测得最小值 11.68mg/L，极差达到 46.7mg/L，别拉洪河断面两岸为水田，作物生长需要大量氮、磷元素，化肥使用量增加，因此农田退水使该河段的 $COD_{Cr}$ 较其他断面有显著增加；7 月在 W6 断面测得最大值 48.95mg/L，在 W12 断面测得最小值 12.55mg/L，因为抓吉地区采水点在河流主干道，水量大、人为影响较小，所以水质基本达到地表水Ⅱ类水质标准，其他水质指标时空分布也有这一现象。

（5）五日生化需氧量

保护区水体的 $BOD_5$ 大小在 0～5mg/L（除 W2 和 W3 断面外）（图 4-5），乌苏里江流域均值（2.83mg/L）略大于黑龙江流域（2.49mg/L）。

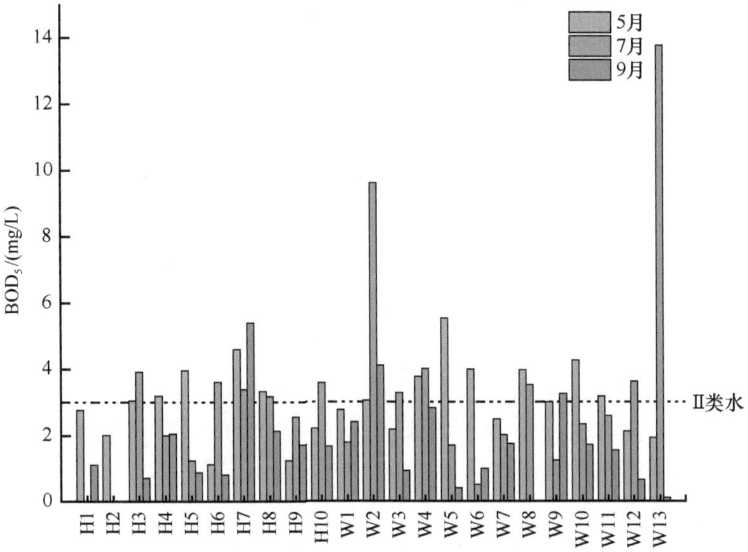


图 4-5　保护区 $BOD_5$ 时空变化（彩图请扫封底二维码）

黑龙江流域 $BOD_5$ 都在 6mg/L 以下，5 月在 H5 断面测得最大值（4.59mg/L），在 H6 断面测得最小值（1.11mg/L）。7 月乌苏里江流域 $BOD_5$ 变异系数为 0.82，大于黑龙江流域的 0.50，空间差异性显著。

（6）溶解氧

水体中 DO 浓度与大气压力、水温和藻类等植物生长过程中的光合作用有密切关系，保护区 9 月水体中 DO 浓度要高于 7 月（图 4-6），可能是由于 7 月水温要高于 9 月，水温越高，溶解氧浓度越低。在 7 月，黑龙江流域 DO 浓度小于乌苏里江流域；而在 9 月，黑龙江流域 DO 浓度大于乌苏里江流域。黑龙江流域不同时期 DO 浓度波动趋势大致相同，在 H6 断面测得最大值，在 H7 断面测得最小值；乌苏里江流域 DO 浓度 7 月（3.35～11.75mg/L）较 9 月（7.90～11.52mg/L）波动更加明显。

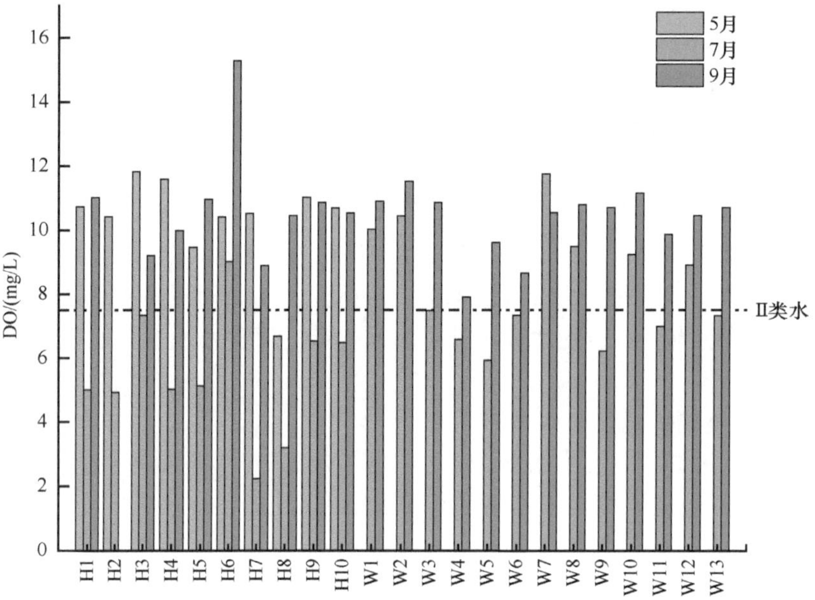


图 4-6　保护区 DO 浓度时空变化（彩图请扫封底二维码）

（7）电导率和溶解性固体总量

两流域水体的电导率（EC）都随时间先增加后减小，黑龙江流域 5 月、9 月均值分别为 104.45μS/cm 和 67.46μS/cm，低于乌苏里江流域（134.64μS/cm 和 82.38μS/cm），但黑龙江流域水体电导率在 7 月高于乌苏里江流域。黑龙江流域水体电导率 5 月、7 月随空间变化趋势大致相同（H5 除外），最大值都出现在 H4 断面（165.1μS/cm 和 253.8μS/cm），最小值都出现在 H6 断面（49μS/cm 和 132.7μS/cm），9 月电导率变化波动小，主要集中在 60～80μS/cm；乌苏里江流域 5 月最大值出现在 W4 断面（304.6μS/cm），最小值出现在 W11 断面（69.9μS/cm），7 月最大值出现在 W10 断面（242.8μS/cm），最小值出现在 W11 断面（60.1μS/cm），9 月最大值出现在 W7 断面（125.9μS/cm），最小值出现在 W5 断面（48.6μS/cm）（图 4-7）。

溶解性固体总量（TDS）是反映水体化学成分的重要指标，受降水、蒸发、流域岩石成分等因素的影响明显，其含量表征了溶解于水中的主要离子的总量。黑龙江流域 TDS 随时间先增大后减小，乌苏里江流域逐月减小。黑龙江流域 5 月、9 月 TDS 均值（99.1mg/L 和 69.33mg/L）低于乌苏里江流域（122.76mg/L 和 79.81mg/L），但 7 月高于乌苏里江流域。从图 4-7 可以看出，两流域 TDS 的空间变化趋势和 EC 的变化趋势一致。

EC 可以反映水体的 TDS（李娣等，2014），在一定温度范围内，当水体化学成分相对稳定时，EC 与 TDS 呈现显著正相关关系。根据所测数据，保护区两流域 EC 与 TDS 在时间、空间上的变化趋势趋于一致，表明两者之间存在显著的正相关关系。

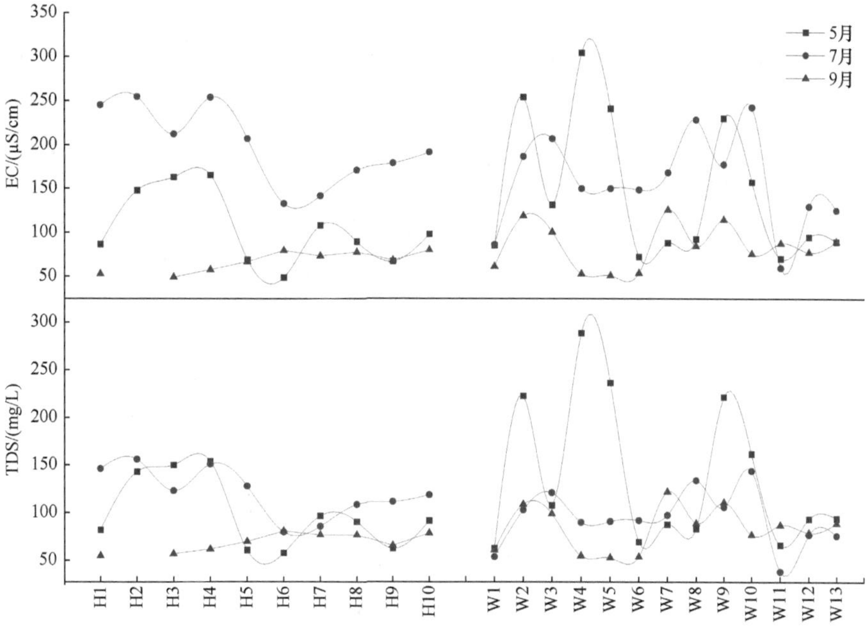


图 4-7　保护区 EC 和 TDS 时空变化（彩图请扫封底二维码）

（8）叶绿素 a

总体来看，保护区水体的叶绿素 a（Chl-a）浓度均值在 82.95～264.99μg/L 波动且呈逐月降低趋势，7 月乌苏里江流域 Chl-a 浓度均值要远高于黑龙江流域，9 月黑龙江流域 Chl-a 浓度均值略高于乌苏里江流域。一般认为水体中 Chl-a 浓度超过 10μg/L，即可认为出现富营养化现象，根据所测数据，可以认为保护区内水体出现富营养化。7 月在 W2（农田退水沟渠）和 W7（沟渠内）断面取样测得的 Chl-a 浓度相对较高（987.50μg/L 和 1207.785μg/L）（图 4-8），猜测是因为农田退水带来氮、磷等营养物质，促进了浮游植物生长。

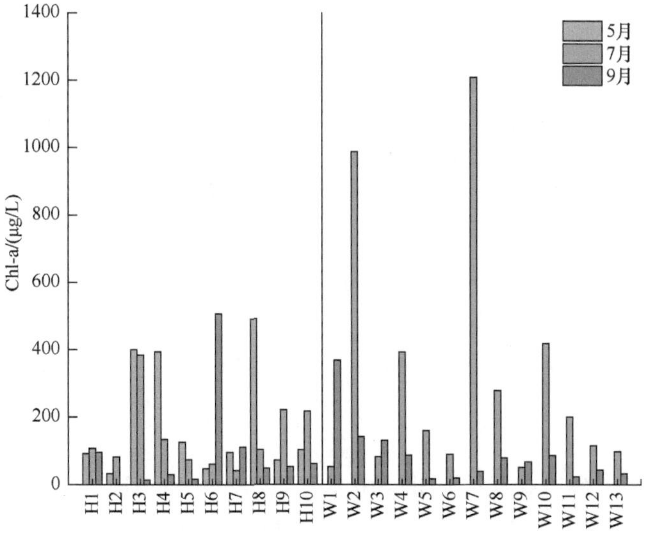


图 4-8　保护区 Chl-a 浓度时空变化（彩图请扫封底二维码）

（9）氧化还原电位

湿地系统中含碳、氮、磷等有机污染物的净化过程实质上是电子得失、价态变换的过程，通常需要在不同的环境条件下经过一系列的氧化还原反应才能完成，在很大程度上受水体环境中氧化还原电位的影响。氧化还原电位可以反映湖泊或河流本身净化或分解有机污染物质的能力。一般 ORP 值越高，水体分解能力越强，水体越健康。

保护区 5 月和 7 月 ORP 值较低，甚至出现负值（图 4-9），说明这两个月水体中有机污染物分解较慢，浓度较高；9 月 ORP 值为 120～160mV，说明水体中溶解氧充足，有机物污染物易被氧化。

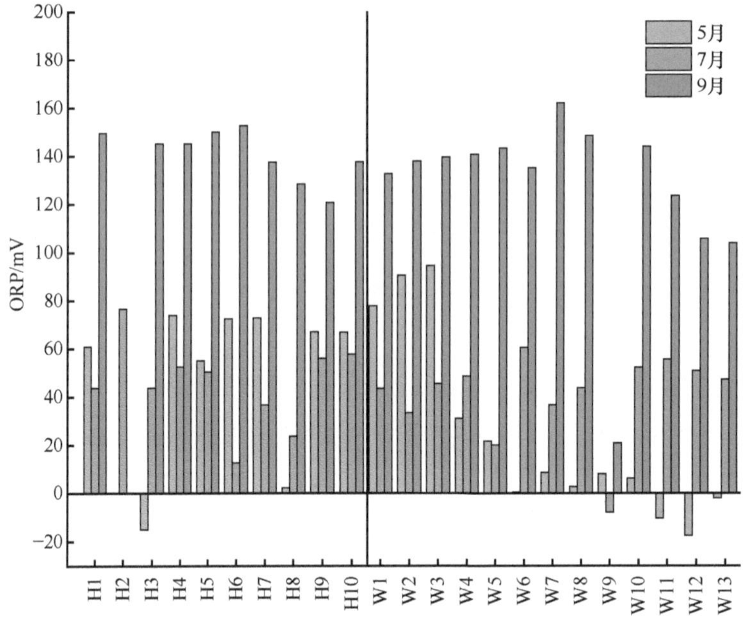


图 4-9　保护区 ORP 时空变化（彩图请扫封底二维码）

（10）pH

保护区 pH 均值为 6～7.3，呈弱酸性至中性，较好地体现了沼泽水体的特性。黑龙江流域 pH 均值 5 月最大，9 月最小，而乌苏里江流域 pH 均值 5 月最大，7 月最小，可能与河流水文状况有关，因为流动的水体更容易带出沉积层的酸性物质。沼泽湿地草根层和泥炭层存在酸性物质（如富里酸或胡敏酸等），因此水位越高时，水体流动性越好，则水体 pH 越低。

5 月，浓江流速为 0.25m/s，别拉洪河水位为 94.34m，流速为 13.3m/s；7 月，浓江流速为 0.28m/s，别拉洪河水位为 94.33m，流速为 18m/s；9 月，浓江流速为 0.51m/s，别拉洪河水位为 95.55m，流速为 63.8m/s，较好地反映了水位较高时水体流动性较好这一规律。

（11）水温

水温与区域气温的变化趋于同步，所测流域的水温随当地气温变化。5 月、7 月和 9 月水温分别为 5～21℃、26～36℃、2～11℃，与三江平原的气温变化大致相同。

### 4.1.3 WQI 分析

综合水质识别指数（WQI）在 2000 年由 Pesce 和 Wunderlin 提出。每个水质参数都根据其对初级健康感知的影响分配了一个权重，用于计算 WQI。本研究采用全氮（TN）、全磷（TP）、铵态氮（$NH_4^+$-N）、化学需氧量（COD）、五日生化需氧量（$BOD_5$）、电导率（EC）、水温（$T$）、pH 计算 WQI：

$$\mathrm{WQI}=\frac{\sum_{i=1}^{n} C_i P_i}{\sum_{i=1}^{n} P_i}$$

式中，$i$ 为研究包含的总参数量；$C_i$ 为参数 $i$ 的标准化值；$P_i$ 为参数 $i$ 的权重，最大权重为 4，最小权重为 1。

计算得出 WQI 的范围为 0～100，值越高代表水质越好。根据 WQI 得分，将水质分为 5 个等级：优秀（91～100）、良好（71～90）、中等（51～70）、一般（26～50）和差（0～25）。每个采样点的 WQI 按月份计算，并取各点之和的平均值确定最终每个分区的 WQI。

保护区综合水质识别指数评价结果显示（图 4-10、图 4-11），2018 年 5～9 月，保护区湿地水质状况逐渐好转，均显示为“中等”。点位间的 WQI 存在显著差异：调查期间 WQI 均值最高的点位为 H6，其次是 H9。各区域的水质具有明显的季节变化趋势，表现为 9 月＞7 月＞5 月。5 月有多个点位的水质评价为“一般”，因为其周围多为农田，氮、磷浓度较高，所以 WQI 值较低；7 月水质大多点位表现为“中等”；9 月水质所有点位都在“中等”以上，有很多点位达到“良好”，与湿地长期的净化功能有一定关系。

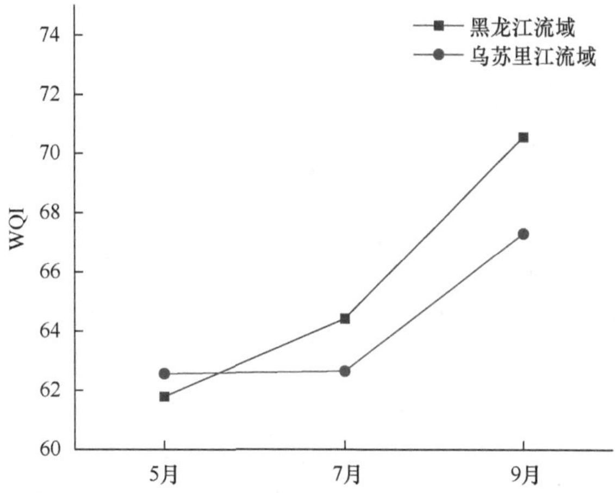


图 4-10　保护区 WQI 时间变化（彩图请扫封底二维码）

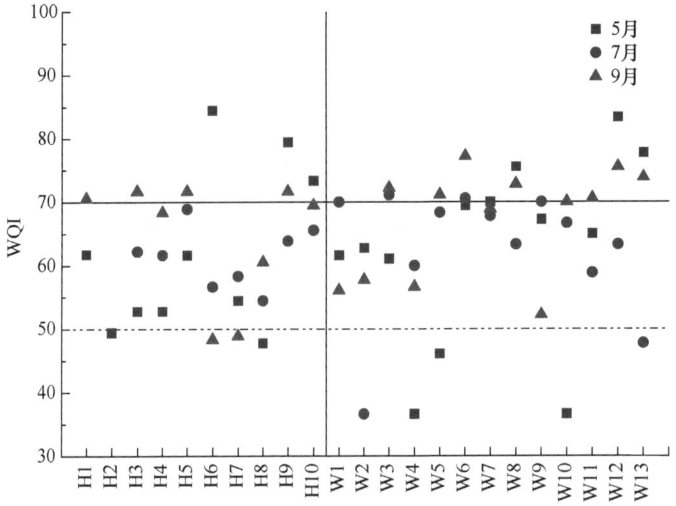


图 4-11　保护区 WQI 时空变化（彩图请扫封底二维码）

# 4.2　水质净化功能

湿地的水质净化功能主要是指地表水在低速流经湿地的过程中，经湿地植物和微生物的作用，通过沉积、吸附和生物化学转化等一系列过程去除污染物质，从而实现水质净化（表 4-3）。

**表 4-3　保护区对各污染物的净化量**　　（单位：t/a）

| 江河 | TN | $NH_4^+$-N | $NO_3^-$-N | TP | $PO_4^{3-}$ |
|---|---|---|---|---|---|
| 鸭绿河 | 112.45 | 72.33 | 28.65 | 15.93 | 21.58 |
| 浓江 | 167.04 | 41.29 | 94.21 | 11.75 | 25.59 |
| 乌苏里江 | 32 449.40 | 13 917.97 | 25 996.07 | 3 440.30 | 6 719.97 |
| 别拉洪河 | 992.69 | 298.24 | 211.27 | 94.44 | 253.03 |

根据污染物空间分布，保护区水体污染源为农业和生活废水。遥感影像数据显示，保护区近 40 年来水田和城镇面积逐年增加，而大规模的水田种植使得化肥广泛使用，氮肥施用量为 100～140kg/hm$^2$，泡田排水期排水量约 500m$^3$/（hm$^2$·a），而晒田排水期排水量为 300～500m$^3$/（hm$^2$·a）。

保护区内河流纵横，主要支流有鸭绿河、浓江、乌苏里江和别拉洪河，科学地计算河流氮、磷负荷及降解效率，可为湿地保护恢复提供科学依据。

使用箱式模型核算河流中 TN 和 TP 的降解量，计算公式如下：

$$W_i=(C_i-C_0)\times Q_i$$

式中，$W_i$ 为河流 TN 或 TP 降解量（t/a）；$C_i$ 为河流上游 TN 或 TP 平均浓度（mg/L）；$C_0$ 为河流下游 TN 或 TP 平均浓度（mg/L）；$Q_i$ 为河流平均流量（m$^3$/s）。

保护区的氮元素降解效果如图 4-12 所示。湿地 5 月的氮元素去除率远高于 7 月和 9 月，原因是春季植物生长对氮元素的需求较大，在湿地植物、湿地土壤和微生物的复合作用下，水中的溶解性无机氮有效降解，同时湿地基质表层部分区域存在缺氧条件，可以促进反硝化作用的发生。在 9 月，湿地植物停止生长，同时水田退水中氮浓度偏低，湿地的净化效果相对较弱。

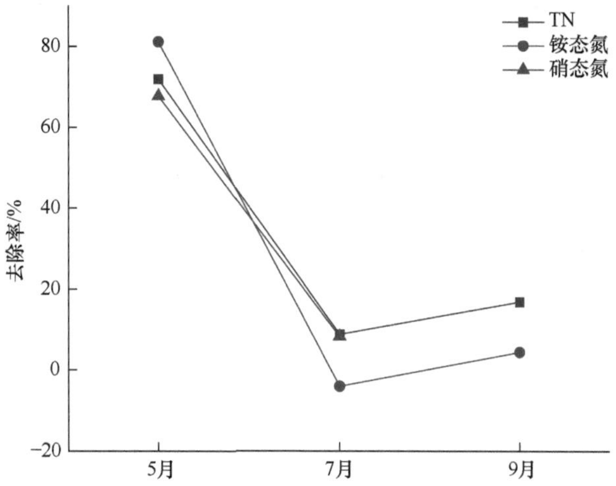


图 4-12　保护区氮元素去除率时间变化（彩图请扫封底二维码）

保护区的磷元素降解效果如图 4-13 所示，由于温度、微生物和植物生活史等因素的综合作用，湿地的磷元素去除率表现为逐月降低。通常在农田退水中磷浓度偏低或者冬季温度较低且植物枯萎的情况下，TP 和磷酸盐的去除率可能会降至 20%以下。从整体来看，保护区湿地的最低磷元素去除率可保持在 30%以上，可以实现对磷元素的有效去除。

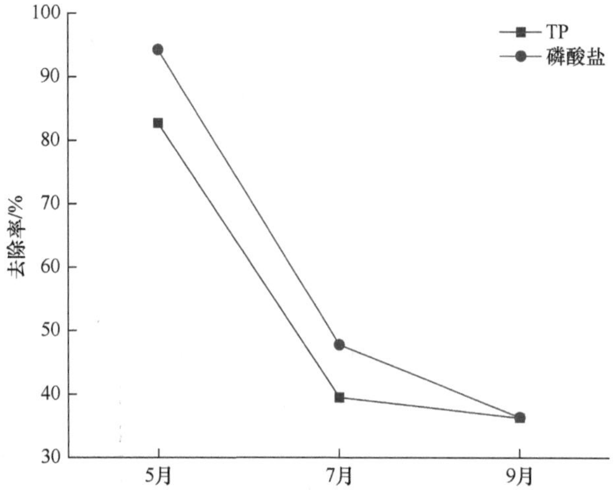


图 4-13　保护区磷元素去除率时间变化（彩图请扫封底二维码）

采用替代法计算水质净化价值，即以采用工业方法去除 TN 和 TP 的费用来衡量水质净化价值，计算公式如下：

$$V_i=W_i\times\alpha_i$$

式中，$V_i$ 为 TN 或 TP 的净化价值（万元/a）；$W_i$ 为总净化水量（t）；$\alpha_i$ 为 TN 或 TP 的单位净化价值（万元/t）。

根据现有文献（赵欣胜等，2016），2013 年的 $\alpha_N$ 和 $\alpha_P$ 分别为 3.57 万元/t 和 75.07 万元/t，对比 2013 年与 2018 年的居民消费价格指数（consumer price index，CPI）变化，将 2013 年污染物的单位净化价值转换为 2018 年的单位净化价值，分别为 TN 3.55 万元/t、TP 73.17 万元/t，计算得出保护区水质净化总价值为 38.73 亿元（表 4-4）。各河流水质净化价值排序为：乌苏里江（36.69 亿元，94.73%）＞别拉洪河（1.04 亿元，2.69%）＞浓江河（0.75 亿元，1.93%）＞鸭绿河（0.25 亿元，0.64%）。

**表 4-4　保护区各河流水质净化价值统计**

| 江河 | 全氮/亿元 | 全磷/亿元 | 合计/亿元 | 百分比/% |
|---|---|---|---|---|
| 鸭绿河 | 0.04 | 0.21 | 0.25 | 0.64 |
| 浓江河 | 0.06 | 0.69 | 0.75 | 1.93 |
| 乌苏里江 | 11.52 | 25.17 | 36.69 | 94.73 |
| 别拉洪河 | 0.35 | 0.69 | 1.04 | 2.69 |
| 合计/亿元 | 11.97 | 26.76 | 38.73 | 100 |

## 4.3　水源涵养功能

水源涵养功能是指生态系统在涵养水源的过程中参与流域水循环、调节水文过程并产生生态效益的能力，对维持生态平衡至关重要，同时可提供众多调节和供给服务。水源涵养量是指某时段内生态系统存储的水量，常用来评估水源涵养功能，其实质是指生态系统在一定的时空范围与条件下对降水的调蓄能力。

采用水量平衡法对保护区的水源涵养量进行估计，原理是利用多年平均降水量减去地表径流量和不同植被类型水分蒸散发量。将水、土壤、地上覆被视作一个综合体，以水的输入和输出为基本物理量，两者的差（降水量与蒸散发量之间的差）即该区域的水源涵养量，计算方程如下：

$$\mathrm{TQ}=\sum_{i=1}^{j}\left(P_i-R_i-\mathrm{ET}_i\right)\times A_i\times 10^3$$

式中，TQ 为水源涵养量（$m^3$）；$P_i$ 为降水量（mm）；$R_i$ 为地表径流量（mm）；$\mathrm{ET}_i$ 为蒸散发量（mm）；$A_i$ 为第 $i$ 类生态系统面积（$km^2$）；$j$ 为生态系统类型总数。

地表径流量 $R_i$ 由降水量与地表径流系数的乘积得到。地表径流系数反映了降水量转化为地表径流量的程度，能够适当说明生态系统对降水和地表径流的影响。

$$R=P\times\alpha$$

式中，$\alpha$ 为平均地表径流系数。

保护区水源涵养量为 424～628mm，最高值、最低值分别出现在大旬子和四合流域。由于气候、植被和地理位置等因素存在明显的空间差异，不同区域的水源涵养量也有所区别，从生态系统类型来看，水田水源涵养量最高，与其面积较大有关，为 46.57 万 $m^3$。

保护区属内陆湿地与水域生态系统类型，主要保护对象是湿地和水域生态系统，是东北亚鸟类迁徙的重要通道、停歇地和繁衍栖息地。保护区内河流泡沼密布，生物资源十分丰富，保护好其生态就是保护好黑龙江的生态屏障。在对保护区的各种生态服务功能进行了解及分析后，将其水源涵养量进行归一化处理，对服务功能值累加计算，并以 0.2、0.5 作为分界点，将保护区水源涵养功能重要性分为一般重要、重要和极重要 3 个等级。经统计保护区总面积约为 1811km$^2$，其中水源涵养极重要区面积约为 1298km$^2$，占总面积的 71.67%，水源涵养重要区面积约为 331km$^2$，占总面积的 18.28%，水源涵养一般重要区面积约为 182km$^2$，占总面积的 10.05%。

## 4.4　湿地水环境及生态功能总结

保护区中黑龙江流域及乌苏里江流域 2 个区域水质的时间变化有较大差异，导致水体富营养化的养分主要为氨氮和磷，说明受周围农田影响较大。因此，建议在农田与湿地中间设计湿地水源净化工艺，如湿地生态氧化塘、农田退水净化湿地来对农田退水进行净化。另外，湿地生态服务功能和土地利用类型的关系密不可分。从保护区水源涵养功能区分布来看，重要和极重要区多分布在江河流经地区。因此，建议加强对湿地进行水源补给，提升湿地生物多样性，从而提高其水源涵养能力。当前还缺少地表水中各类农药残留量的测试数据，建议今后对保护区内主要施用农药品种和使用量情况开展调查。

# 第 5 章　保护区土壤性质及碳储量

## 5.1　土壤元素分析

本次调查发现，保护区土壤理化性质在黑龙江流域及乌苏里江流域 2 个区域具有较大的差异（图 5-1）。总体上，黑龙江流域土壤含水量、全磷含量、全氮含量、有机碳含量、碳氮比和氮磷比在不同深度上均高于乌苏里江流域，而乌苏里江流域土壤容重和 pH 在不同深度上均高于黑龙江流域。其中，黑龙江流域和乌苏里江流域土壤容重分别为 0.63～0.80g/cm$^3$ 和 1.98～2.32g/cm$^3$，乌苏里江流域远大于黑龙江流域。同时，黑龙江流域土壤含水量高于乌苏里江流域。

土壤元素方面，黑龙江流域全磷含量在深度 0～10cm、10～20cm 分别为 1.63g/kg 和 1.61g/kg，高于乌苏里江流域（1.52g/kg 和 1.29g/kg），而在深度 20～30cm 低于乌苏里江流域；黑龙江流域全磷含量随土壤深度增加逐渐降低，而乌苏里江流域变化不明显。黑龙江流域全氮含量在三个深度（0～10cm、10～20cm、20～30cm）分别为 11.11g/kg、12.34g/kg 和 9.87g/kg，高于乌苏里江流域（8.31g/kg、5.05g/kg 和 2.84g/kg）；黑龙江流域全氮含量随土壤深度增加趋于先升后降，乌苏里江流域全氮含量随土壤深度增加明显降

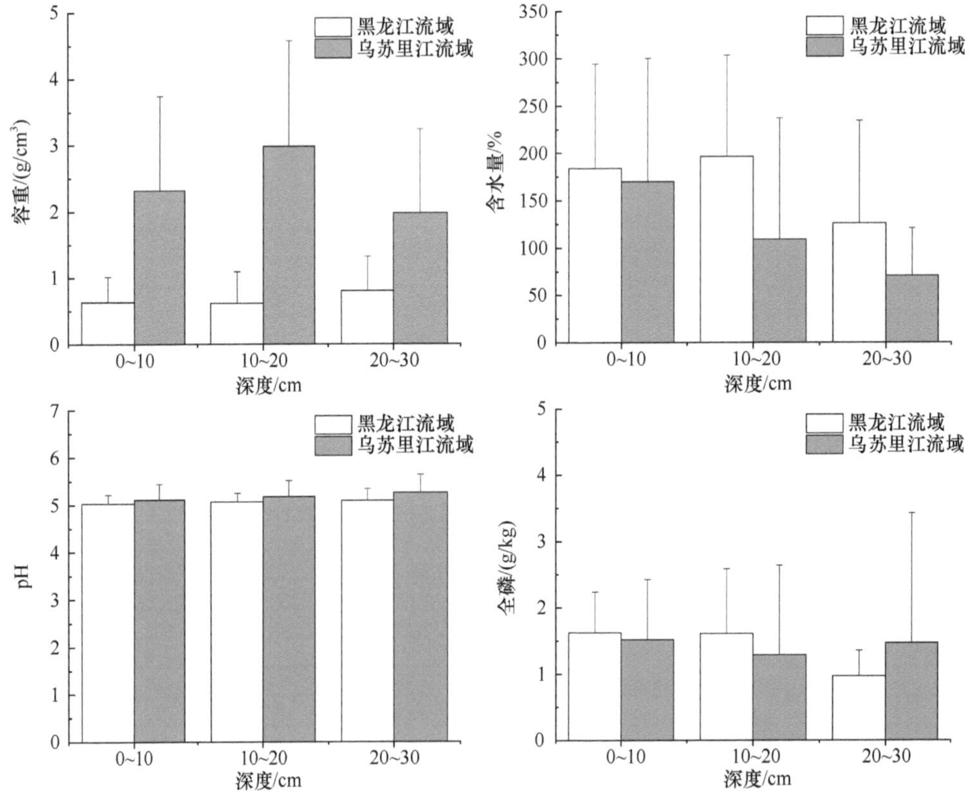

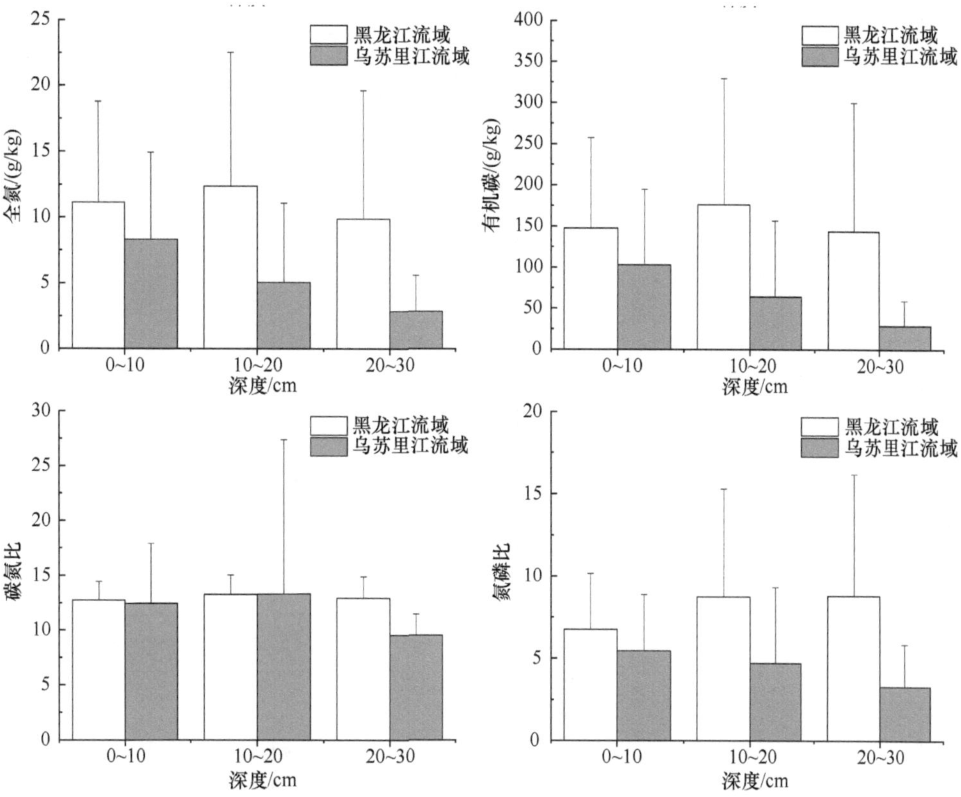


图 5-1 保护区黑龙江流域及乌苏里江流域的土壤理化性质

低。黑龙江流域有机碳含量在三个深度（0～10cm、10～20cm、20～30cm）分别为147.51g/kg、175.96g/kg 和 143.66g/kg，高于乌苏里江流域（102.79g/kg、63.92g/kg 和28.98g/kg）；黑龙江流域有机碳含量随土壤深度增加变化不明显，而乌苏里江流域有机碳含量随土壤深度增加明显降低。

生态化学计量是影响生态系统生产力、营养循环以及食物网动态变化的重要指标，在揭示生态系统稳态性以及物质能量转化机制方面具有重要作用。本次研究发现，两个流域土壤的碳氮比差异不大，在 0～10cm 和 10～20cm 深度为 12.44～13.32，而在 20～30cm 深度乌苏里江流域（9.55）相对于黑龙江流域较小。另外，黑龙江流域土壤氮磷比在三个深度（0～10cm、10～20cm、20～30cm）分别为 6.75、8.73 和 8.79，高于乌苏里江流域（5.45、4.70 和 3.29）；黑龙江流域土壤氮磷比随土壤深度增加趋于升高，而乌苏里江流域土壤氮磷比随土壤深度增加明显降低。相对于全国土壤碳氮比（12.01）和氮磷比（2.15），保护区处于较高水平（乌苏里江流域 20～30cm 深度土壤碳氮比除外）。

对黑龙江流域清水河段受农田污染湿地土壤与未受干扰湿地土壤对比发现，污染土壤容重明显升高，含水量显著降低，全氮含量、有机碳含量、碳氮比和氮磷比明显降低，全磷含量有所提高。黑龙江流域鸭绿河段受农田污染湿地土壤的理化性质与清水河段基本一致，但全磷含量在 0～10cm 和 10～20cm 有所降低。乌苏里江流域土壤含水量、全磷、全氮、有机碳和氮磷比表现为自然沼泽湿地＞退耕示范区＞受农田污染湿地，容重和碳氮比表现为退耕示范区＜自然沼泽湿地＜受农田污染湿地（表 5-1）。

表 5-1 保护区不同生态特征区的土壤理化性质（均值±标准差）

| 流域 | 生态特征区 | 深度/cm | 容重/（g/cm³） | 含水量/% | pH | 全磷/（g/kg） | 全氮/（g/kg） | 有机碳/（g/kg） | 碳氮比 | 氮磷比 |
|---|---|---|---|---|---|---|---|---|---|---|
| 黑龙江流域 | 清水河段未受干扰湿地 | 0～10 | 0.34±0.10 | 310.91±114.47 | 5.04±0.06 | 1.80±0.23 | 18.63±4.52 | 260±51.52 | 14.10±1.14 | 10.26±1.56 |
| | | 10～20 | 0.27±0.21 | 213.98±32.83 | 5.05±0.01 | 1.70±0.08 | 23.18±1.99 | 344.18±46.42 | 14.82±0.74 | 13.70±1.87 |
| | | 20～30 | 1.01±0.91 | 102.13±106.12 | 4.88±0.13 | 0.98±0.77 | 13.25±15.46 | 206.03±249.98 | 14.26±2.23 | 10.61±7.42 |
| | 清水河段受农田污染湿地 | 0～10 | 1.21±0.45 | 68.05±45.98 | 4.77±0.18 | 2.34±1.23 | 3.16±0.64 | 34.96±2.44 | 11.22±1.49 | 1.65±1.15 |
| | | 10～20 | 0.83 | 208.69 | 5.28 | 4.35 | 1.51 | 20.73 | 13.77 | 0.35 |
| | | 20～30 | — | — | — | — | — | — | — | — |
| | 鸭绿河段未受干扰湿地 | 0～10 | 0.37±0.09 | 246.83±71.59 | 5.10±0.18 | 1.88±0.35 | 17.99±5.54 | 243.07±86.34 | 13.45±1.08 | 9.50±1.91 |
| | | 10～20 | 0.39±0.22 | 231.44±84.03 | 5.04±0.24 | 1.36±0.22 | 18.81±9.14 | 268.62±136.59 | 14.10±0.91 | 13.45±6.00 |
| | | 20～30 | 0.56±0.28 | 175.69±141.42 | 5.23±0.27 | 0.89±0.26 | 13.15±15.89 | 201.15±253.86 | 13.48±3.01 | 12.77±14.18 |
| | 鸭绿河段受农田污染湿地 | 0～10 | 0.77±0.31 | 117.57±43.74 | 5.07±0.19 | 1.13±0.30 | 5.42±1.50 | 65.09±18.17 | 12.13±1.84 | 4.85±0.98 |
| | | 10～20 | 0.84±0.60 | 165.87±143.73 | 5.05±0.19 | 1.29±0.77 | 6.22±6.96 | 83.99±108.23 | 12.19±1.96 | 5.32±5.06 |
| | | 20～30 | 0.83±0.51 | 113.45±121.62 | 5.14±0.26 | 1.02±0.33 | 6.55±5.36 | 83.73±72.98 | 11.97±1.39 | 5.89±4.30 |
| 乌苏里江流域 | 自然沼泽湿地 | 0～10 | 1.35±0.70 | 250.12±139.61 | 5.15±0.25 | 1.87±0.57 | 13.5±5.51 | 173.84±82.09 | 12.61±1.52 | 7.78±3.32 |
| | | 10～20 | 2.06±1.22 | 163.64±165.53 | 5.23±0.27 | 1.66±1.45 | 8.52±7.18 | 114.01±115.41 | 12.00±2.25 | 7.09±5.76 |
| | | 20～30 | 1.58±1.08 | 84.24±59.71 | 5.23±0.38 | 1.93±2.37 | 3.83±3.06 | 39.85±33.73 | 9.78±2.17 | 4.07±2.97 |
| | 受农田污染湿地 | 0～10 | 3.50±1.35 | 76.20±47.06 | 5.17±0.38 | 1.02±1.08 | 2.39±1.37 | 25.01±14.37 | 12.72±8.50 | 3.01±1.64 |
| | | 10～20 | 3.83±1.44 | 59.42±46.11 | 5.12±0.40 | 0.94±1.21 | 1.87±1.45 | 17.99±16.52 | 14.52±19.71 | 2.51±1.13 |
| | | 20～30 | 2.68±1.41 | 47.08±8.68 | 5.33±0.43 | 0.65±0.34 | 1.13±0.36 | 9.96±2.20 | 9.16±1.47 | 1.94±0.57 |
| | 退耕示范区 | 0～10 | 2.12±0.31 | 171.23±32.97 | 4.71±0.08 | 1.88±0.63 | 7.76±2.40 | 82.27±28.82 | 10.52±0.42 | 4.28±1.04 |
| | | 10～20 | — | — | — | — | — | — | — | — |
| | | 20～30 | — | — | — | — | — | — | — | — |

注：—表示无数据。

## 5.2 土壤碳储量分析

总体上，黑龙江流域土壤碳密度小于乌苏里江流域土壤（图 5-2）。其中，黑龙江流域土壤碳密度在三个深度（0～10cm、10～20cm、20～30cm）分别为 65.51kg/m$^3$、58.55kg/m$^3$ 和 63.28kg/m$^3$，随土壤深度增加变化不明显；乌苏里流域土壤碳密度在三个深度（0～10cm、10～20cm、20～30cm）分别为 144.58kg/m$^3$、94.32kg/m$^3$ 和 42.07kg/m$^3$，随土壤深度增加明显降低。因此，黑龙江流域 0～30cm 土壤碳密度约为 62.48kg/m$^3$，乌苏里江流域约为 93.66kg/m$^3$。

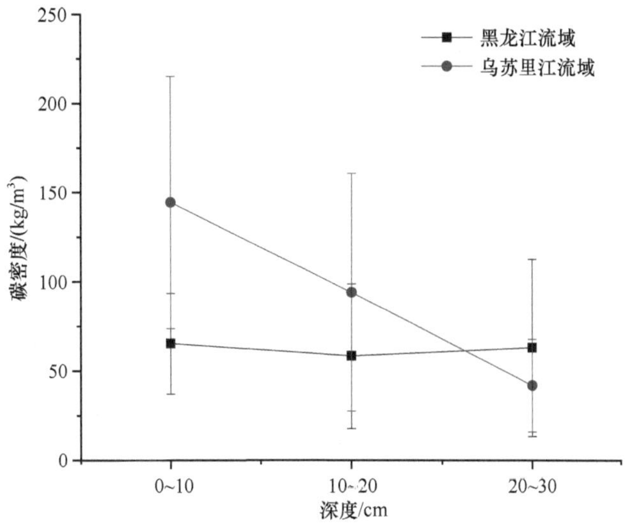


图 5-2 保护区黑龙江流域及乌苏里江流域的土壤碳密度（彩图请扫封底二维码）

湿地土壤受农田污染后碳密度会明显降低（图 5-3）。本次调查发现，黑龙江流域清水河段未受干扰湿地土壤碳密度在三个深度（0～10cm、10～20cm、20～30cm）分别为 89.37kg/m$^3$、85.64kg/m$^3$ 和 77.13kg/m$^3$，随土壤深度增加变化不明显；而受农田污染湿地土壤碳密度在 0～10cm 和 10～20cm 分别为 42.72kg/m$^3$ 和 17.19kg/m$^3$，随土壤深度增加明显降低。鸭绿河段未受干扰湿地土壤碳密度在三个深度（0～10cm、10～20cm、20～30cm）分别为 84.12kg/m$^3$、88.61kg/m$^3$ 和 77.13kg/m$^3$，随土壤深度增加变化不明显；而受农田污染湿地土壤碳密度在三个深度（0～10cm、10～20cm、20～30cm）分别为 48.77kg/m$^3$、36.37kg/m$^3$ 和 41.57kg/m$^3$，随土壤深度增加变化不明显。乌苏里江流域自然沼泽湿地土壤碳密度在三个深度（0～10cm、10～20cm、20～30cm）分别为 191.27kg/m$^3$、134.28kg/m$^3$ 和 50.60kg/m$^3$，随土壤深度增加逐渐降低；而受农田污染湿地土壤碳密度在三个深度（0～10cm、10～20cm、20～30cm）分别为 84.02kg/m$^3$，57.69kg/m$^3$ 和 27.15kg/m$^3$，随土壤深度增加逐渐降低；退耕示范区土壤碳密度在 0～10cm 为 168.99kg/m$^3$。

综上所述，清水河段未受干扰湿地 0～30cm 土壤碳密度约为 89.37kg/m$^3$，受农田污染湿地 0～20cm 土壤碳密度约为 29.95kg/m$^3$。鸭绿河段未受干扰湿地 0～30cm 土壤碳密度约为 83.29kg/m$^3$，受农田污染湿地 0～30cm 土壤碳密度约为 42.24kg/m$^3$。乌苏里江流域自然沼泽湿地 0～30cm 土壤碳密度约为 125.18kg/m$^3$，受农田污染湿地 0～30cm 土壤碳密度约为 56.29kg/m$^3$。

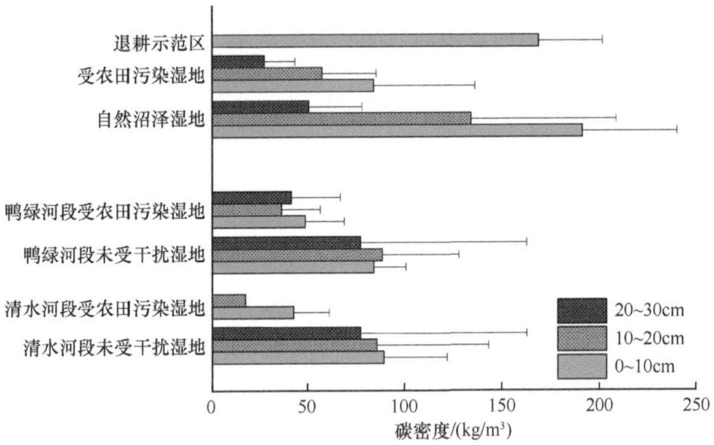


图 5-3　保护区不同生态特征区的土壤碳密度（彩图请扫封底二维码）

## 5.3　评价及管理对策

主成分分析表明，土壤全氮和有机碳是评价保护区湿地土壤的两个重要指标，其贡献度均达到 31.54%（图 5-4）。基于现有的指标对保护区土壤质量进行评价发现，黑龙江流域湿地土壤质量优于乌苏里江流域，其中乌苏里江流域湿地土壤质量指数随深度增加逐渐降低（表 5-2）。

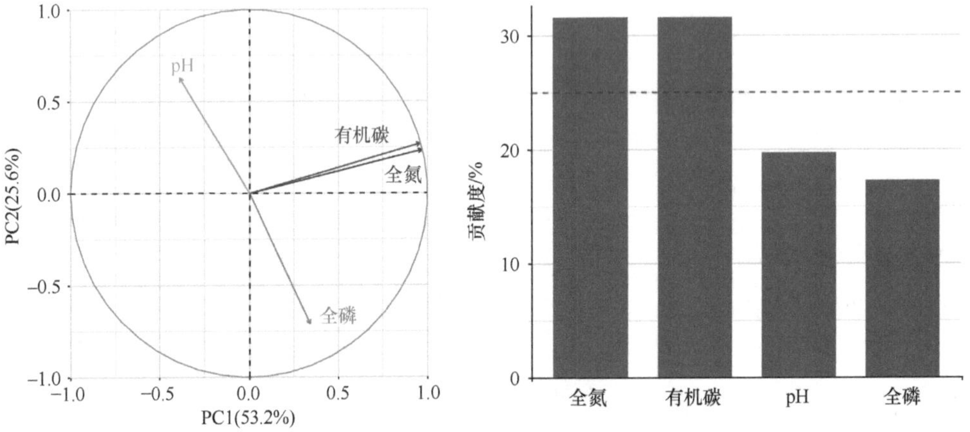


图 5-4　保护区土壤理化性质主成分及贡献度（彩图请扫封底二维码）

**表 5-2　保护区湿地土壤质量指数（均值±标准差）**

| 深度/cm | 黑龙江流域 | 乌苏里江流域 |
|---|---|---|
| 0～10 | 0.37±0.18 | 0.29±0.16 |
| 10～20 | 0.41±0.24 | 0.21±0.17 |
| 20～30 | 0.33±0.25 | 0.15±0.10 |

湿地土壤受农田污染后质量会明显降低（图 5-5）。本次调查发现，黑龙江流域清水河段未受干扰湿地土壤质量指数在三个深度（0～10cm、10～20cm、20～30cm）分别为 0.55、0.67 和 0.44，10～20cm 深度最大；而受农田污染湿地土壤质量指数在 0～10cm 和 10～20cm 分别为 0.23 和 0.21，数随土壤深度增加变化不明显。鸭绿河段未受干扰湿地土壤质量指数在三个深度（0～10cm、10～20cm、20～30cm）分别为 0.52、0.55 和 0.39，20～30cm 深度最小；而受农田污染湿地土壤质量指数在三个深度（0～10cm、10～20cm、20～30cm）分别为 0.22、0.25 和 0.24，随土壤深度增加变化不明显。乌苏里江流域自然沼泽湿地土壤质量指数在三个深度（0～10cm、10～20cm、20～30cm）分别为 0.41、0.29 和 0.19，随土壤深度增加逐渐降低；而受农田污染湿地土壤质量指数在三个深度（0～10cm、10～20cm、20～30cm）分别为 0.14、0.13 和 0.09，随土壤深度增加逐渐降低；退耕示范区土壤质量指数在 0～10cm 为 0.32。

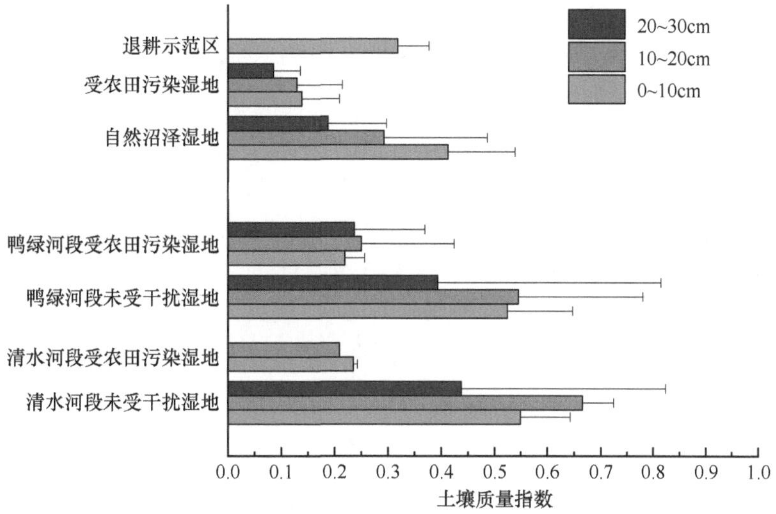


图 5-5　保护区不同生态特征区的土壤质量指数（彩图请扫封底二维码）

## 5.4　土壤性质及碳储量总结

保护区内黑龙江流域及乌苏里江流域 2 个区域的土壤质量具有较大差异，建议分别对这两个区域的湿地土壤进行监测。被农田退水污染后，湿地土壤含水量、有机碳含量和全氮含量会明显降低，可利用这些指标快速辨识湿地健康状况。另外，需加强对退化湿地进行水源补给，提高湿地生物多样性，以实现湿地土壤碳氮“质”与“量”的提升。目前保护区响应国家号召，大力开展退耕还湿等湿地恢复工程，湿地恢复效果显著，但仍需加强对自然湿地的保护以及对受干扰湿地的恢复与重建。

# 第 6 章　保护区湿地浮游动植物及生态功能

保护区位于三江平原东北部黑龙江省抚远市和同江市境内，北临黑龙江，东靠乌苏里江，总面积为 198 089hm$^2$，隔乌苏里江与俄罗斯遥遥相望，河流属黑龙江、乌苏里江两大水系。保护区湿地资源丰富、物种繁多，是我国生物多样性最丰富的地区之一，同时是东北亚鸟类迁徙的重要通道、停歇地和繁衍栖息地。另外，保护区内保存着众多国家一级、二级重点保护野生动植物，具有很高的保护价值，在我国生物多样性保护和生态环境建设中占有重要地位。

浮游生物是水生生态系统物质循环和能量流动的基本环节，是评价水生生态系统功能的重要指标之一。研究表明，某些种类的浮游生物（包括浮游植物和浮游动物）对水环境的变化极为敏感，其群落结构和多样性变化往往能够反映水环境的状态。浮游生物在监测和评价水生生态系统的水质方面具有指示作用，因此作为指示物种被广泛应用于生态评价。调查研究浮游生物群落可以间接反映水体生态环境质量，因此我们非常重视保护区的浮游生物研究，为了结合水环境参数和浮游生物指数对水质进行分析，我们设置了相应的采样点对浮游生物进行了不同季节的调查。

## 6.1　浮游植物分析

### 6.1.1　种类组成

我们分别于 2020 年 4 月、7 月和 10 月在保护区采集浮游生物样品，共鉴定出 7 门 110 种浮游植物（见附录Ⅱ）。其中，蓝藻门有 16 种，占 14.55%；硅藻门 25 种，占 22.73%；金藻门 7 种，占 6.36%；隐藻门 2 种，占 1.82%；裸藻门 5 种，占 4.55%；甲藻门 1 种，占 0.91%；绿藻门 54 种，占 49.09%（图 6-1）。

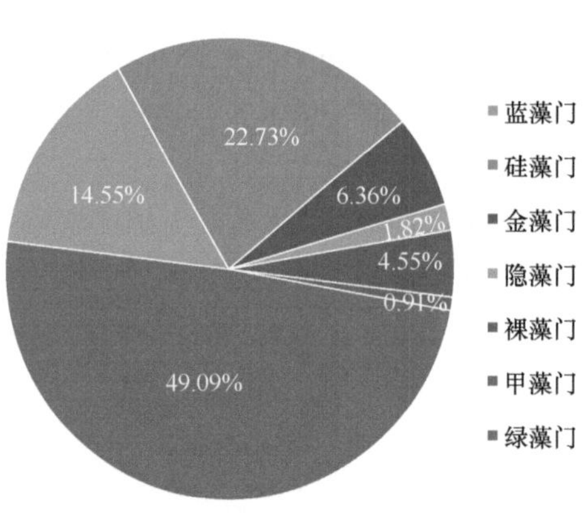


图 6-1　保护区浮游植物种类组成（彩图请扫封底二维码）

本次调查发现，保护区浮游植物种类主要是由绿藻（49.09%）、硅藻（22.73%）和蓝藻（14.55%）组成，但不同季节之间浮游植物群落结构有着较大的差异（图 6-2）。因蓝藻是威胁水质安全非常重要的指标，可根据蓝藻种类数和丰度占比的变化情况来分析浮游植物群落。4 月，蓝藻种类数占比仅为 11.67%，但平均丰度占比较高，为 21.79%，浮游植物群落主要由绿藻、硅藻和蓝藻组成；7 月，蓝藻占比升高，种类数占比为 15.73%，平均丰度占比升高为 27.73%，浮游植物群落主要由绿藻、蓝藻和硅藻组成；10 月，蓝藻占比明显降低，种类数占比为 9.21%，平均丰度占比仅为 14.05%，浮游植物群落主要由绿藻、硅藻和蓝藻组成。

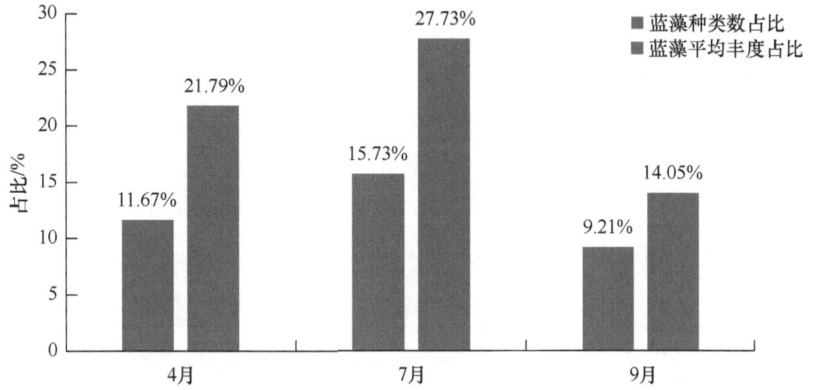


图 6-2　保护区浮游植物群落的蓝藻种类数和平均丰度占比（彩图请扫封底二维码）

## 6.1.2　优势种及物种优势度

根据保护区浮游植物不同物种的出现频率，利用 Lampitt 提出的物种优势度 $Y>0.02$ 界限确定优势种。研究区浮游植物优势种和物种优势度统计结果如表 6-1 所示，可见共有 10 个优势种，其中颗粒直链藻为三个季节的共有优势种，物种优势度分别为 0.042、0.024 和 0.023。

**表 6-1　保护区浮游植物优势种及物种优势度**

| 月份 | 优势种 | 物种优势度 |
|---|---|---|
| 4 月 | 极小集胞藻 | 0.033 |
| | 弯形小尖头藻 | 0.045 |
| | 短线脆杆藻 | 0.027 |
| | 颗粒直链藻 | 0.042 |
| 7 月 | 极小集胞藻 | 0.035 |
| | 颗粒直链藻 | 0.024 |
| | 普通等片藻 | 0.026 |
| | 卵形衣藻 | 0.031 |
| | 小空星藻 | 0.041 |
| | 空球藻 | 0.036 |

续表

| 月份 | 优势种 | 物种优势度 |
|---|---|---|
| 10 月 | 颗粒直链藻 | 0.023 |
| | 球衣藻 | 0.040 |
| | 小空星藻 | 0.020 |
| | 空球藻 | 0.043 |
| | 小型月牙藻 | 0.020 |

### 6.1.3 丰度和生物量

本次调查的结果表明，保护区浮游植物丰度为 5×10⁴～1.217×10⁶cells/L，不同月份和不同采样区域浮游植物的丰度与生物量存在显著差异（表 6-2）。黑龙江流域 4 月、7 月和 10 月所有采样点浮游植物丰度平均值分别为 $1.37\times10^5$cells/L、$5.20\times10^5$cells/L 和 $2.41\times10^5$cells/L，乌苏里江流域 4 月、7 月和 10 月所有采样点浮游植物丰度平均分别为 $1.35\times10^5$cells/L、$4.17\times10^5$cells/L 和 $2.01\times10^5$cells/L。丰度最大值出现在 4 月的大力加湖采样点，为 $12.17\times10^5$cells/L，最小值出现在 4 月的四合采样点，为 $5\times10^4$cells/L。

表 6-2 保护区不同生态特征区的浮游植物丰度与生物量（均值±标准差）

| 流域 | 生态特征区 | 4 月 | | 7 月 | | 10 月 | |
|---|---|---|---|---|---|---|---|
| | | 丰度/（$\times10^5$cells/L） | 生物量/（mg/L） | 丰度/（$\times10^5$cells/L） | 生物量/（mg/L） | 丰度/（$\times10^5$cells/L） | 生物量/（mg/L） |
| 黑龙江流域 | 鸭绿河段 | 1.44±0.28 | 0.90±0.35 | 3.96±0.38 | 2.59±0.91 | 1.75±0.144 | 1.69±0.93 |
| | 清水河段 | 1.46±0.61 | 1.19±0.55 | — | — | 2.31±1.86 | 2.21±2.17 |
| | 受农田影响区域 | 1.49±0.27 | 0.76±0.40 | 6.94±3.97 | 1.99±0.77 | 3.50±1.29 | 2.25±1.29 |
| | 大力加湖 | 0.92±0.35 | 0.60±0.50 | 2.78±1.04 | 2.14±0.13 | 2.18±1.26 | 3.72±1.78 |
| 乌苏里江流域 | 沼泽湿地 | 1.17±0.22 | 1.05±0.35 | 6.96±0.75 | 2.73±0.83 | 1.67±0.87 | 2.13±1.58 |
| | 受农田影响区域 | 1.63±0.62 | 0.79±0.39 | 2.74±1.94 | 1.82±1.03 | 3.05±0.75 | 2.90±1.45 |
| | 退耕示范区 | 0.98±0.24 | 0.83±0.04 | 3.96±0.22 | 2.59±0.20 | 2.14±0.76 | 4.16±0.04 |

注：—表示无数据，下同。

保护区浮游植物生物量为 0.29～5.38mg/L。黑龙江流域 4 月、7 月和 10 月所有采样点浮游植物生物量平均分别为 0.87mg/L、2.63mg/L 和 2.30mg/L，乌苏里江流域 4 月、7 月和 10 月所有采样点浮游植物生物量平均分别为 0.92mg/L、2.30mg/L 和 2.50mg/L。生物量最大值出现在 10 月的四合 2 采样点，为 5.38mg/L，最小值出现在 4 月的大力加湖采样点，为 0.29mg/L。

### 6.1.4 多样性指数

浮游植物的三种多样性指数在时间和空间上存在差异（表 6-3）。7 月由于温度升高，且部分区域受到农业面源污染影响，保护区生物多样性相对较低，10 月保护区生物多样性较高。受农业面源污染的区域多样性明显较其他区域低，体现了浮游植物的时空分布特征。在后文我们将使用浮游植物生物多样性指数来为水质评价提供一定的参考。

表 6-3　保护区不同生态特征区的浮游植物多样性指数平均值

| 月份 | 指数 | 黑龙江流域 | | | | 乌苏里江流域 | | |
|---|---|---|---|---|---|---|---|---|
| | | 鸭绿河段 | 清水河段 | 受农业面源污染区域 | 大力加湖 | 沼泽湿地 | 受农业面源污染区域 | 退耕示范区 |
| 4 月 | Shannon-Wiener 多样性指标 | 3.64 | 4.02 | 2.57 | 3.46 | 3.52 | 3.03 | 3.84 |
| | Margalef 物种丰富度指数 | 2.88 | 3.23 | 1.73 | 2.69 | 2.64 | 2.11 | 3.59 |
| | Pielou 均匀度指数 | 0.85 | 0.91 | 0.71 | 0.86 | 0.86 | 0.79 | 0.86 |
| 7 月 | Shannon-Wiener 多样性指标 | 3.83 | — | 3.14 | 3.52 | 3.77 | 2.78 | 3.92 |
| | Margalef 物种丰富度指数 | 2.81 | — | 2.66 | 2.95 | 2.84 | 1.66 | 3.55 |
| | Pielou 均匀度指数 | 0.84 | — | 0.67 | 0.80 | 0.84 | 0.71 | 0.82 |
| 10 月 | Shannon-Wiener 多样性指标 | 3.33 | 3.42 | 3.03 | 3.40 | 3.12 | 2.46 | 3.61 |
| | Margalef 物种丰富度指数 | 3.04 | 2.68 | 2.15 | 2.56 | 2.39 | 1.86 | 3.86 |
| | Pielou 均匀度指数 | 0.75 | 0.80 | 0.75 | 0.80 | 0.77 | 0.63 | 0.75 |

# 6.2　浮游动物分析

## 6.2.1　种类组成

我们分别于 2020 年 4 月、7 月和 9 月在保护区采集浮游生物样品，共鉴定出 4 类 70 种浮游动物（附录III）。其中，原生动物 8 属 12 种，占总种数的 17.14%，轮虫 16 属 29 种，占总种数的 41.43%，枝角类 12 属 17 种，占总种数的 24.29%，桡足类 3 目 12 种，占总种数的 17.14%（图 6-3）。

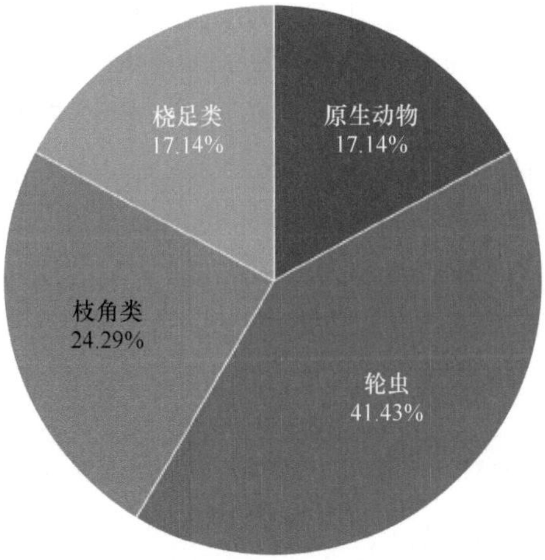


图 6-3　保护区浮游动物种类组成（彩图请扫封底二维码）

由图 6-4 可知，4 月保护区共采集鉴定出浮游动物 28 种，其中原生动物 5 属 5 种，占总种数的 17.86%；轮虫 10 属 11 种，占总种数的 39.29%；枝角类 6 属 6 种，占总种数的 21.43%；桡足类 2 目 6 种，占总种数的 21.43%。

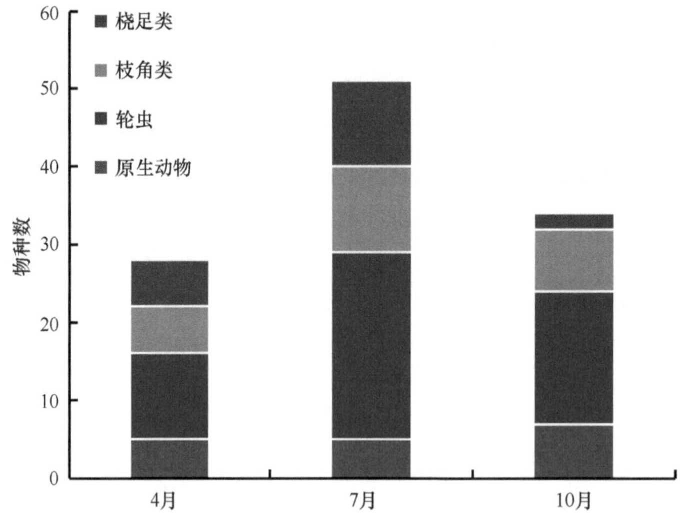


图 6-4　保护区浮游动物种类季节变化（彩图请扫封底二维码）

7 月保护区共采集鉴定出浮游动物 51 种，其中原生动物 2 属 5 种，占总种数的 9.80%；轮虫 15 属 24 种，占总种数的 47.06%；枝角类 11 属 11 种，占总种数的 21.57%；桡足类 3 目 11 种，占总种数的 21.57%。

10 月保护区共采集鉴定出浮游动物 35 种，其中原生动物 4 属 7 种，占总种数的 20.00%；轮虫 13 属 18 种，占总种数的 51.43%；枝角类 5 属 8 种，占总种数的 22.86%；桡足类 1 属 2 种，占总种数的 5.71%。

### 6.2.2　优势种及物种优势度

根据保护区浮游动物不同物种的出现频率，利用 Lampitt 提出的物种优势度 $Y>0.02$ 界限确定优势种。研究区浮游动物优势种和物种优势度统计结果如表 6-4 所示，可见共发现 8 个优势种，分别为 3 种轮虫、2 种桡足类和 3 种枝角类。其中，4 月共有 1 个优势种，为 1 种枝角类和 1 种桡足类；7 月优势种为 3 个，包括 2 种枝角类和 1 种桡足类；10 月有 4 个优势种，包括 3 种轮虫和 1 种桡足类。

**表 6-4　保护区湿地浮游动物优势种及物种优势度**

| 优势种 | 拉丁名 | 优势度 | | |
|---|---|---|---|---|
| | | 4 月 | 7 月 | 10 月 |
| 沟痕泡轮虫 | *Pompholyx sulcata* | — | — | 0.0373 |
| 小多肢轮虫 | *Polyarthra minor* | — | — | 0.0665 |
| 螺形龟甲轮虫 | *Keratella cochlearis* | — | — | 0.0427 |
| 卵形盘肠溞 | *Chydorus ovalis* | 0.0211 | — | — |
| 长额象鼻溞 | *Bosmina longirostris* | — | 0.0606 | — |
| 长肢秀体溞 | *Diaphanosoma leuchtenbergianum* | — | 0.0555 | — |
| 广布中剑水蚤 | *Mesocyclops leuckarti* | — | 0.1128 | 0.0215 |

### 6.2.3　丰度和生物量

如表 6-5 所示，保护区浮游动物丰度的季节变化在黑龙江流域的鸭绿河段与大力加湖均呈现为 7 月>4 月>10 月，在清水河段与受农业面源污染区域均呈现为 4 月>10 月；在乌苏里江流域的沼泽湿地与受农业面源污染区域均呈现为 4 月>10 月>7 月，在退耕示范区呈现为 4 月>7 月。

表 6-5　保护区湿地浮游动物丰度和生物量（均值±标准差）

| 流域 | 生态特征区 | 4 月 | | 7 月 | | 10 月 | |
|---|---|---|---|---|---|---|---|
| | | 丰度/（ind/L） | 生物量/（mg/L） | 丰度/（ind/L） | 生物量/（mg/L） | 丰度/（ind/L） | 生物量/（mg/L） |
| 黑龙江流域 | 鸭绿河段 | 258.01±77.61 | 1.29±0.65 | 357.92±199.5 | 6.91±1.11 | 233.01±105.03 | 0.99±0.94 |
| | 清水河段 | 410.65±99.07 | 0.99±0.10 | — | — | 390.65±551.61 | 0.54±0.74 |
| | 受农业面源污染区域 | 810.18±127.31 | 7.43±0.52 | — | — | 585.18±445.51 | 4.43±4.77 |
| | 大力加湖 | 370.58±13.48 | 1.21±0.24 | 7149.05±1254.27 | 10.03±2.87 | 361.05±78.21 | 1.38±0.33 |
| 乌苏里江流域 | 沼泽湿地 | 2369.21±913.82 | 1.33±0.87 | 602.43±128.21 | 1.90±0.33 | 843.15±1208.32 | 1.85±2.05 |
| | 受农业面源污染区域 | 1165.38±299.63 | 4.65±2.20 | 224.61±25.58 | 0.57±0.23 | 825.38±616.86 | 3.40±2.65 |
| | 退耕示范区 | 3235.65±304.90 | 9.45±0.53 | 48.70±20.44 | 1.01±0.16 | — | — |

保护区浮游动物生物量的季节变化在黑龙江流域的鸭绿河段呈现为 7 月>4 月>10 月，在大力加湖呈现为 7 月>10 月>4 月，在清水河段与受农业面源污染区域均呈现为 4 月>10 月；在乌苏里江流域的沼泽湿地呈现为 7 月>10 月>4 月，在受农业面源污染区域呈现为 4 月>10 月>7 月，在退耕示范区呈现为 4 月>7 月。

### 6.2.4　多样性指数

为避免单一多样性指数表征结果存在偏差，本调查共采用三种指数 Shannon-Wiener 多样性指数、Margalef 物种丰富度指数、Pielou 均匀度指数对物种多样性进行综合评价。

根据保护区浮游动物的丰度和生物量，对其群落多样性进行分析，结果如表 6-6 所示，可见浮游动物的三种多样性指数在时间和空间上存在差异（表 6-6）。4 月和 7 月由于温度升高，且部分区域受到农业面源污染的影响，保护区浮游动物生物多样性相对较低，10 月生物多样性较高。乌苏里江流域受农业面源污染的区域生物多样性明显较其他区域低，体现了浮游动物的时空分布特征。在后文我们将使用浮游动物生物多样性指数来为水质评价提供一定的参考。

表 6-6　保护区湿地浮游动物多样性指数

| 月份 | 指数 | 黑龙江流域 | | | | 乌苏里江流域 | | |
|---|---|---|---|---|---|---|---|---|
| | | 受农业面源污染区域 | 鸭绿河段 | 清水河段 | 大力加湖 | 沼泽湿地 | 受农业面源污染区域 | 退耕示范区 |
| 4 月 | Shannon-Wiener 多样性指数 | 1.5199 | 1.4022 | 1.4821 | 1.7590 | 1.7029 | 1.2524 | 1.5819 |
| | Margalef 物种丰富度指数 | 4.2642 | 5.3990 | 3.3219 | 5.8749 | 9.8868 | 4.4898 | 5.7012 |
| | Pielou 均匀度指数 | 0.5199 | 0.3726 | 0.5705 | 0.7954 | 0.5093 | 0.2202 | 0.5392 |

续表

| 月份 | 指数 | 黑龙江流域 | | | | 乌苏里江流域 | | |
|---|---|---|---|---|---|---|---|---|
| | | 受农业面源污染区域 | 鸭绿河段 | 清水河段 | 大力加湖 | 沼泽湿地 | 受农业面源污染区域 | 退耕示范区 |
| 7月 | Shannon-Wiener 多样性指数 | — | 1.9562 | — | 1.8317 | 2.1923 | 2.1203 | 1.4998 |
| | Margalef 物种丰富度指数 | — | 8.3275 | — | 4.7952 | 11.3499 | 12.4063 | 3.2524 |
| | Pielou 均匀度指数 | — | 0.6473 | — | 0.7072 | 0.8072 | 0.8014 | 0.5534 |
| 10月 | Shannon-Wiener 多样性指数 | 1.9819 | 2.1495 | 1.8823 | 1.8758 | 2.0617 | 2.0641 | — |
| | Margalef 物种丰富度指数 | 7.2169 | 9.6913 | 6.4102 | 6.5854 | 11.1196 | 7.9212 | — |
| | Pielou 均匀度指数 | 0.8815 | 0.8989 | 0.8176 | 0.8410 | 0.7336 | 0.8477 | — |

# 6.3 浮游生物及生态功能分析

## 6.3.1 保护区浮游生物群落结构的时空变化特征

（1）种类组成

本次调查期间，保护区浮游植物主要由绿藻（49.09%）、硅藻（22.73%）和蓝藻（14.55%）组成，但不同采样月份之间浮游植物群落结构有较大的差异。从种类数来说，7月最多（88种），10月次之（76种），4月最少（60种），如表6-7所示。本次调查中浮游植物的季节演替规律比较符合Sommer等提出的温带中营养的藻类演替模式（phytoplankton evolutionary pattern，PEG），与相近纬度松花江哈尔滨段湿地浮游植物的季节演替特征及群落组成模式相似。这是由于保护区属于温带季风气候，7月高温多雨，冬季寒冷干燥，季节之间气候变化差异显著，水温、光照和营养盐浓度的改变都会为浮游植物的季节演替提供条件。通常，硅藻门种类适合生活在早春、深秋低温的环境中，随着7月水温升高，绿藻门和蓝藻门的种类及数量占比会有所提高。另外，三江平原湿地也受到周边农事活动的影响，10月受影响较大，使得营养盐浓度会有较大幅度变化，可能也是浮游植物群落结构季节性变化的原因之一。

**表6-7 不同采样月份各门类浮游植物种类数**

| 月份 | 蓝藻门 | 硅藻门 | 金藻门 | 隐藻门 | 裸藻门 | 甲藻门 | 绿藻门 | 总种类数 |
|---|---|---|---|---|---|---|---|---|
| 4月 | 7 | 19 | 2 | 1 | 2 | 1 | 28 | 60 |
| 7月 | 14 | 17 | 6 | 2 | 3 | 1 | 45 | 88 |
| 10月 | 7 | 22 | 4 | 2 | 4 | 1 | 36 | 76 |

在保护区共鉴定出4类70种浮游动物。其中，原生动物8属12种，占总种数的17.14%；轮虫16属29种，占总种数的41.43%；枝角类12属17种，占总种数的24.29%；桡足类3目12种，占总种数的17.14%。7月浮游动物种类数明显高于4月和10月，可能是由于7月温度升高，藻类大量繁殖，为浮游动物提供了足够多的食物来源。

（2）丰度和生物量

本次调查发现，不同采样月份和采样点的浮游植物丰度与生物量具有明显的差异（图 6-5）。由于温度较高，7 月的浮游植物丰度高于 4 月和 10 月，反映了保护区湿地浮游植物的季节演替规律，即丰度受温带季风气候影响，与平均温度呈显著正相关关系。10 月不仅温度低于 7 月，且昼夜温差较大，使得浮游植物丰度相对较低，这是由于温度决定了浮游植物的代谢率，包括生长速率。另外，从空间分布来看，受农业面源污染区域的平均丰度和生物量普遍高于河流段湿地和沼泽湿地，这是由于营养盐是浮游植物生长的物质基础，其浓度变化不仅会影响浮游植物丰度，也会引起浮游植物群落结构发生改变。值得一提的是，本研究中蓝藻种类数和丰度占比对水环境因子变化均有较为明显的响应，验证了温度、营养盐等因子对浮游植物群落结构的影响。

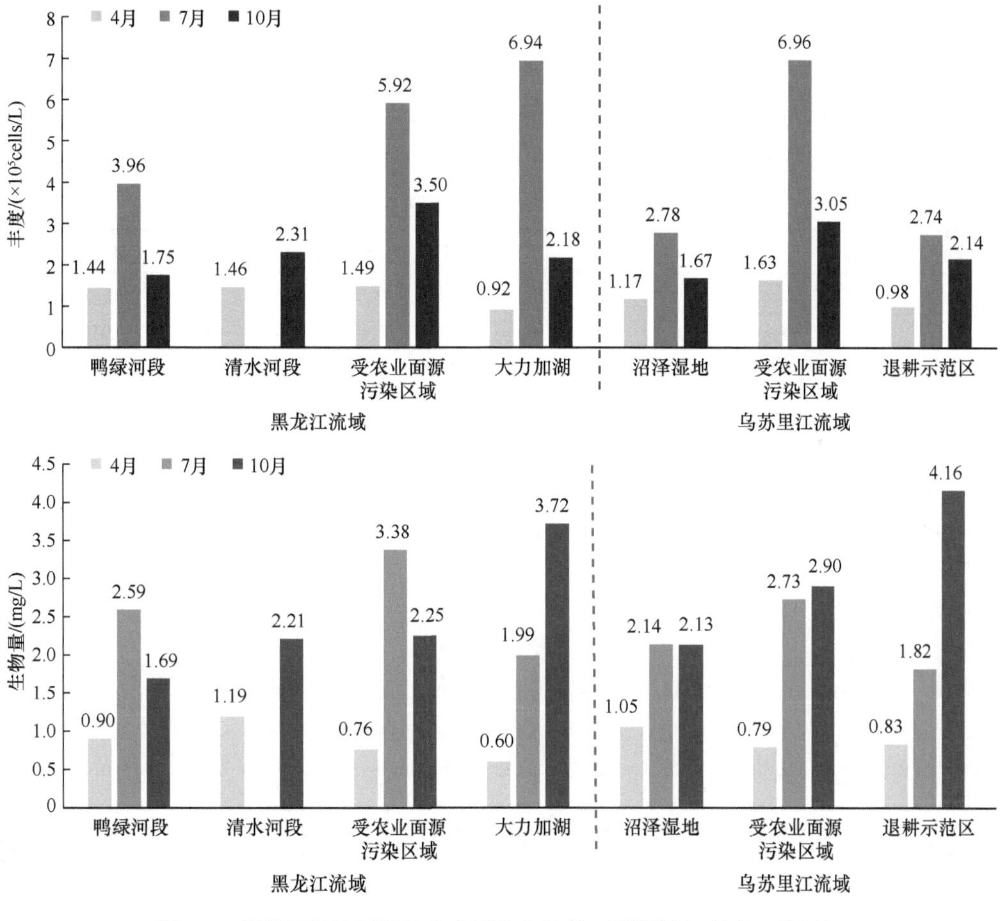


图 6-5　保护区湿地浮游植物丰度和生物量（彩图请扫封底二维码）

保护区浮游动物丰度的季节变化在黑龙江流域的鸭绿河段与大力加湖均呈现为 7 月＞4 月＞10 月，在清水河段与受农业面源污染区域呈现为 4 月＞10 月；在乌苏里江流域的沼泽湿地区域与受农业面源污染区域均呈现为 4 月＞10 月＞7 月，在退耕示范区呈现为 4 月＞7 月。结合水环境指标和浮游动物多样性指数综合分析可得，保护区湿地在 4 月受到的农业面源污染程度相对较高，应引起重视。

（3）优势类群

根据不同物种的出现频率，确定研究期间保护区浮游植物共有 10 个优势种，从 4 月的以蓝藻-硅藻类群为主转变为 7 月和 10 月的以蓝藻-绿藻类群为主，与浮游植物总体种类组成的季节演替规律相符合。

保护区浮游动物共发现了 7 个优势种，分别为 3 种轮虫、1 种桡足类和 3 种枝角类，其中 10 月优势种最多，但 7 月优势种的平均物种优势度最高。

### 6.3.2　浮游生物与水环境因子的相关性

本研究对保护区浮游生物丰度、生物量和多样性指数与水环境因子进行了 Pearson 相关性分析，结果见表 6-8。从中可以看出，浮游植物丰度与水温、电导率呈极显著正相关（$P<0.01$），与 $PO_4^{3-}$、$COD_{Cr}$ 呈显著正相关（$P<0.05$），与溶解氧呈极显著负相关（$P<0.01$）。浮游植物生物量与 $NH_4^+$-N 呈显著负相关（$P<0.05$）。浮游植物 $H'$ 和 $d$ 均与 TN 呈显著负相关（$P<0.05$）。浮游植物 $d$ 与 $J$ 均与 $PO_4^{3-}$ 呈显著负相关（$P<0.05$）。浮游动物生物量与 TN 呈显著正相关（$P<0.05$）。

**表 6-8　保护区浮游生物与水环境因子的相关性**

| 分析项 | 统计因子 | $T$ | DO | EC | TDS | TN | TP | $NH_4^+$-N | $PO_4^{3-}$ | $COD_{Cr}$ | $BOD_5$ |
|---|---|---|---|---|---|---|---|---|---|---|---|
| 浮游植物丰度 | 相关性系数 | 0.712** | –0.706** | 0.586** | 0.205 | 0.204 | 0.332 | –0.376 | 0.492* | 0.523* | 0.094 |
| | Sig. | 0.000 | 0.001 | 0.007 | 0.386 | 0.388 | 0.152 | 0.102 | 0.028 | 0.018 | 0.693 |
| 浮游植物生物量 | 相关性系数 | 0.197 | –0.387 | 0.069 | –0.119 | –0.271 | 0.076 | –0.496* | 0.186 | 0.269 | –0.347 |
| | Sig. | 0.406 | 0.092 | 0.773 | 0.617 | 0.248 | 0.750 | 0.026 | 0.433 | 0.251 | 0.134 |
| 浮游植物 $H'$ | 相关性系数 | 0.225 | –0.113 | –0.068 | –0.322 | –0.462* | –0.383 | –0.385 | –0.417 | –0.204 | –0.080 |
| | Sig. | 0.340 | 0.634 | 0.777 | 0.166 | 0.040 | 0.095 | 0.094 | 0.067 | 0.388 | 0.737 |
| 浮游植物 $d$ | 相关性系数 | 0.032 | –0.107 | –0.248 | –0.412 | –0.491* | –0.417 | –0.380 | –0.446* | –0.146 | –0.245 |
| | Sig. | 0.892 | 0.653 | 0.292 | 0.071 | 0.028 | 0.067 | 0.099 | 0.049 | 0.538 | 0.298 |
| 浮游植物 $J$ | 相关性系数 | 0.023 | 0.252 | –0.090 | –0.164 | –0.352 | –0.418 | –0.124 | –0.516* | –0.409 | 0.120 |
| | Sig. | 0.922 | 0.285 | 0.705 | 0.489 | 0.128 | 0.067 | 0.602 | 0.020 | 0.073 | 0.614 |
| 浮游动物丰度 | 相关性系数 | 0.235 | –0.012 | 0.344 | 0.338 | 0.060 | –0.007 | 0.066 | 0.095 | 0.078 | 0.199 |
| | Sig. | 0.320 | 0.960 | 0.138 | 0.145 | 0.800 | 0.977 | 0.781 | 0.690 | 0.743 | 0.400 |
| 浮游动物生物量 | 相关性系数 | 0.108 | –0.221 | 0.279 | 0.320 | 0.477* | 0.173 | 0.195 | 0.229 | 0.011 | 0.157 |
| | Sig. | 0.649 | 0.349 | 0.234 | 0.169 | 0.033 | 0.467 | 0.410 | 0.332 | 0.962 | 0.509 |

注：**代表 $P$(Sig.) <0.01，表示极显著相关，*代表 $P<0.05$，表示显著相关，$n$=20。

### 6.3.3　基于浮游生物的水质评价

依据浮游生物多样性指数评价标准，对保护区湿地的水质进行了评价（表 6-9），可以看出三次不同时间的调查得出了相同的结论：从浮游植物的角度来看，在受农业面源污染区域，β-中污染较多，其余区域多为轻污染或无污染；乌苏里江流域和黑龙江流域的生物多样性指数评价结果相近。

**表 6-9　保护区浮游植物多样性指数及不同季节污染评价**

| 月份 | 指数 | 黑龙江流域 | | | | 乌苏里江流域 | | |
|---|---|---|---|---|---|---|---|---|
| | | 鸭绿河段 | 清水河段 | 受农业面源污染区域 | 大力加湖 | 沼泽湿地 | 受农业面源污染区域 | 退耕示范区 |
| 4 月 | $H'$ | 轻污染或无污染 | 轻污染或无污染 | β-中污染 | 轻污染或无污染 | 轻污染或无污染 | 轻污染或无污染 | 轻污染或无污染 |
| | $d$ | β-中污染 | 轻污染或无污染 | α-中污染 | β-中污染 | β-中污染 | β-中污染 | 轻污染或无污染 |
| | $J$ | 轻污染或无污染 | 轻污染或无污染 | β-中污染 | 轻污染或无污染 | 轻污染或无污染 | β-中污染 | 轻污染或无污染 |
| 7 月 | $H'$ | 轻污染或无污染 | — | 轻污染或无污染 | 轻污染或无污染 | 轻污染或无污染 | β-中污染 | 轻污染或无污染 |
| | $d$ | β-中污染 | — | β-中污染 | β-中污染 | β-中污染 | α-中污染 | 轻污染或无污染 |
| | $J$ | 轻污染或无污染 | — | β-中污染 | 轻污染或无污染 | 轻污染或无污染 | β-中污染 | 轻污染或无污染 |
| 10 月 | $H'$ | 轻污染或无污染 | 轻污染或无污染 | 轻污染或无污染 | 轻污染或无污染 | 轻污染或无污染 | β-中污染 | 轻污染或无污染 |
| | $d$ | 轻污染或无污染 | β-中污染 | β-中污染 | β-中污染 | β-中污染 | α-中污染 | 轻污染或无污染 |
| | $J$ | β-中污染 | 轻污染或无污染 | β-中污染 | 轻污染或无污染 | β-中污染 | β-中污染 | β-中污染 |

由三种浮游动物多样性指数综合评价（表 6-10）可得：保护区黑龙江流域受农业面源污染区域 4 月呈 β-中污染，10 月呈轻污染或无污染；鸭绿河段 4 月呈 α-中污染，7 月呈 β-中污染，10 月呈轻污染或无污染；清水河段 4 月呈 β-中污染，10 月呈轻污染或无污染；大力加湖 4 月呈 β-中污染，7 月呈 β-中污染，10 月呈轻污染或无污染。黑龙江流域总体 4 月呈 β-中污染，7 月呈 β-中污染，10 月呈轻污染或无污染。

**表 6-10　保护区浮游动物多样性指数及不同季节污染评价**

| 月份 | 指数 | 黑龙江流域 | | | | 乌苏里江流域 | | |
|---|---|---|---|---|---|---|---|---|
| | | 受农业面源污染区域 | 鸭绿河段 | 清水河段 | 大力加湖 | 沼泽湿地 | 受农业面源污染区域 | 退耕示范区 |
| 4 月 | $H'$ | α-中污染 | α-中污染 | α-中污染 | α-中污染 | α-中污染 | α-中污染 | α-中污染 |
| | $d$ | 轻污染或无污染 | 轻污染或无污染 | 轻污染或无污染 | 轻污染或无污染 | 轻污染或无污染 | 轻污染或无污染 | 轻污染或无污染 |
| | $J$ | β-中污染 | α-中污染 | β-中污染 | β-中污染 | β-中污染 | α-中污染 | β-中污染 |
| 7 月 | $H'$ | — | α-中污染 | — | α-中污染 | β-中污染 | β-中污染 | α-中污染 |
| | $d$ | — | 轻污染或无污染 | — | 轻污染或无污染 | 轻污染或无污染 | 轻污染或无污染 | 轻污染或无污染 |
| | $J$ | — | β-中污染 | — | β-中污染 | 轻污染或无污染 | 轻污染或无污染 | β-中污染 |
| 10 月 | $H'$ | α-中污染 | β-中污染 | α-中污染 | α-中污染 | β-中污染 | β-中污染 | — |
| | $d$ | 轻污染或无污染 | 轻污染或无污染 | 轻污染或无污染 | 轻污染或无污染 | 轻污染或无污染 | 轻污染或无污染 | — |
| | $J$ | 轻污染或无污染 | 轻污染或无污染 | 轻污染或无污染 | 轻污染或无污染 | β-中污染 | 轻污染或无污染 | — |

乌苏里江流域受农业面源污染区域 4 月呈 α-中污染，7 月呈轻污染或无污染，10 月呈轻污染或无污染；沼泽湿地 4 月呈 β-中污染，7 月呈轻污染或无污染，10 月呈 β-中污染；退耕示范区 4 月呈 β-中污染，7 月呈 β-中污染。乌苏里江流域总体 4 月呈 β-中污染，7 月呈轻污染或无污染，10 月呈轻污染或无污染。

浮游植物和浮游动物评价结果大体相近，存在些许差异可能是由于浮游动物的生物多样性不仅受到所摄食的浮游植物影响，还受到溶解氧等其他环境参数影响。

## 6.4 浮游生物分析及生态功能总结和建议

### 6.4.1 总结

本次调查于 2020 年 4 月、7 月和 10 月在保护区共鉴定出浮游植物 7 门 110 种，浮游动物 4 类 70 种；浮游植物优势种共 10 个，包括极小集胞藻、弯形小尖头藻、短线脆杆藻、颗粒直链藻、普通等片藻、卵形衣藻、小空星藻、空球藻、球衣藻和小型月牙藻；浮游动物优势种共 7 个，包括沟痕泡轮虫、小多肢轮虫、螺形龟甲轮虫、卵形盘肠溞、长额象鼻溞、长肢秀体溞和广布中剑水蚤；浮游植物丰度为（0.50～12.17）$\times 10^5$cells/L，生物量为 0.29～5.38mg/L。

保护区浮游生物群落结构及种类分布存在时空差异性，但整体上乌苏里江流域和黑龙江流域的差异不明显。浮游生物群落结构主要受水环境因子中的水温、N 和 P 等元素影响。本调查对所有采样点进行分析的结果显示，基于大部分湿地和河流样点浮游生物多样性指数的水质评价以轻污染或无污染为主；在受到农业面源污染区域，基于浮游生物多样性指数的水质评价以 β-中污染为主。

### 6.4.2 建议

在今后的工作中应加强对受到农业面源污染区域的重视和管理，尤其应该加强对蓝藻的监测，便于及时防控有毒藻类的暴发，以免产生大量藻毒素影响水质。建议每年至少在 3 个季节进行常规监测，监测指标包括浮游生物丰度、生物量、多样性以及水中叶绿素浓度，通过监测进一步发现藻类繁殖主要是受上行效应还是下行效应影响，以便管理。建议控制大量氮、磷的流入，采取一定措施减少湿地周边农业活动对湿地的影响。例如，在缓冲区建立净水湿地，面积应足够大以具备净化外源营养物质和污染物的能力；加强旅游管理，尽量减少人为因素对水质产生影响。

# 第 7 章　保护区湿地水生无脊椎动物及生态功能

湿地是介于陆地和水体系统之间的具有多种功能的特殊地理综合体和过渡性生态系统。具有丰富的生物多样性及功能，是湿地备受关注的重要原因之一，也是国际湿地科学研究的重要内容（Batzer et al.，2006）。水生无脊椎动物是湿地生态系统的一个重要类群，作为湿地食物网的重要环节，既可以直接取食植物、有机碎屑，又可以被其他高等动物（如水鸟、鱼类等）所捕食，是湿地物质循环和能量流动的重要参与者（Wu et al.，2013）。湿地的水陆过渡性决定了其无脊椎动物组成的水陆兼性（武海涛等，2008），而水生无脊椎动物是湿地无脊椎动物的主要组成部分。水生无脊椎动物群落结构对湿地水文情势、基质特征、植被组成和演替等响应敏感，是湿地环境的良好指示生物（Wu et al.，2017），其群落特征及空间分布往往能够反映湿地的许多特征，如水文条件（Heino，2000）、植被情况（Kaenel et al.，1998）、气候条件（Durance and Ormerod，2007）等。了解水生无脊椎动物的组成、分布及多样性是认识湿地生态系统结构与功能的基础，基于野外调查采样和室内鉴定分析的方法，我们开展了保护区湿地水生无脊椎动物群落结构的相关研究，旨在丰富和深入湿地生物多样性研究，同时为保护区湿地生物多样性保护及湿地可持续利用提供理论参考，对了解湿地状况，开展湿地健康评价和合理开发利用等都有重要的意义。

## 7.1　水生无脊椎动物多样性

### 7.1.1　物种组成

在 2020 年春季（5 月）和夏季（8 月）我们对保护区黑龙江流域（夹信子岛段和清水河段）和乌苏里江流域（抓吉段和海青段）共计 34 个样点的水生无脊椎动物进行了调查采样，共采集底栖动物 9717 头，经鉴定发现水生无脊椎动物 70 个分类单位，隶属 3 门 9 纲 18 目 42 科，以水生昆虫和软体动物为主，分别占总分类单元数的 48.57%和 40.00%（图 7-1）。昆虫纲 6 目 23 科 34 个分类单元，其中鞘翅目 6 科 13 个分类单元、双翅目 5 科 6 个分类单元、蜻蜓目 5 科 6 个分类单元；软体动物 2 纲 5 目 11 科 28 个分类单元，主要为腹足纲；环节动物 2 纲 3 目 4 科 4 个分类单元（见附录Ⅳ）。

在黑龙江流域共发现水生无脊椎动物 46 个分类单位，隶属 3 门 9 纲 17 目 33 科，其中软体动物（腹足纲）最为丰富，共 4 目 8 科 20 个分类单元，占总分类单元的 43.48%，其次为水生昆虫，共 5 目 17 科 18 个分类单元，占总分类单元的 39.13%（图 7-2）；在乌苏里江流域共发现水生无脊椎动物 63 个分类单位，隶属 3 门 9 纲 19 目 40 科，其中水生昆虫最为丰富，共 6 目 22 科 33 个分类单元，占总分类单元的 52.38%，其次为软体动物，共 5 目 10 科 22 个分类单元，占总分类单元的 33.33%（图 7-3）。

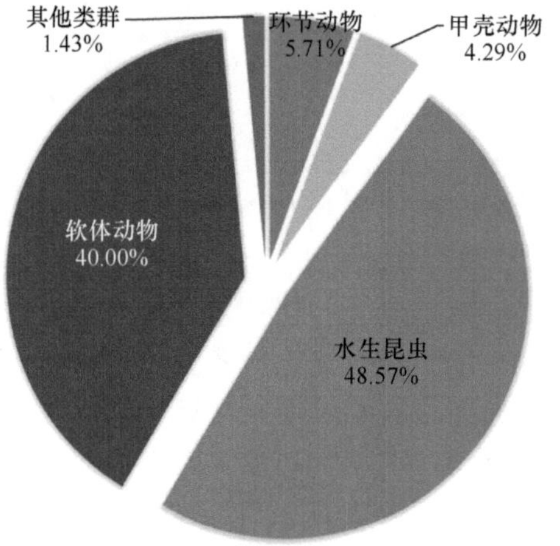


图 7-1　保护区水生无脊椎动物物种组成（彩图请扫封底二维码）

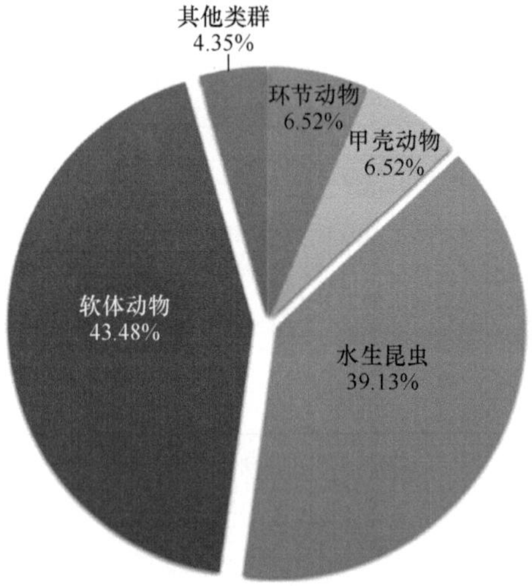


图 7-2　黑龙江流域湿地水生无脊椎动物物种组成（彩图请扫封底二维码）

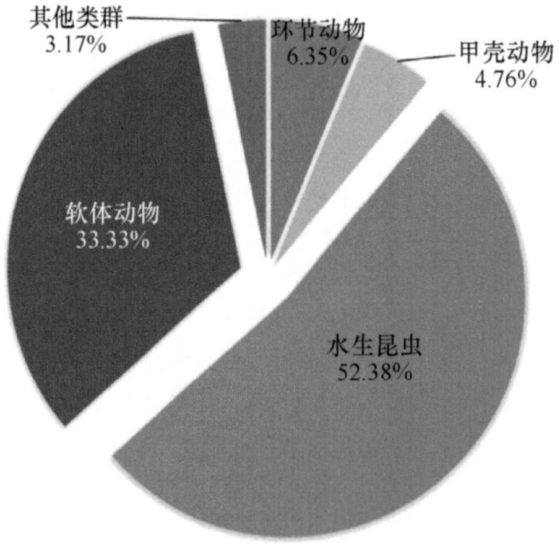


图 7-3　乌苏里江流域湿地水生无脊椎动物物种组成（彩图请扫封底二维码）

### 7.1.2 丰度

从调查数据来看，整体上保护区湿地水生无脊椎动物平均密度为 132.64 个/$m^2$ ± 25.67 个/$m^2$，其中水生昆虫平均密度为 50.78 个/$m^2$ ± 10.65 个/$m^2$，软体动物平均密度为 41.60 个/$m^2$ ± 11.14 个/$m^2$，甲壳动物平均密度为 34.22 个/$m^2$ ± 14.34 个/$m^2$，环节动物平均密度为 3.37 个/$m^2$ ± 1.59 个/$m^2$，其他类群密度较小。在季节上，保护区湿地水生无脊椎动物密度表现为春季＞夏季，各类群也表现出相同的变化趋势（图 7-4）。其中，最高密度出现在 5 月的海青湿地样点，为 382.86 个/$m^2$，最低密度出现在 8 月的四合 1 湿地样点，为 7.14 个/$m^2$，不同样点间水生无脊椎动物的密度差异较大。

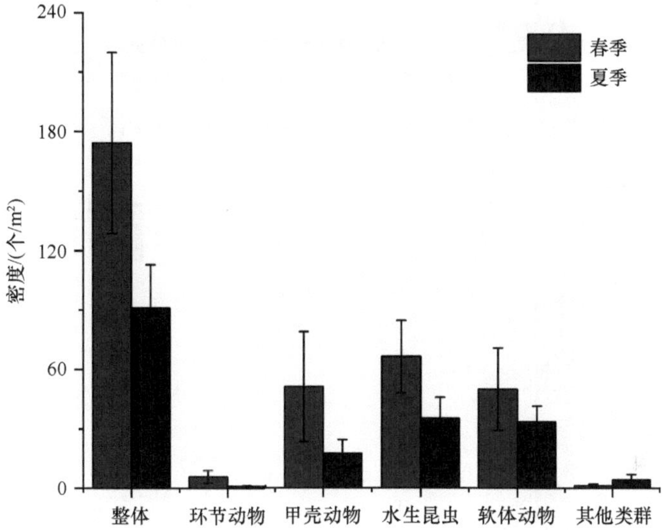

图 7-4　保护区湿地水生无脊椎动物不同季节密度（彩图请扫封底二维码）

黑龙江流域湿地水生无脊椎动物平均密度为 97.33 个/$m^2$ ± 39.74 个/$m^2$，其中水生昆虫平均密度为 38.00 个/$m^2$ ± 20.04 个/$m^2$，软体动物平均密度为 33.38 个/$m^2$ ± 8.22 个/$m^2$，甲壳动物平均密度为 19.52 个/$m^2$ ± 11.54 个/$m^2$，环节动物平均密度为 1.29 个/$m^2$ ± 0.42 个/$m^2$，其他类群密度较小。在季节上，黑龙江流域湿地水生无脊椎动物密度表现为夏季＞春季，各类群也表现出相同的变化趋势（图 7-5）。

乌苏里江流域湿地水生无脊椎动物平均密度为 144.91 个/$m^2$ ± 31.76 个/$m^2$，其中水生昆虫平均密度为 55.21 个/$m^2$ ± 12.61 个/$m^2$，软体动物平均密度为 44.45 个/$m^2$ ± 14.79 个/$m^2$，甲壳动物平均密度为 39.35 个/$m^2$ ± 18.95 个/$m^2$，环节动物平均密度为 4.10 个/$m^2$ ± 2.13 个/$m^2$，其他类群密度较小。在季节上，乌苏里江流域湿地水生无脊椎动物密度表现为春季＞夏季，各类群也表现出相同的变化趋势（图 7-6）。

从两流域来看，乌苏里江流域湿地水生无脊椎动物的密度远高于黑龙江流域湿地水生无脊椎动物（图 7-7）。

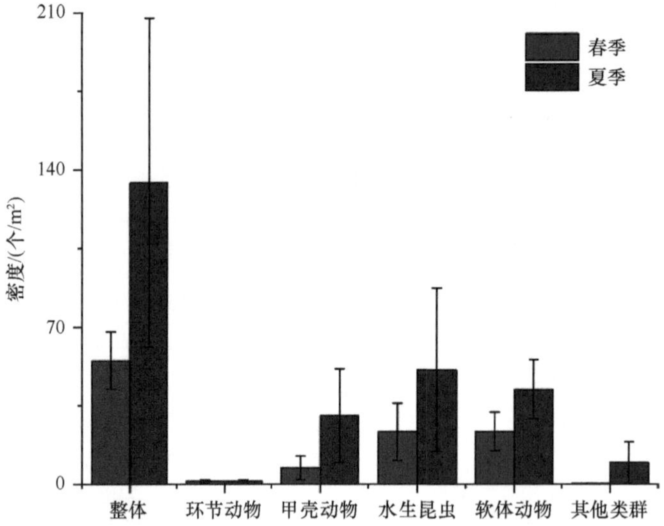


图 7-5　黑龙江流域湿地水生无脊椎动物不同季节密度（彩图请扫封底二维码）

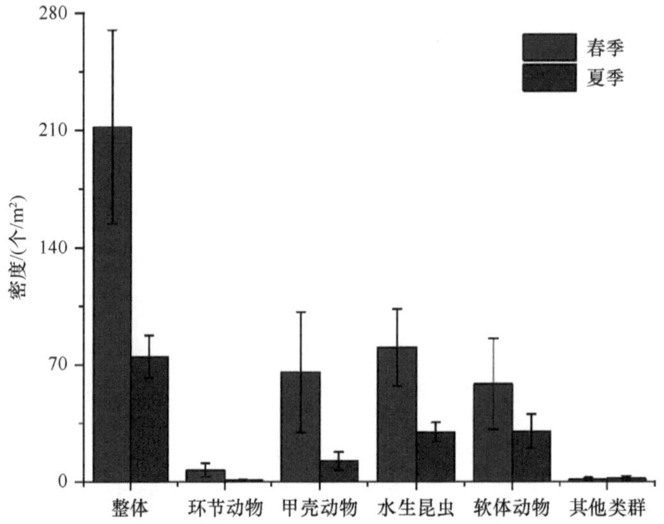


图 7-6　乌苏里江流域湿地水生无脊椎动物不同季节密度（彩图请扫封底二维码）

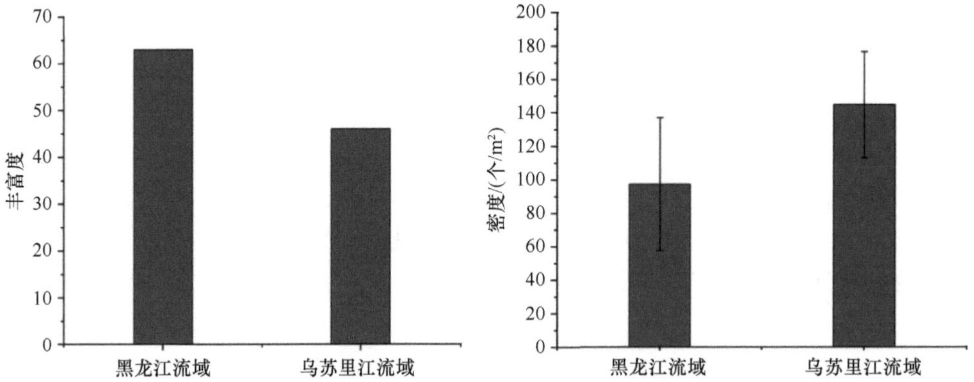


图 7-7　两流域湿地水生无脊椎动物物种丰富度和密度

### 7.1.3 优势种

优势类群是群落的重要组成部分，对群落往往具有主导作用。根据保护区湿地水生无脊椎动物不同物种的出现频率和出现次数，采用 Lampitt 等提出的物种优势度 $Y>0.02$ 界限确定优势种。保护区湿地水生无脊椎动物各季节优势种和物种优势度结果见表 7-1，表明保护区湿地水生无脊椎动物优势种受季节因素影响，不同季节出现的优势种不同，且同一优势种在不同季节的物种优势度也不同。

**表 7-1 保护区湿地水生无脊椎动物优势种及物种优势度**

| 季节 | 优势种 | 物种优势度（$Y$） |
|---|---|---|
| 春季 | 秀丽白虾 *Exopalaemon mosestus* | 0.048 |
| | 摇蚊科一种 Chironomidae sp. | 0.191 |
| | 旋螺属一种 *Gyraulus khabarovskiensis* | 0.054 |
| 夏季 | 秀丽白虾 *Exopalaemon mosestus* | 0.026 |
| | 摇蚊科一种 Chironomidae sp. | 0.261 |
| | 离心旋螺 *Gyraulus centrifugops* | 0.053 |

春、夏两季优势种都为 3 个，夏季水生无脊椎动物的物种优势度相对较大。从物种优势度来看，夏季物种优势度范围为 0.02～0.30，相对较高，其中摇蚊科一种的物种优势度最高，为 0.261；春季物种优势度范围为 0.04～0.20。可见，不同季节优势种表现出一定的差异性，其中秀丽白虾和摇蚊科一种为 2 个季节的共有优势种。

黑龙江流域和乌苏里江流域湿地水生无脊椎动物各季节优势种和物种优势度结果见表 7-2，表明两流域湿地水生无脊椎动物优势种受季节因素影响。黑龙江流域湿地水生无脊椎动物优势物种共有 8 个，春、夏两季各 4 个；乌苏里江流域湿地水生无脊椎动物优势物种共有 7 个，春季 3 个，夏季 4 个。从物种优势度来看，黑龙江流域湿地水生无脊椎动物夏季物种优势度范围在 0.02～0.30，春季物种优势度范围在 0.04～0.20，夏季相对较高，其中摇蚊科一种的物种优势度最高，为 0.276。可见，不同季节优势种表现出一定的差异性，其中摇蚊科一种为 2 个季节的共有优势种。乌苏里江流域湿地水生无脊椎动物夏季物种优势度范围在 0.02～0.30，春季物种优势度范围在 0.03～0.20，夏季相对较高，其中摇蚊科一种的物种优势度最高，为 0.220。可见，不同季节优势种表现出一定的差异性，其中秀丽白虾和摇蚊科一种为 2 个季节的共有优势种。

### 7.1.4 物种多样性

物种多样性是衡量生态系统环境状态的最重要参数。本研究中 34 个样点的总分类单元数为 1～21；Shannon-Wiener 多样性指数、Margalef 物种丰富度指数、Pielou 均匀度指数的范围分别为 0.37～2.45、0.27～3.71 和 0.18～0.93。在季节上，保护区湿地水生无脊椎动物的总分类单元数、Shannon-Wiener 多样性指数、Margalef 物种丰富度指数、Pielou 均匀度指数均没有差异性（图 7-8）。

表 7-2　保护区两流域湿地水生无脊椎动物优势种及物种优势度

| 流域 | 季节 | 优势种 | 物种优势度（*Y*） |
|---|---|---|---|
| 黑龙江流域 | 春季 | 秀丽白虾 *Exopalaemon mosestus* | 0.045 |
| | | 摇蚊科一种 Chironomidae sp. | 0.173 |
| | | 乌苏里圆田螺 *Cipangopaludina ussuriensis* | 0.066 |
| | | 湖球蚬 *Sphaerium lacustre* | 0.079 |
| | 夏季 | 仙达溞科一种 Sididae sp. | 0.021 |
| | | 摇蚊科一种 Chironomidae sp. | 0.276 |
| | | 乌苏里豆螺 *Bithynia ussuriensis* | 0.024 |
| | | 离心旋螺 *Gyraulus centrifugops* | 0.043 |
| 乌苏里江流域 | 春季 | 秀丽白虾 *Exopalaemon mosestus* | 0.037 |
| | | 摇蚊科一种 Chironomidae sp. | 0.197 |
| | | 旋螺属一种 *Gyraulus khabarovskiensis* | 0.064 |
| | 夏季 | 秀丽白虾 *Exopalaemon mosestus* | 0.052 |
| | | 摇蚊科一种 Chironomidae sp. | 0.220 |
| | | *Culmenella* 属一种 *Culmenella lindholmi* | 0.020 |
| | | 离心旋螺 *Gyraulus centrifugops* | 0.053 |

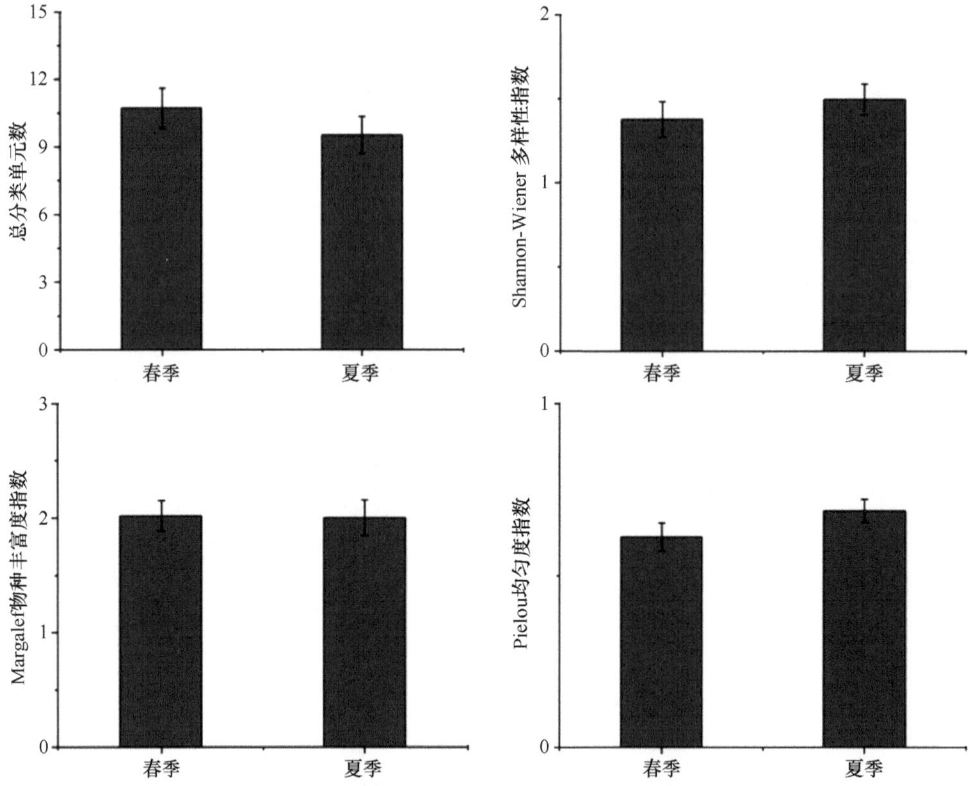


图 7-8　保护区湿地水生无脊椎动物季节多样性

黑龙江流域和乌苏里江流域湿地水生无脊椎动物各季节的物种多样性见表 7-3，整体上乌苏里江流域湿地生物多样性高于黑龙江流域。

表 7-3　两流域湿地水生无脊椎动物生物多样性（平均值±标准误差）

| 分析指标 | 黑龙江流域 | | 乌苏里江流域 | |
|---|---|---|---|---|
| | 春季 | 夏季 | 春季 | 夏季 |
| 总分类单元数 | 7.86（0.40） | 9.25（1.78） | 11.55（1.10） | 9.62（0.94） |
| Shannon-Wiener 多样性指数 | 1.44（0.14） | 1.38（0.24） | 1.35（0.13） | 1.54（0.09） |
| Margalef 物种丰富度指数 | 1.79（0.13） | 1.93（0.39） | 2.07（1.10） | 2.03（0.16） |
| Pielou 均匀度指数 | 0.70（0.07） | 0.61（0.10） | 0.58（0.05） | 0.72（0.02） |

### 7.1.5　指示物种

运用 PC-ORD V.5 对保护区湿地水生无脊椎动物指示物种进行分析，发现腹足纲旋螺属一种（*Gyraulus* sp.）为保护区湿地春季指示物种（指示值=44.3，*P*=0.001），夏季无指示物种。在黑龙江流域和乌苏里江流域湿地筛选出指示物种 2 种，分别是黑龙江流域湿地夏季指示物种腹足纲乌苏里豆螺（*Bithynia ussuriensis*）（指示值=73.0，*P*=0.020），乌苏里江流域湿地春季指示物种腹足纲旋螺属一种（*Gyraulus khabarovskiensis*）（指示值=49.4，*P*=0.005）。

## 7.2　生态功能评估

生态系统健康评价是当今生态学中最具活力的前沿领域之一，也是当前系统生态学研究的热点（马克明等，2001）。已有学者开展了湿地生态系统健康评价指标体系的理论、方法和案例研究以及湿地生态系统健康及价值评价等（崔保山和杨志峰，2002），而且很多学者利用生物完整性指数（index of biotic integrity，IBI）来开展相关研究（Griffitth et al.，2005；王备新等，2005；蔡琨等，2014；芦康乐等，2017）。

生物完整性是指特定生态系统内或一个地区的天然栖息地中生物群落的物种组成、多样性和功能结构特征，以及该群落维持自身平衡、保持结构完整和适应环境变化的能力（Karr and Dudley，1981）。生物完整性是依据“良好和健康的生态环境，必然存在完善的生物群落结构”而提出的（Karr，1981），因此成为生态系统健康评价的重要手段。生物完整性指数通常同时基于生物种类结构、营养结构和健康状况等多种指标计算得到，弥补了单一传统的水体理化性质监测指标的不足，与单一的生物指数评价结果相比，能更全面地反映生态系统的健康状况（Kane et al.，2009）。因此，尽管生物完整性指数存在区域差异性大、指标体系和评价结果受参照生态系统影响大等问题，但仍是目前水生生态系统健康评价普遍使用的方法之一。

建立生物完整性指数的基本步骤如下。

1）研究区生态分区，确定参照湿地和非参照湿地。

2）基于参照湿地生物数据，选择候选生物指标，构建候选生物指标体系。

3）通过对候选指标参数值的分布范围、判别能力进行相关分析，筛选并建立核心指标。

4）确定生物完整性指数的评价标准，得出综合评价结果。

### 7.2.1 候选生物指标

参照湿地的分类单元数平均为 18 个，而非参照湿地为 9 个，由于人类活动的干扰，分类单元数减少。水生昆虫在参照湿地和非参照湿地的物种数差异很小，但同一物种在参照湿地和非参照湿地的数量差异很大，对干扰反应敏感。摇蚊是最常见的水生无脊椎动物之一，对不同污染物的耐受性或敏感性有较大差异，是很好的指示物种。软体动物在参照湿地的分类单元数平均为 10.7 个，而在非参照湿地为 3.5 个，随着人类活动干扰程度的加剧，物种数明显减少。螺类是软体动物腹足纲的通称，在沼泽湿地分布广泛，是沼泽湿地最为典型和常见的无脊椎动物类群之一，且对环境敏感，对环境变化具有指示作用。在营养结构层面，研究区沼泽湿地水生无脊椎动物以捕食者为主，其次为收集者和刮食者，撕食者所占比例很小。根据以上分析，参考相关文献，结合调查得到的水生无脊椎动物物种组成，选取了可反映群落丰富度、物种组成、营养结构和多样性的 4 类共 32 个指标作为候选生物指标（表 7-4）。

表 7-4 32 个候选生物指标及其对干扰的响应

| 指标类型 | 序号 | 生物指标 | 对干扰的响应 |
|---|---|---|---|
| 群落丰富度 | M1 | 总分类单元数 | 减小 |
| | M2 | 腹足纲分类单元数 | 减小 |
| | M3 | 水生昆虫分类单元数 | 减小 |
| 物种组成 | M4 | 长臂虾科比例 | 减小 |
| | M5 | 扁蛭科比例 | 增大 |
| | M6 | 蜻科比例 | 减小 |
| | M7 | 蜓科比例 | 减小 |
| | M8 | 栉水虱科比例 | 增大 |
| | M9 | 细蜉科比例 | 减小 |
| | M10 | 蟌科比例 | 减小 |
| | M11 | 划蝽科比例 | 减小 |
| | M12 | 龙虱科比例 | 减小 |
| | M13 | 水龟甲科比例 | 减小 |
| | M14 | 沼梭科比例 | 增大 |
| | M15 | 摇蚊科比例 | 增大 |
| | M16 | 蚊科比例 | 减小 |
| | M17 | 负子蝽科比例 | 减小 |
| | M18 | 黾蝽科比例 | 减小 |
| | M19 | 扁卷科比例 | 减小 |
| | M20 | 椎实螺科比例 | 增大 |
| | M21 | 田螺科比例 | 增大 |
| | M22 | 豆螺科比例 | 增大 |
| | M23 | 盘螺科比例 | 增大 |
| | M24 | 球蚬科比例 | 增大 |

续表

| 指标类型 | 序号 | 生物指标 | 对干扰的响应 |
|---|---|---|---|
| 多样性 | M25 | Shannon-Wiener 多样性指数 | 减小 |
| | M26 | Margalef 物种丰富度指数 | 减小 |
| | M27 | Pielou 均匀度指数 | 增大 |
| | M28 | Simpson 优势度指数 | 减小 |
| 营养结构 | M29 | 捕食者 | 减小 |
| | M30 | 撕食者 | 减小 |
| | M31 | 收集者 | 减小 |
| | M32 | 刮食者 | 增大 |

### 7.2.2 核心指标

计算得到自然湿地各候选参数值的范围后，剔除以下两种参数：①随着污染程度增加，参数值的可变范围比较窄，不适于构建生物完整性指数；②若参数值的标准差大，说明参数不稳定，也不适于构建生物完整性指数。

分析 32 个候选生物指标在自然湿地的数值范围（表 7-5），M5、M8、M14、M20、M21、M22、M23、M24 和 M25 都是随干扰增加而增大的指标，数值的可变范围很窄，不易区分受干扰程度，因此不适宜构建生物完整性指数，故剔除；M6、M7、M9、M10、M12、M13、M16、M17、M18、M30 和 M31 都是随干扰增加而减小的指标，数值的可变范围也很窄，予以剔除。剩余的指标进入下一轮筛选。

**表 7-5 8 块参照沼泽湿地候选生物指标的数值**

| 指标类型 | 序号 | 生物指标 | 平均值 | 标准差 | 最小值 | 最大值 | 25%分位数 | 中位数 | 75%分位数 | 剔除原因 |
|---|---|---|---|---|---|---|---|---|---|---|
| 群落丰富度 | M1 | 总分类单元数 | 18.00 | 3.51 | 13.00 | 23.00 | 14.75 | 18.00 | 21.25 | |
| | M2 | 腹足纲分类单元数 | 10.75 | 2.76 | 7.00 | 15.00 | 9.00 | 10.00 | 13.50 | |
| | M3 | 水生昆虫分类单元数 | 4.50 | 0.53 | 4.00 | 5.00 | 4.00 | 4.50 | 5.00 | |
| 物种组成 | M4 | 长臂虾科比例 | 0.23 | 0.31 | 0.00 | 0.82 | 0.00 | 0.06 | 0.49 | |
| | M5 | 扁蛭科比例 | 0.01 | 0.01 | 0.00 | 0.03 | 0.00 | 0.01 | 0.02 | 值太低 |
| | M6 | 蜻科比例 | 0.00 | 0.01 | 0.00 | 0.02 | 0.00 | 0.00 | 0.00 | 值太低 |
| | M7 | 蜓科比例 | 0.00 | 0.00 | 0.00 | 0.00 | 0.00 | 0.00 | 0.00 | 值太低 |
| | M8 | 栉水虱科比例 | 0.00 | 0.01 | 0.00 | 0.03 | 0.00 | 0.00 | 0.00 | 值太低 |
| | M9 | 细蜉科比例 | 0.03 | 0.03 | 0.00 | 0.08 | 0.01 | 0.01 | 0.07 | 值太低 |
| | M10 | 蟌科比例 | 0.03 | 0.04 | 0.00 | 0.12 | 0.00 | 0.01 | 0.05 | 值太低 |
| | M11 | 划蝽科比例 | 0.08 | 0.09 | 0.00 | 0.28 | 0.00 | 0.04 | 0.12 | |
| | M12 | 龙虱科比例 | 0.00 | 0.01 | 0.00 | 0.02 | 0.00 | 0.00 | 0.00 | 值太低 |
| | M13 | 水龟甲科比例 | 0.00 | 0.00 | 0.00 | 0.01 | 0.00 | 0.00 | 0.00 | 值太低 |
| | M14 | 沼梭科比例 | 0.01 | 0.01 | 0.00 | 0.04 | 0.00 | 0.00 | 0.02 | 值太低 |
| | M15 | 摇蚊科比例 | 0.27 | 0.23 | 0.04 | 0.62 | 0.06 | 0.21 | 0.53 | |
| | M16 | 蚊科比例 | 0.01 | 0.01 | 0.00 | 0.04 | 0.00 | 0.00 | 0.03 | 值太低 |
| | M17 | 负子蝽科比例 | 0.00 | 0.00 | 0.00 | 0.00 | 0.00 | 0.00 | 0.00 | 值太低 |

续表

| 指标类型 | 序号 | 生物指标 | 平均值 | 标准差 | 最小值 | 最大值 | 25%<br>分位数 | 中位数 | 75%<br>分位数 | 剔除<br>原因 |
|---|---|---|---|---|---|---|---|---|---|---|
| 物种组成 | M18 | 黾蝽科比例 | 0.01 | 0.01 | 0.00 | 0.02 | 0.00 | 0.00 | 0.01 | 值太低 |
| | M19 | 扁卷科比例 | 0.14 | 0.10 | 0.01 | 0.27 | 0.03 | 0.13 | 0.23 | |
| | M20 | 椎实螺科比例 | 0.04 | 0.07 | 0.00 | 0.21 | 0.00 | 0.01 | 0.03 | 值太低 |
| | M21 | 田螺科比例 | 0.01 | 0.01 | 0.00 | 0.04 | 0.00 | 0.00 | 0.02 | 值太低 |
| | M22 | 豆螺科比例 | 0.02 | 0.02 | 0.00 | 0.05 | 0.00 | 0.01 | 0.02 | 值太低 |
| | M23 | 盘螺科比例 | 0.00 | 0.01 | 0.00 | 0.02 | 0.00 | 0.00 | 0.01 | 值太低 |
| | M24 | 球蚬科比例 | 0.01 | 0.02 | 0.00 | 0.06 | 0.00 | 0.00 | 0.02 | 值太低 |
| 多样性指数 | M25 | Shannon-Wiener 多样性指数 | 1.65 | 0.52 | 0.84 | 2.33 | 1.27 | 1.66 | 2.19 | |
| | M26 | Margalef 物种丰富度指数 | 3.30 | 0.85 | 2.31 | 4.55 | 2.41 | 3.29 | 4.06 | |
| | M27 | Pielou 均匀度指数 | 0.57 | 0.15 | 0.33 | 0.78 | 0.47 | 0.56 | 0.71 | |
| | M28 | Simpson 优势度指数 | 0.68 | 0.18 | 0.33 | 0.87 | 0.58 | 0.70 | 0.84 | |
| 营养结构 | M29 | 捕食者比例 | 0.65 | 0.19 | 0.38 | 0.91 | 0.49 | 0.64 | 0.83 | |
| | M30 | 撕食者比例 | 0.01 | 0.02 | 0.00 | 0.07 | 0.00 | 0.00 | 0.02 | 值太低 |
| | M31 | 收集者比例 | 0.09 | 0.10 | 0.01 | 0.32 | 0.02 | 0.07 | 0.13 | 值太低 |
| | M32 | 刮食者比例 | 0.23 | 0.12 | 0.03 | 0.35 | 0.10 | 0.27 | 0.32 | |

根据 Barbour 等的评判方法，采用箱线图法，比较自然湿地与受损湿地各指标 25%～75%分位数范围的重叠情况，分别赋予各指标不同的指标质量（indicator gquality，IQ），只有当指标的 IQ 值≥2 时，才能予以保留。自然湿地与受损湿地的箱线图（图 7-9）

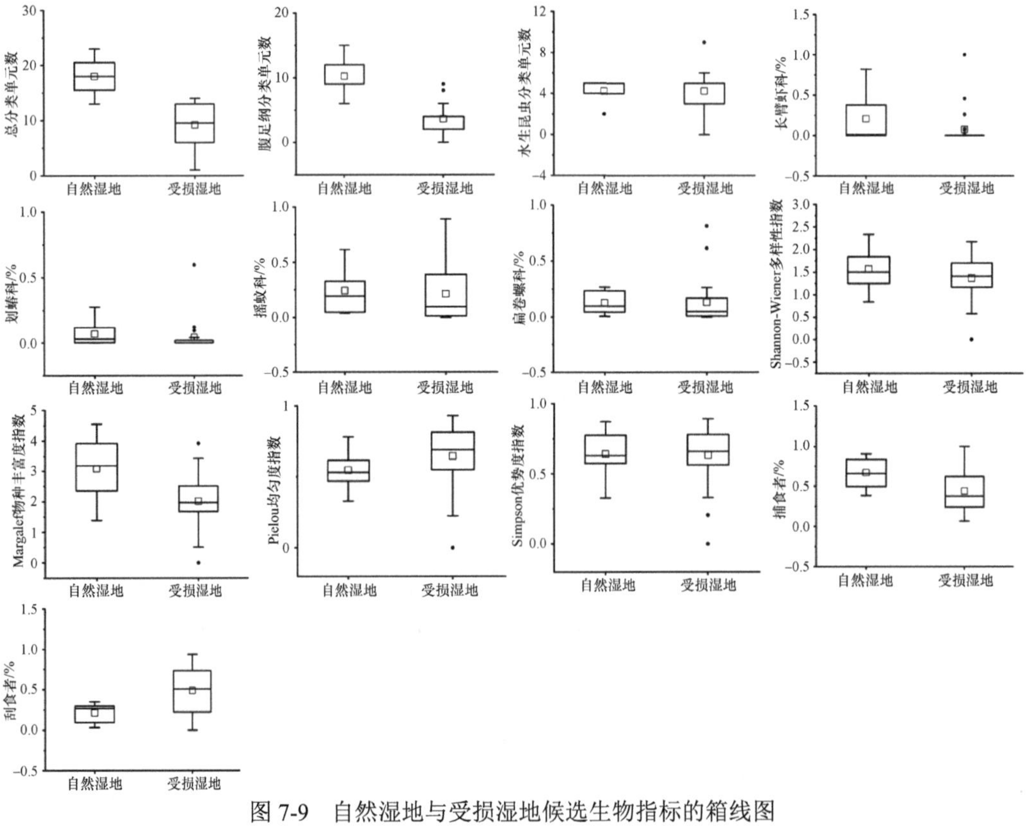


图 7-9　自然湿地与受损湿地候选生物指标的箱线图

显示，在剩余的指标中，M1、M2、M26、M27、M29 和 M32 的 IQ 值都大于 2，予以保留，进入下一轮筛选。

若两个指标呈显著线性相关，表明其所反映的信息大部分重叠，保留其中一个即可。对剩余指标进行正态分布检验；采用 Pearson 相关分析方法，计算参数间的相关系数并检验其显著性。正态分布检验结果表明，剩余指标都符合正态分布。Pearson 相关分析结果（表 7-6）表明，M1 与 M2、M1 与 M26、M2 与 M26、M2 与 M29、M2 与 M32、M27 与 M29、M27 与 M32、M29 与 M32 呈显著线性相关，故每对指标中保留一个即可。

**表 7-6　6 个候选生物指标间的 Pearson 相关系数**

| 序号 | M1 | M2 | M26 | M27 | M29 |
|---|---|---|---|---|---|
| M2 | 0.926** | | | | |
| M26 | 0.880** | 0.801** | | | |
| M27 | –0.062 | –0.103 | 0.271 | | |
| M29 | 0.240 | 0.386* | 0.080 | –0.519** | |
| M32 | –0.292 | –0.435* | –0.130 | 0.371* | –0.901** |

注：*和**分别表示在 0.05 和 0.01 水平（双侧）上显著相关。

通过以上筛选，最终确定水生无脊椎动物的生物完整性指数由总分类单元数（M1）、Pielou 均匀度指数（M27）、刮食者比例（M32）共 3 个参数构成。

### 7.2.3　水生无脊椎动物完整性指数及评价标准

本研究采用比值法计算水生无脊椎动物的生物完整性指数。具体方法是：对于随干扰增加而减小的指标，以 95%分位数为最佳期望值，指标分值=实测值/最佳期望值；对于随干扰增加而增大的指标，则以 5%分位数为最佳期望值，指数分值=（最大值–实测值）/（最大值–最佳期望值）。该方法规定，经计算后的各指标分值范围为 0～1，如果大于 1，则都计为 1，对计算结果求和得到生物完整性指数。首先，计算出 3 个核心指标在所有采样点的 5%和 95%分位数（表 7-7），然后得出各指标分值，最后求和得到生物完整性指数。

**表 7-7　全部采样点核心指标的频数分布**

| 项目 | M1 | M27 | M32 |
|---|---|---|---|
| 5%分位数 | 2.50 | 0.17 | 0.03 |
| 95%分位数 | 22.25 | 0.89 | 0.92 |
| 最大值 | 23.00 | 0.93 | 0.93 |

参考其他健康评价标准的设定，以自然湿地水生无脊椎动物生物完整性指数的 25%分位数作为健康等级划分临界点，再对小于 25%分位数的范围三等分，确定无干扰、轻度干扰、中度干扰和重度干扰 4 个等级的划分标准。

经计算得出，参照湿地水生无脊椎动物生物完整性指数的 25%分位数为 1.43，据此得到保护区湿地的健康评价标准为：生物完整性指数≥1.43 时，湿地无干扰；生物完整性指数为 0.95～1.43 时，湿地受到轻度干扰；生物完整性指数为 0.48～0.95 时，湿地被中度干扰；生物完整性指数为 0～0.48 时，湿地受到重度干扰。

### 7.2.4 湿地健康状况

根据评价标准，对 34 处湿地健康状况进行初步评价。结果表明（表 7-8），在 34 处湿地中，16 处湿地无干扰，15 处湿地受到轻度干扰；1 处湿地受到中度干扰；2 处湿地受到重度干扰。在被调查的湿地中，有 8.8%受到中度、重度干扰，有 91.2%无干扰或受到轻度干扰。其中，乌苏里江流域湿地 91.3%无干扰或受到轻度干扰，黑龙江流域湿地 90.9%无干扰或受到轻度干扰。整体上，保护区湿地生态状况良好。

**表 7-8 保护区湿地健康状况评价结果**

| 样点名 | 样点类别 | 流域 | 得分 | 评价结果 |
|---|---|---|---|---|
| 抓吉门前 1 | 参照湿地 | 乌苏里江 | 1.52 | 无干扰 |
| 抓吉门前 2 | 参照湿地 | 乌苏里江 | 1.55 | 无干扰 |
| 抓吉门前 3 | 参照湿地 | 乌苏里江 | 1.72 | 无干扰 |
| 抓吉 | 参照湿地 | 乌苏里江 | 1.59 | 无干扰 |
| 姜明礼岗 1 | 参照湿地 | 乌苏里江 | 1.57 | 无干扰 |
| 综合示范区 | 参照湿地 | 乌苏里江 | 1.45 | 无干扰 |
| 综合示范（坝） | 参照湿地 | 乌苏里江 | 1.41 | 轻度干扰 |
| 大甸子 | 参照湿地 | 乌苏里江 | 1.43 | 轻度干扰 |
| 姜明礼岗 2 | 受损湿地 | 乌苏里江 | 1.27 | 轻度干扰 |
| 农田沟四合 | 受损湿地 | 乌苏里江 | 1.02 | 轻度干扰 |
| 海青 | 受损湿地 | 乌苏里江 | 1.57 | 无干扰 |
| 海青乡 | 受损湿地 | 乌苏里江 | 1.62 | 无干扰 |
| 四合 1 | 受损湿地 | 乌苏里江 | 1.61 | 无干扰 |
| 四合 2 | 受损湿地 | 乌苏里江 | 1.37 | 轻度干扰 |
| 四合 3 | 受损湿地 | 乌苏里江 | 1.19 | 轻度干扰 |
| 别拉洪村 | 受损湿地 | 乌苏里江 | 2.39 | 无干扰 |
| 永发村 2 | 受损湿地 | 乌苏里江 | 0.99 | 轻度干扰 |
| 永发 32 里 | 受损湿地 | 乌苏里江 | 1.53 | 无干扰 |
| 海兴 1 | 受损湿地 | 乌苏里江 | 1.44 | 无干扰 |
| 海兴 2 | 受损湿地 | 乌苏里江 | 1.22 | 轻度干扰 |
| 亮子里 | 受损湿地 | 乌苏里江 | 0.46 | 重度干扰 |
| 腰亮河对面 | 受损湿地 | 乌苏里江 | 0.46 | 重度干扰 |
| 南岗 | 受损湿地 | 乌苏里江 | 1.2 | 轻度干扰 |
| 蒙古点 | 受损湿地 | 黑龙江 | 0.95 | 中度干扰 |
| 大力加湖 | 受损湿地 | 黑龙江 | 1.85 | 无干扰 |
| 大力加湖 2 | 受损湿地 | 黑龙江 | 1.04 | 轻度干扰 |
| 浓桥 | 受损湿地 | 黑龙江 | 1.42 | 轻度干扰 |
| 浓桥 2 | 受损湿地 | 黑龙江 | 1.17 | 轻度干扰 |
| 鸭绿河 2 | 受损湿地 | 黑龙江 | 1.24 | 轻度干扰 |
| 鸭绿河 3 | 受损湿地 | 黑龙江 | 1.65 | 无干扰 |
| 鸭绿河 4 | 受损湿地 | 黑龙江 | 1.16 | 轻度干扰 |
| 鸭绿河 5 | 受损湿地 | 黑龙江 | 1.45 | 无干扰 |
| 鸭绿河 6 | 受损湿地 | 黑龙江 | 1.19 | 轻度干扰 |
| 鸭绿河 7 | 受损湿地 | 黑龙江 | 1.44 | 无干扰 |

# 第 8 章　保护区昆虫多样性

在湿地生物群落中，昆虫种类丰富、数量庞大、分布广泛，占据了湿地食物网的多个营养级，是湿地生物多样性的重要组成部分。昆虫是湿地植物主要的采食者，也是珍禽和其他捕食者的重要食源，还是高效的传粉者以及碎屑分解者，在调控湿地生物群落和养分循环方面发挥着关键作用。三江平原是我国重要的湿地分布区，前人关于三江平原湿地生物多样性的研究，侧重于湿地植物、湿地土壤动物和鸟类，湿地昆虫调查工作十分薄弱。因此，我们非常重视保护区的昆虫研究工作，通过研究昆虫类群的组成与数量变化，能为本地区的生物多样性研究积累资料，并为长期观测打下基础。我们选择在保护区内不同流域（黑龙江和乌苏里江），以及不同土地利用类型（天然湿地、干扰湿地和恢复湿地）进行昆虫多样性调查，经过室内标本鉴定和数据整合，对保护区的昆虫群落数量、物种组成以及多样性进行了综合分析。

## 8.1　昆 虫 分 析

### 8.1.1　物种组成特征

在 2020 年夏季利用扫网法采集陆生昆虫 8 目 47 科 87 种（见附录 V）1947 份标本。其中，双翅目数量最多，占样本数量的 63.307%，其次是半翅目，占样本数量的 16.2%，之后依次为鞘翅目和膜翅目，分别占样本总数的 10.2%和 7.4%，直翅目、鳞翅目、蜻蜓目、缨翅目和毛翅目数量相对较少，分别占样本数量的 1.4%、1.1%、0.4%、0.1%和 0.1%（图 8-1）。环境湿润、水分充足是湿地重要的生态特征，因此喜湿性昆虫为湿地生态系统昆虫群落的代表类群。

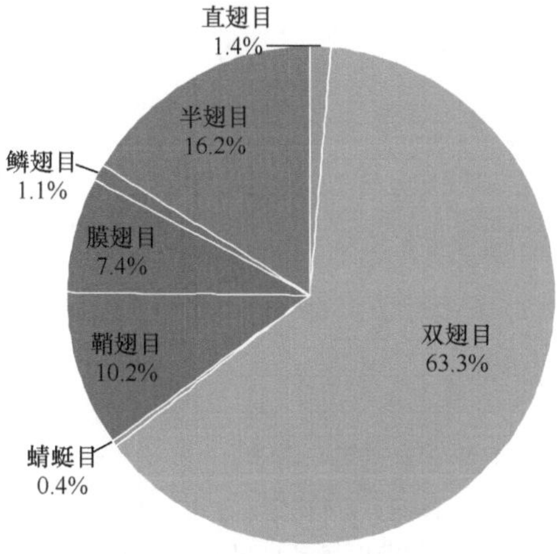


图 8-1　保护区的昆虫种类组成（彩图请扫封底二维码）

不同流域中不同湿地利用类型的昆虫数量具有显著差异。总体上，干扰湿地＞恢复湿地＞天然湿地（$F_{1,20}$=5.45，$P$=0.013，图 8-2）。黑龙江流域干扰湿地中昆虫数量平均为(186.67±16.76)/样地，天然湿地中昆虫数量平均为(52.57±23.16)/样地；乌苏里江流域中干扰湿地、恢复湿地和天然湿地的昆虫数量平均分别为(110.67±70.17)/样地，(74.33±4.70)/样地和(51.56±11.91)/样地。

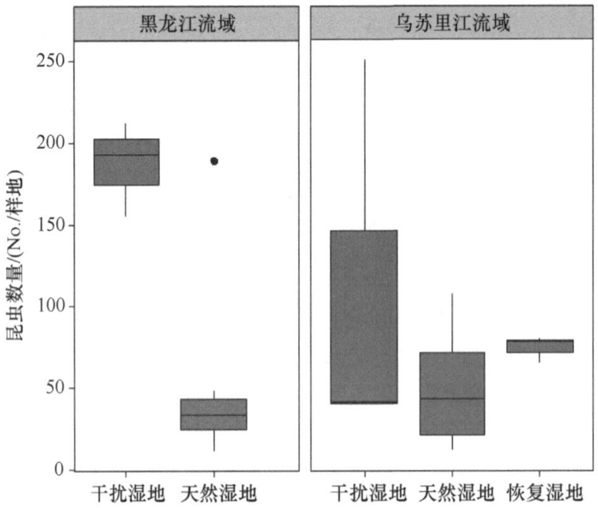


图 8-2　保护区不同流域中不同湿地利用类型的昆虫数量（彩图请扫封底二维码）

非度量多维尺度分析结果表明，不同流域中不同湿地利用类型的昆虫群落组成也不同（$R^2$=0.085，$P$=0.05，图 8-3）。在黑龙江流域，干扰湿地较天然湿地双翅目比例上升，而半翅目比例下降，其他类群差异不大；在乌苏里江流域，双翅目在恢复湿地和天然湿地中占绝对优势，分别占总数的 87%和 69%，而在干扰湿地其比例下降至 30.1%，鞘翅目比例在干扰湿地较天然湿地和恢复湿地显著提升，达到 43.7%，取代双翅目成为群落的优势类群，天然湿地与干扰湿地的半翅目和膜翅目比例大于恢复湿地，而鳞翅目相反，在恢复湿地的比例大于另外两种湿地利用类型（图 8-4）。

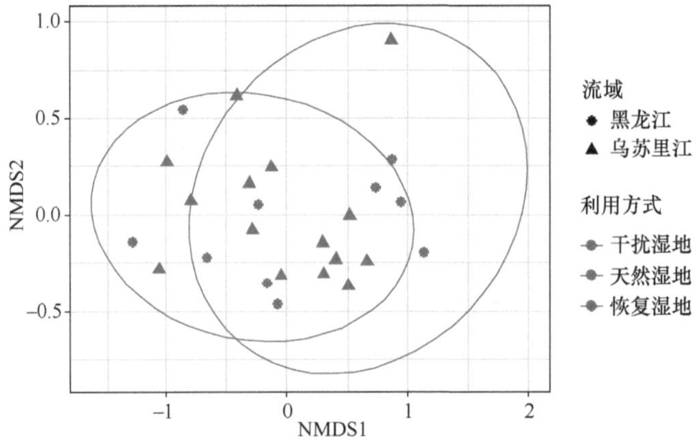


图 8-3　保护区昆虫群落的非度量多维尺度分析（彩图请扫封底二维码）
NMDS（non-metric multidimensional scaling）坐标轴代表昆虫群落间秩次信息的远近

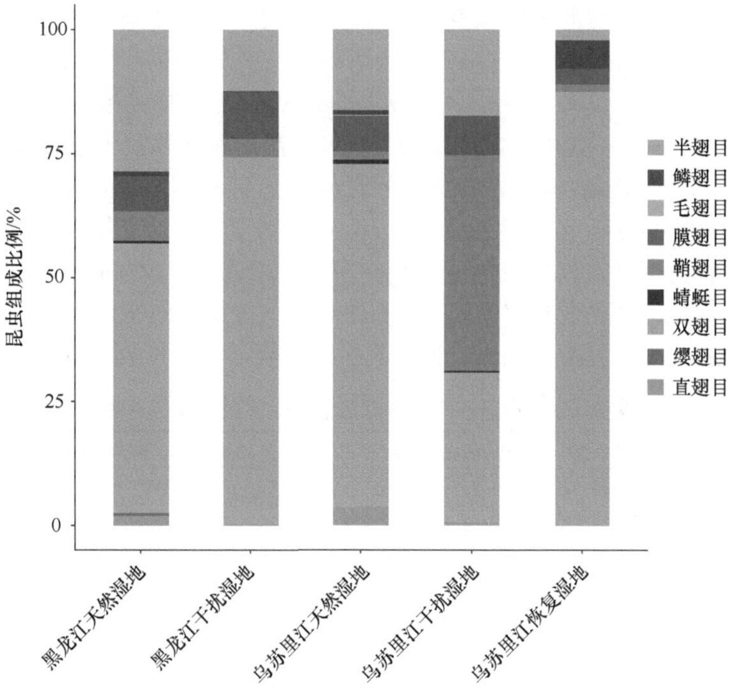


图 8-4 保护区不同流域中天然湿地、干扰湿地和恢复湿地陆生昆虫群落的组成比例（彩图请扫封底二维码）

## 8.1.2 多样性指数

保护区流域尺度的湿地陆生昆虫群落多样性并没有显著差异：黑龙江流域的昆虫物种数略高于乌苏里江流域，但两个流域的 Shannon-Wiener 多样性指数、Simpson 优势度指数和 Pielou 均匀度指数无显著差异（图 8-5）。

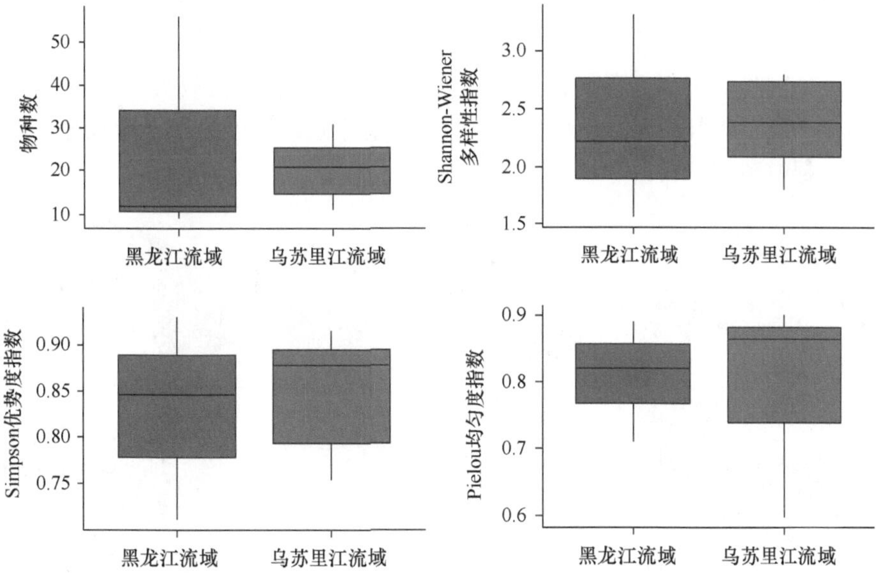


图 8-5 保护区不同流域的昆虫多样性指数（彩图请扫封底二维码）

区域尺度不同采样点的陆生昆虫群落多样性存在不同程度差异（表 8-1）。在鸭绿河湿地共发现陆生昆虫 56 种，而在同流域的浓桥湿地仅发现陆生昆虫 9 种，综合示范区的陆生昆虫相对较少，仅有 11 种；对于 Shannon-Wiener 多样性指数，不同采样区域的变化范围为 1.56～3.31，其中黑龙江流域的鸭绿河湿地和乌苏里江流域的大甸子湿地具有较高的 Shannon-Wiener 多样性指数，同时分布在不同流域的浓桥湿地和海青湿地具有较低的 Shannon-Wiener 多样性指数；Simpson 优势度指数的变化范围为 0.71～0.93，由于 Simpson 优势度指数和 Shannon-Wiener 多样性指数具有较强的相关性（$R^2$=0.85），因此不同采样区域二者呈现一致的规律；Pielou 均匀度指数的变化范围为 0.60～0.90，抓吉湿地的 pielou 均匀度指数最低，说明其昆虫群落组分分布最不均匀。

**表 8-1　保护区不同采样区域的陆生昆虫多样性指数**

| 区域 | 物种数 | Shannon-Wiener 多样性指数 | Simpson 优势度指数 | Pielou 均匀度指数 |
|---|---|---|---|---|
| 大甸子湿地 | 23 | 2.78 | 0.90 | 0.89 |
| 海青湿地 | 13 | 1.80 | 0.75 | 0.70 |
| 浓江湿地 | 12 | 2.22 | 0.85 | 0.89 |
| 浓桥湿地 | 9 | 1.56 | 0.71 | 0.71 |
| 四合湿地 | 19 | 2.59 | 0.89 | 0.88 |
| 永发湿地 | 26 | 2.78 | 0.91 | 0.85 |
| 鸭绿河湿地 | 56 | 3.31 | 0.93 | 0.82 |
| 综合示范区 | 11 | 2.16 | 0.87 | 0.90 |
| 抓吉湿地 | 31 | 2.05 | 0.77 | 0.60 |

### 8.1.3　优势类群分布特征

不同采样点的优势昆虫类群差异较大，但集中在双翅目、膜翅目、半翅目和鞘翅目四大类群（图 8-6，表 8-2）。黑龙江流域的鸭绿河湿地物种组成最为丰富，寄蝇科、蚊科和叶蝉科为群落优势类群；在浓桥和浓江湿地，寄蝇科为优势类群。在乌苏里江流域的大甸子，蚊科和姬蜂科在群落中占优势；海青湿地的优势类群为花蝇科、寄蝇科和蚊科；四合湿地的优势类群为秆蝇科；永发湿地的优势类群为秆蝇科、寄蝇科和叶蝉科；抓吉湿地优势类群为叶甲科、寄蝇科和叶蝉科。对于退耕还湿的综合示范区，优势类群为寄蝇科、摇蚊科和蚊科。

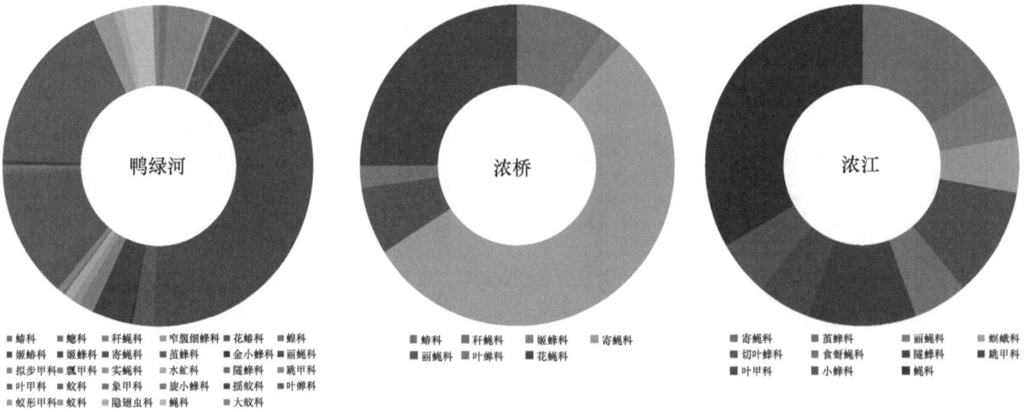

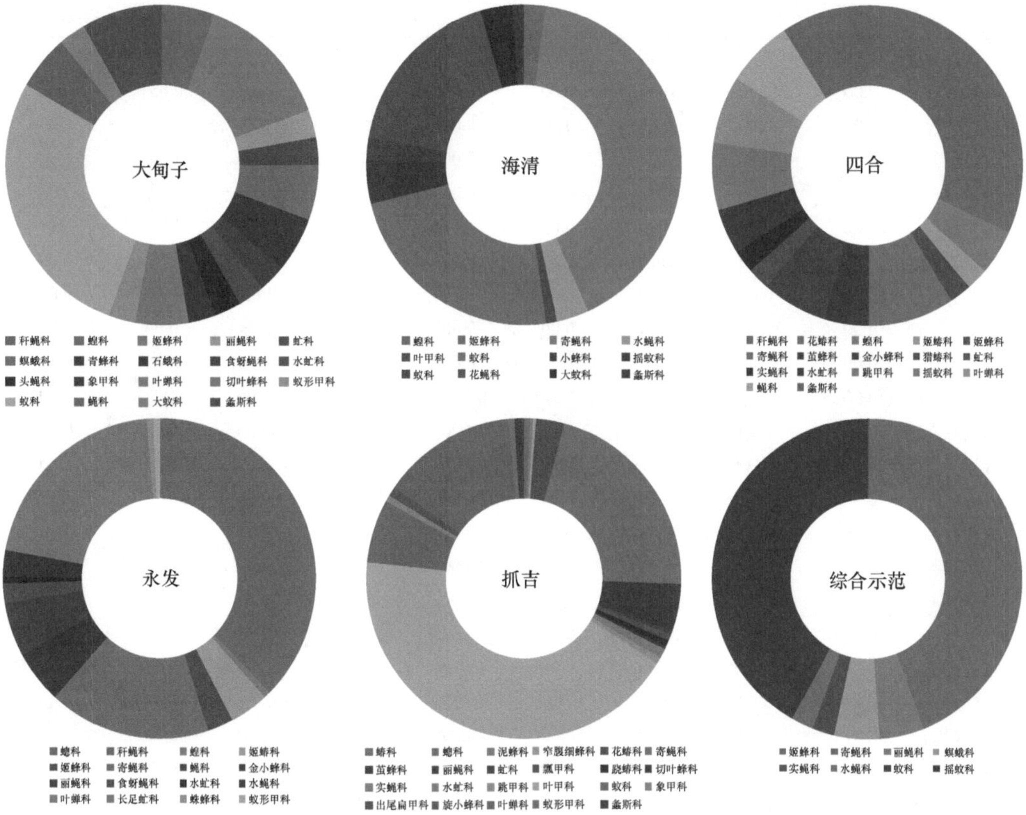


图 8-6　保护区不同湿地类型的昆虫常见类群分布（彩图请扫封底二维码）

**表 8-2　保护区不同采样区域的昆虫群落结构**

| 类群 | 大甸子湿地 | 海青湿地 | 浓江湿地 | 浓桥湿地 | 四合湿地 | 鸭绿河湿地 | 永发湿地 | 抓吉湿地 | 综合示范区 |
|---|---|---|---|---|---|---|---|---|---|
| 蝽科 | 0.00 | 0.00 | 0.00 | 1.45+ | 0.00 | 0.44+ | 0.00 | 0.32+ | 0.00 |
| 蟋科 | 0.00 | 0.00 | 0.00 | 0.00 | 0.00 | 0.44+ | 2.68++ | 0.32+ | 0.00 |
| 泥蜂科 | 0.00 | 0.00 | 0.00 | 0.00 | 0.00 | 0.00 | 0.00 | 0.32+ | 0.00 |
| 秆蝇科 | 2.78++ | 0.00 | 0.00 | 8.70++ | 29.55+++ | 4.43++ | 34.90+++ | 0.00 | 0.00 |
| 窄腹细蜂科 | 0.00 | 0.00 | 0.00 | 0.00 | 0.00 | 0.44+ | 0.00 | 0.32+ | 0.00 |
| 花蝽科 | 0.00 | 0.00 | 0.00 | 0.00 | 2.27++ | 2.66++ | 0.00 | 2.91++ | 0.00 |
| 蝗科 | 2.78++ | 1.11+ | 0.00 | 0.00 | 4.55++ | 0.44+ | 0.67+ | 0.00 | 0.00 |
| 姬蝽科 | 0.00 | 0.00 | 0.00 | 0.00 | 2.27++ | 4.66++ | 4.03++ | 0.00 | 0.00 |
| 姬蜂科 | 13.89+++ | 1.11+ | 0.00 | 2.90++ | 2.27++ | 5.54++ | 2.68++ | 0.00 | 4.65++ |
| 寄蝇科 | 0.00 | 41.11+++ | 11.11+++ | 52.17+++ | 9.09++ | 31.49+++ | 16.78+++ | 21.68+++ | 39.53+++ |
| 长足虻科 | 0.00 | 0.00 | 0.00 | 0.00 | 0.00 | 0.00 | 4.03++ | 0.00 | 0.00 |
| 茧蜂科 | 0.00 | 0.00 | 5.56++ | 0.00 | 2.27++ | 2.22++ | 0.00 | 3.56++ | 0.00 |
| 金小蜂科 | 0.00 | 0.00 | 0.00 | 0.00 | 2.27++ | 0.22+ | 1.34+ | 0.00 | 0.00 |
| 丽蝇科 | 2.78++ | 0.00 | 5.56++ | 4.35++ | 0.00 | 3.99++ | 5.37++ | 1.29+ | 4.65++ |
| 猎蝽科 | 0.00 | 0.00 | 0.00 | 0.00 | 6.82++ | 0.00 | 0.00 | 0.00 | 0.00 |
| 虻科 | 2.78++ | 0.00 | 0.00 | 0.00 | 2.27++ | 0.00 | 0.00 | 0.32+ | 0.00 |
| 螟蛾科 | 5.56++ | 0.00 | 5.56++ | 0.00 | 0.00 | 0.00 | 0.00 | 0.00 | 4.65++ |
| 拟步甲科 | 0.00 | 0.00 | 0.00 | 0.00 | 0.00 | 0.22+ | 0.00 | 0.00 | 0.00 |
| 瓢甲科 | 0.00 | 0.00 | 0.00 | 0.00 | 0.00 | 1.33+ | 0.00 | 0.65+ | 0.00 |

续表

| 类群 | 大甸子湿地 | 海青湿地 | 浓江湿地 | 浓桥湿地 | 四合湿地 | 鸭绿河湿地 | 永发湿地 | 抓吉湿地 | 综合示范区 |
|---|---|---|---|---|---|---|---|---|---|
| 蜷蛸科 | 0.00 | 0.00 | 0.00 | 0.00 | 0.00 | 0.00 | 0.00 | 0.65+ | 0.00 |
| 切叶蜂科 | 0.00 | 0.00 | 11.11+++ | 0.00 | 0.00 | 0.00 | 0.00 | 0.32+ | 0.00 |
| 青蜂科 | 2.78++ | 0.00 | 0.00 | 0.00 | 0.00 | 0.00 | 0.00 | 0.00 | 0.00 |
| 石蛾科 | 2.78++ | 0.00 | 0.00 | 0.00 | 0.00 | 0.00 | 0.00 | 0.00 | 0.00 |
| 实蝇科 | 0.00 | 0.00 | 0.00 | 0.00 | 2.27++ | 0.89+ | 0.00 | 0.65+ | 2.33++ |
| 食蚜蝇科 | 2.78++ | 0.00 | 5.56++ | 0.00 | 0.00 | 0.00 | 2.01++ | 0.00 | 0.00 |
| 水虻科 | 2.78++ | 0.00 | 0.00 | 0.00 | 4.55++ | 0.89+ | 0.67+ | 0.32+ | 0.00 |
| 水蝇科 | 0.00 | 3.33++ | 0.00 | 0.00 | 0.00 | 0.00 | 2.68++ | 0.00 | 2.33++ |
| 隧蜂科 | 0.00 | 0.00 | 5.56++ | 0.00 | 0.00 | 0.22+ | 0.00 | 0.00 | 0.00 |
| 跳甲科 | 0.00 | 0.00 | 5.56++ | 0.00 | 2.27++ | 0.67+ | 0.00 | 0.65+ | 0.00 |
| 头蝇科 | 2.78++ | 0.00 | 0.00 | 0.00 | 0.00 | 0.00 | 0.00 | 0.00 | 0.00 |
| 叶甲科 | 0.00 | 1.11+ | 5.56++ | 0.00 | 0.00 | 2.22++ | 0.00 | 42.07+++ | 0.00 |
| 蚊科 | 0.00 | 23.33+++ | 0.00 | 0.00 | 0.00 | 10.86+++ | 0.00 | 6.47++ | 13.95+++ |
| 象甲科 | 2.78++ | 0.00 | 0.00 | 0.00 | 0.00 | 0.44+ | 0.00 | 0.65+ | 0.00 |
| 出尾扁甲科 | 0.00 | 0.00 | 0.00 | 0.00 | 0.00 | 0.00 | 0.00 | 0.65+ | 0.00 |
| 小蜂科 | 0.00 | 1.11+ | 5.56++ | 0.00 | 0.00 | 0.00 | 0.00 | 0.00 | 0.00 |
| 旋小蜂科 | 0.00 | 0.00 | 0.00 | 0.00 | 0.00 | 0.44+ | 0.00 | 0.32+ | 0.00 |
| 摇蚊科 | 0.00 | 3.33++ | 0.00 | 0.00 | 4.55++ | 0.44+ | 0.00 | 0.00 | 27.91+++ |
| 叶蝉科 | 2.78++ | 0.00 | 0.00 | 1.45+ | 6.82++ | 17.52+++ | 16.78+++ | 13.92+++ | 0.00 |
| 切叶蜂科 | 2.78++ | 0.00 | 0.00 | 0.00 | 0.00 | 0.00 | 0.00 | 0.00 | 0.00 |
| 蚁形甲科 | 2.78++ | 0.00 | 0.00 | 0.00 | 0.00 | 1.33+ | 0.67+ | 0.65+ | 0.00 |
| 蚁科 | 27.78+++ | 2.22++ | 0.00 | 0.00 | 0.00 | 0.89+ | 0.00 | 0.00 | 0.00 |
| 隐翅虫科 | 0.00 | 0.00 | 0.00 | 0.00 | 0.00 | 0.89+ | 0.00 | 0.00 | 0.00 |
| 蝇科 | 5.56++ | 0.00 | 33.33+++ | 0.00 | 6.82++ | 3.10++ | 4.03++ | 0.00 | 0.00 |
| 花蝇科 | 0.00 | 17.78+++ | 0.00 | 28.99+++ | 0.00 | 0.00 | 0.00 | 0.00 | 0.00 |
| 大蚊科 | 2.78++ | 3.33++ | 0.00 | 0.00 | 0.00 | 0.67+ | 0.00 | 0.00 | 0.00 |
| 螽斯科 | 8.33++ | 1.11+ | 0.00 | 0.00 | 9.09++ | 0.00 | 0.00 | 0.97+ | 0.00 |
| 蛛蜂科 | 0.00 | 0.00 | 0.00 | 0.00 | 0.00 | 0.00 | 0.67+ | 0.00 | 0.00 |

注：数字指该样地中此种昆虫占总数的百分比；+++表示优势类群，个体数占总数的10%以上；++表示常见类群，个体数占总数的2%～10%；+表示稀有类群，个体数占总数的2%以下。

## 8.2 总　　结

### 8.2.1 环境变化对昆虫群落的影响

本次调查发现，不同流域以及不同采样点内的昆虫数量和群落组成差异显著。黑龙江流域（鸭绿河段）的昆虫数量和物种丰富度高于乌苏里江流域，但二者的昆虫群落多样性指数差别不大。由于保护区湿地植物组成多样，适合于刺吸式、钻蛀性、咬食性等各种类型植食性昆虫的生存，为双翅目、半翅目和鞘翅目中植食性类群提供了丰富的食物资源以及良好的栖息、繁殖场所。保护区7月雨热同期，植物生长茂盛，也是昆虫活动最为活跃的时期，昆虫大量繁殖，以双翅目蝇、蚊类为主，数量剧增。通常可以通过保护区湿地生境优势植被的信息预测昆虫类群的分布。本次调查结果显示，不同采样点的优势昆虫类群具有较大差异，可能与不同采样点的植物类群和水文条件不同有关。在鸭绿河样点，植物类群多样，以薹草群落和菰-香蒲群落为优势类型，因此伴随最为丰富的昆虫群落组成；在浓桥样点，以单一芦苇群落为主，因此昆虫群落组成相对单一，多样性指数也较低；浓江样点植物群落较丰富，以芦苇-薹草群落为主，昆虫群落多样性也相对浓桥样点有所提高；大甸子样点中薹草-大叶章群落占优势，伴生有矮灌木，湿地发生旱化现象，因此主要的昆虫群落以旱生的蚁科和寄生蜂为主；而海青样点水位较高，以塔头薹草-芦苇-香蒲群落占优势，昆虫群落以湿生的双翅目蝇科、蚊科为主；抓吉样点优势植物群落为芦苇群落，昆虫优势类群为采食芦苇的鞘翅目叶甲科、半翅目叶蝉科等；对于退耕还湿的综合示范区，植物群落相对单一，以芦苇占优势，且样点水位较高，因此滋生大量的双翅目湿生类群，如摇蚊科和蚊科等昆虫。

### 8.2.2　土地利用对昆虫群落的影响

土地利用是影响一个地区昆虫群落组成和多样性的重要因素之一。大规模的湿地开发和人类农业活动改变了原有的土地利用方式，也改变了一个地区生境的人为干扰程度，从而直接或间接地影响湿地昆虫的群落结构和生物多样性，进而造成昆虫数量在不同生境中存在显著差异。本次调查发现，在黑龙江流域和乌苏里江流域，农田影响区的昆虫数量均大于退耕还湿区和自然河流区的昆虫数量：黑龙江流域中，农田影响区比自然河流区的昆虫数量增加 266%；在乌苏里江流域，农田影响区的昆虫数量比天然河流区增加 109%，比退耕还湿区增加 39%。农田影响区比天然河流区和退耕还湿区昆虫数量增多的一部分原因是，高营养的农田退水流入可以提高植物的生物量和营养含量，进而提高生境的整体生产力，为昆虫群落提供更加充足的食物和栖息环境。根据不同土地利用类型的植物调查结果可知，自然河流区的主要植被类型有芦苇-薹草群落，而农田影响区的植物群落演化为植株高大的菰-香蒲群落和薹草群落，植物群落不同是影响昆虫群落数量的主要因素。此外，许多研究表明农田边界在保护生物多样性方面有着重要的作用。在农田生态系统中，田埂、沟渠的存在可以为昆虫提供多样、稳定的栖息地和越冬场所，增加农田中昆虫的数量和多样性。此外，不同的昆虫群落组分对植物群落和环境变化的响应不同，具体表现为在黑龙江流域，农田影响区数量显著增加的主要为双翅目、膜翅目和半翅目昆虫；在乌苏里江流域，农田影响区数量显著增加的是鞘翅目和半翅目昆虫。

## 8.3　建　　议

昆虫作为湿地生物多样性的重要组成部分，与植被形成协同进化的关系。由于昆虫群落与植物群落密切联系，因此湿地退化造成的植被变化必然引起昆虫群落发生改变。虽然关于湿地昆虫群落组成和多样性的研究逐渐受到关注，但目前湿地昆虫群落的调查工作还十分滞后。本次调查初步探明了保护区不同流域以及不同土地利用类型的昆虫数量和群落特征，为未来三江平原湿地昆虫资源的开发利用和保护提供了理论依据。

由于昆虫体型相对较小以及很多类群具有比较隐秘的生活习性，其在湿地生态系统中的作用并没有引起更多的重视，因此应该加强对昆虫的保护，科学调整湿地昆虫的保护策略，增强保护的针对性和有效性。

针对保护区的昆虫群落保护工作，建议如下：进一步开展昆虫群落的长期调查监测工作，加强对昆虫多样性和生态功能的研究，并完善现有的多样性观测网络，特别是针对珍稀濒危物种、数量稀少物种，掌握其种群分布及数量动态，保护昆虫的栖息地。生境破碎和丧失是昆虫数量下降及种群衰退的最主要原因，湿地生态系统中植被与昆虫关系密切，同时湿地昆虫多样性受多种环境因子如水文、温度等共同影响，因此要保护自然湿地的典型植被类群，保护好湿地水体环境不受破坏和污染，禁止乱砍滥伐和强烈的人为干扰，通过退耕还湿来增加湿地昆虫的栖息面积，从而对昆虫群落产生重要的积极影响。同时，合理地利用湿地也会通过增加系统的生产力和环境异质性对昆虫群落产生一定的有利影响；并加强公众的科普教育和宣传工作，加强对自然保护区管理人员的培训教育，提高全民保护生态环境和昆虫动物资源的意识，使昆虫资源得到有效地保护。

# 第 9 章　保护区鱼类多样性

## 9.1　鱼 类 分 析

### 9.1.1　种类组成

我们于 2020 年 5 月、7 月及 9 月对保护区进行了鱼类调查，采样点为 1#、4#、5#、6#。经过现场采样鉴定，根据实际采得样本共鉴出 4 目 7 科 23 属 32 种，其中鲤形目种数最多，为 24 种，占总数的 75%，鲇形目 6 种，占 12.5%；鲈形目 3 种，占 9.4%；鲑形目 1 种，占 3.1%。结合对当地渔民和保护区工作人员的走访调查，共鉴定出 2 纲 10 目 19 科 59 属 81 种（图 9-1）（见附录Ⅵ），其中鲤形目最多，占总种数的 63.1%；鲑形目占 12.3%；鲈形目占 7.4%；鲇形目占 7.4%；七鳃鳗目、鲟鱼目各 2 种，分别占 2.5%；刺鱼目、鲱形目、鲉形目和鳕形目各 1 种，分别占 1.2%。

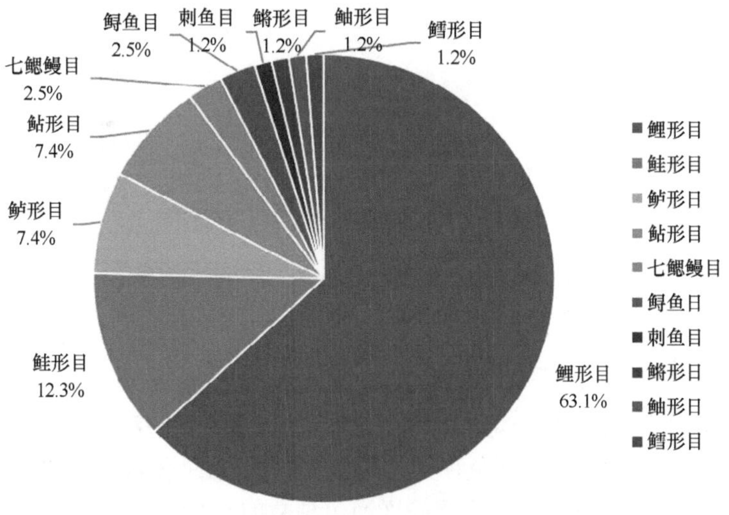


图 9-1　保护区鱼类组成（彩图请扫封底二维码）

### 9.1.2　区系组成

保护区鱼类按起源分布和生态特征可分为 5 个区系复合体：鳌、鲢、鳙、蛇鮈、突吻鮈、东北鳈、克氏鳈等属于中国平原区系复合体；黑斑狗鱼、瓦氏雅罗鱼、鲫等属于北方平原区系复合体；鲤、鲇、黑龙江鳑鲏、泥鳅等属于晚第三纪早期区系复合体；哲罗鲑和细鳞鲑等属于北方山地区系复合体；江鳕等属于北极淡水区系复合体。

### 9.1.3 生态类型

按食性可将保护区鱼类划分为肉食性、杂食性、草食性、底栖生物食性和浮游生物食性 5 类。黑斑狗鱼、鲇等凶猛鱼类以鱼、虾为主要食物，为典型的肉食性鱼类；鲤、鲫等鱼类能吞食动植物食物，为杂食性鱼类；细鳞鲴、鲂等鱼类主要摄食高等水生植物，为草食性鱼类；唇䱻、蛇鮈等则以栖息于湖底表面或沉积物中的生物为食，为底栖生物食性鱼类；鲢、鳙、䱗等为浮游生物食性鱼类。

### 9.1.4 物种季节变化

保护区各采样点的鱼类物种数表明，春季鱼类最多的为 1#，有 18 种；夏季鱼类种数最多的为 4#，有 9 种；秋季鱼类种数最多的为 4#，有 5 种。鱼类物种数整体呈现由春季向秋季减少的趋势（图 9-2）。

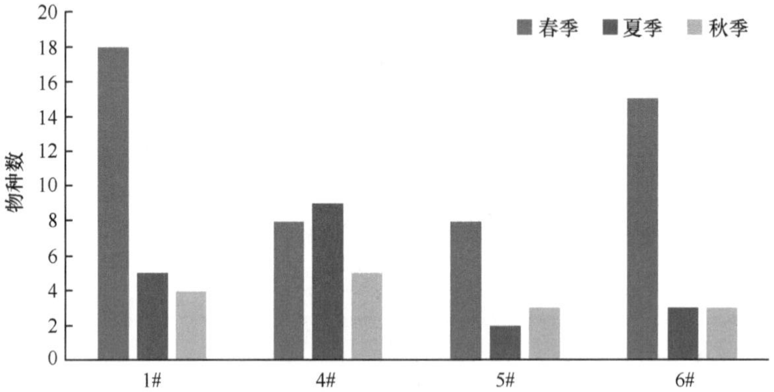


图 9-2 保护区鱼类物种数的季节变化（彩图请扫封底二维码）

### 9.1.5 优势度

根据相对重要指数（IRI），取 IRI 值＞1000 的种类为优势种。春季优势种为银鲫、蛇鮈和黑龙江鳑鲏，占保护区河鱼种数的 9.4%，占群体个体数量的 70.3%；夏季优势种为黄颡鱼、银鲫和葛氏鲈塘鳢，占保护区河鱼种数的 9.4%，占群体个体数量的 63.5%；秋季优势种为葛氏鲈塘鳢、银鲫、蛇鮈、湖鲂、北方泥鳅、鲇和乌鳢，占保护区河鱼种数的 21.9%，占群体个体数量的 66.1%。可见，优势种为鱼类群落结构的主要组成成分，决定了鱼类群落的性质，对群落的结构和功能起主导控制作用（表 9-1）。

**表 9-1 保护区渔获物的 IRI 值**

| 种类 | 春季 IRI 值 | 夏季 IRI 值 | 秋季 IRI 值 |
|---|---|---|---|
| 细鳞鲴 | 47 | 0 | 0 |
| 犬首鮈 | 42 | 0 | 0 |
| 黄颡鱼 | 53 | 3 047 | 884 |

续表

| 种类 | 春季 IRI 值 | 夏季 IRI 值 | 秋季 IRI 值 |
|---|---|---|---|
| 银鲫 | 8 523 | 10 911 | 6 022 |
| 鳌 | 137 | 152 | 933 |
| 蛇鮈 | 1 036 | 618 | 1 411 |
| 大鳍鱊 | 78 | 156 | 0 |
| 黑龙江鳑鲏 | 3 445 | 818 | 778 |
| 葛氏鲈塘鳢 | 829 | 1 873 | 2 725 |
| 黄黝鱼 | 544 | 139 | 0 |
| 花江鲹 | 39 | 0 | 0 |
| 湖鲹 | 39 | 651 | 1 126 |
| 突吻鮈 | 38 | 0 | 0 |
| 北方泥鳅 | 210 | 0 | 1 332 |
| 黑龙江泥鳅 | 257 | 0 | |
| 黑龙江花鳅 | 357 | 264 | 0 |
| 北方花鳅 | 461 | 784 | 0 |
| 东北鳈 | 191 | 0 | 0 |
| 麦穗鱼 | 125 | 0 | 0 |
| 鲤 | 898 | 0 | 0 |
| 鲇 | 793 | 315 | 1 521 |
| 黑斑狗鱼 | 408 | 0 | 0 |
| 乌鳢 | 539 | 0 | 1 351 |
| 乌苏里拟鲿 | 120 | 0 | 0 |
| 马口鱼 | 68 | 0 | 0 |
| 细体鮈 | 51 | 0 | 0 |
| 光泽黄颡鱼 | 74 | 0 | 0 |
| 高体鮈 | 56 | 0 | 0 |
| 银鮈 | 53 | 0 | 351 |
| 兴凯银鮈 | 46 | 0 | 0 |
| 洛氏鲹 | 41 | 0 | 0 |
| 棒花鱼 | 0 | 274 | 636 |

### 9.1.6 物种多样性

生物多样性指数能够定量地反映生物群落内物种的丰富程度，是用来判断生物群落结构变化或生态系统稳定性的指标，对于掌握群落动态变化以及合理利用生物资源具有重要的意义。为了缩小偏差，通常采用不同类型的多样性指数共同对群落结构进行解释（表 9-2）。

表 9-2　保护区鱼类多样性特征值

| 季节 | 样点 | Shannon-Wiener 多样性指数 | Pielou 均匀度指数 | Margalef 物种丰富度指数 |
|---|---|---|---|---|
| 春季 | 1# | 0.32 | 0.11 | 2.10 |
| | 4# | 1.42 | 0.68 | 1.07 |
| | 5# | 1.42 | 0.68 | 0.95 |
| | 6# | 1.81 | 0.67 | 2.18 |
| 夏季 | 1# | 0.58 | 0.36 | 0.44 |
| | 4# | 0.59 | 0.27 | 0.93 |
| | 5# | 0.68 | 0.98 | 0.23 |
| | 6# | 1.03 | 0.94 | 0.30 |
| 秋季 | 1# | 1.15 | 1.39 | 0.58 |
| | 4# | 1.12 | 0.69 | 0.74 |
| | 5# | 0.90 | 0.82 | 0.79 |
| | 6# | 0.83 | 0.75 | 0.46 |

结果表明，保护区鱼类三个季节的 Shannon-Wiener 多样性指数为 0.32～1.81，平均值为 0.99；Pielou 均匀度指数为 0.11～1.39，平均值为 0.70；Margalef 物种丰富度指数为 0.23～2.18，平均值为 0.90。

春季 Shannon-Wiener 多样性指数平均值为 1.24，最高为 6#；夏季平均值为 0.72，最高为 6#；秋季平均值为 1.00，最高为 1#。春季 Pielou 均匀度指数平均值为 0.54，最高为 4#和 5#；夏季平均值为 0.64，最高为 5#；秋季平均值为 0.91，最高为 1#。春季 Margalef 物种丰富度指数平均值为 1.57，最高为 6#；夏季平均值为 0.48，最高为 4#；秋季平均值为 0.64，最高为 5#。

Shannon-Wiener 多样性指数通常为 1.5～3.5，但调查结果中仅有春季 6#采样点在此区间，其他均小于 1.5，表明保护区鱼类整体多样性较低。同一季节各采样点 Pielou 均匀度指数差异较大，存在个别物种富集的情况。Shannon-Wiener 多样性指数和 Pielou 均匀度指数季节间差异不显著（$P>0.05$），Margalef 物种丰富度指数季节间差异较为显著（$P<0.05$），表明保护区鱼类物种季节变化较大，多样性整体较为稳定。

本次调查中，各采样点 Shannon-Wiener 多样性指数平均值春季最高，夏季最低；Pielou 均匀度指数平均值秋季最高，春季最低；Margalef 物种丰富度指数平均值春季最高，夏季最低。

Shannon-Wiener 多样性指数受种类数及种间个体分配的均匀性影响，种间个体分配越均匀，Shannon-Wiener 多样性指数就越大。Pielou 均匀度指数与 Margalef 物种丰富度指数与群落样本的种类数和生物量有关。

春季调查结果中，1#采样点 Pielou 均匀度指数最低，其余采样点较为接近，表明 4#、5#、6#采样点鱼类分布较为均匀，而 1#采样点鱼类分布较为聚集。4#、5#、6#采样点 Shannon-Wiener 多样性指数与 Margalef 物种丰富度指数变化趋势大致相同，1#采样点 Shannon-Wiener 多样性指数最低而 Margalef 物种丰富度指数较高，主要是由于鱼类样本物种数多而个体生物量较低所致。

夏季调查结果中，1#、4#采样点 Pielou 均匀度指数较低，5#、6#采样点较高，表明

5#、6#采样点较 1#、4#采样点鱼类分布更为均匀。1#、5#采样点 Shannon-Wiener 多样性指数与 Pielou 均匀度指数变化趋势大致相同，4#采样点 Shannon-Wiener 多样性指数较低而 Margalef 物种丰富度指数最高，6#采样点 Shannon-Wiener 多样性指数最高而 Margalef 物种丰富度指数较低，分别由鱼类样本个体生物量和物种数存在差异所致。

秋季调查结果中，1#采样点 Pielou 均匀度指数较 4#、5#、6#采样点更高，4#、5#、6#采样点较为接近，表明 1#采样点鱼类分布较其他采样点更加均匀。4#、5#、6#采样点 Shannon-Wiener 多样性指数与 Margalef 物种丰富度指数变化趋势大致相同，表明各采样点鱼类样本物种数与个体生物量较为稳定。

由单因素方差分析结果可知，Shannon-Wiener 多样性指数与 Margalef 物种丰富度指数季节间差异较为显著，可以判断保护区多样性整体较为稳定，鱼类群落存在一定的空间异质性，但鱼类多样性整体偏低。

保护区附近人口较多且渔业活动、农业生产活动频繁，可能是引起区域鱼类多样性指数相对较低的一个因素，该区域鱼类及水资源的保护力度应适度加强。

### 9.1.7 走访调查

本研究对保护区鱼类进行了走访调查。结果显示，保护区鱼类以大麻哈鱼、黄颡鱼、乌苏里拟鲿、唇䱻、细鳞鲴、乌鳢、黑斑狗鱼、瓦氏雅罗鱼为主，黑龙江花鳅、黑龙江鳑鲏、湖鲂等小型鱼类较为常见。鲢、鳙等鱼类主要来源于人工养殖。

与资料记载相比，保护区几种鲑科鱼类如哲罗鲑、细鳞鲑，鲤科鲌属鱼类如蒙古鲌、翘嘴鲌以及鳜等具有较高经济价值的鱼类相对有所减少，且鱼类出现一定程度的小型化。

本次鱼类调查结果与历史记载相比，无论是种类还是数量都有所减少，如《黑龙江省鱼类志》（张觉民，1995）共记载黑龙江省鱼类 105 种（包括引进种），《黑龙江省鱼类原色图鉴》（赵文阁等，2018）共记载黑龙江省鱼类 113 种（包括引进种）。黑龙江省境内共有两大水系，即黑龙江水系和绥芬河水系，鱼类种类最多的是黑龙江水系，其包括黑龙江、乌苏里江、嫩江、松花江等主要河流及其支流。本次调查区域主要是黑龙江三江国家级自然保护区，只涉及黑龙江水系的黑龙江和乌苏里江及其少数支流，鱼类种类虽然不及历史记载那么多，但也足以说明抚远区域黑龙江水系鱼类的丰富程度，黑龙江省其他任何区域的鱼类种类都达不到这个数量。因此，保护区鱼类还是十分丰富的。

### 9.1.8 生物学特征

（1）雷氏七鳃鳗（*Lampetra reissneri*）

分类地位：圆口纲七鳃鳗目七鳃鳗科七鳃鳗属。

地方名：七星鱼、溪七鳃鳗。

主要特征：体全长 140～210mm。体呈长圆柱形，尾部略侧扁，无鳞。无上下颌。头前端腹面有漏斗状的吸盘。舌上有小齿，形成舐刮器。眼透明。沿眼后的两侧各有 7 个鳃孔。鼻孔 1 个，位于眼前背方中央。背鳍 2 个，呈两个山峰状紧密相连，第一背鳍较低，起点约位于体中央，第二背鳍高且长，其后端以低皮褶与尾鳍连接，边缘呈弧形，并与尾鳍、臀鳍相连。尾鳍呈箭状。无胸鳍和腹鳍。体暗褐色，腹部较浅。

分布：黑龙江、嫩江、牡丹江、乌苏里江和兴凯湖等水系。东北特有种。

（2）日本七鳃鳗（*Lampetra japonica*）

分类地位：圆口纲七鳃鳗目七鳃鳗科七鳃鳗属。

地方名：七星子、八目鳗。

主要特征：体长400～800mm。体呈圆筒形，细长，后半部稍侧扁，裸露无鳞。无上下颌。吻部腹面为漏斗状吸盘，吸盘内有许多角质齿。鼻孔1个，位于眼前背方中央，其后方有一长椭圆形淡色顶眼区。两背鳍不相连，第一背鳍较矮，第二背鳍较第一背鳍长而高，呈三角形。

分布：黑龙江、松花江、嫩江、乌苏里江。

（3）史氏鲟（*Acipenser schrenckii*）

分类地位：硬骨鱼纲鲟形目鲟科鲟属。

地方名：七粒浮子、鲟鱼。

主要特征：体全长 920～2410mm。体呈长棱形，头、尾部尖细。头部呈三角形，顶部较平。口小，下位，横裂，口唇具莲花瓣状褶皱，左右鳃膜在峡部固着，不相连接。眼小，位于头的中侧部。吻腹面口前方有横列的须2对，等长，须基部前方有若干疣状突，多数为7对，故称之为七粒浮子。体表裸露无鳞，被有5行菱形骨板，每个骨板上均有锐利的棘。

分布：黑龙江、乌苏里江和松花江干流下游。

（4）鳇（*Huso dauricus*）

分类地位：硬骨鱼纲鲟形目鲟科鳇属。

地方名：鳇鱼。

主要特征：个体大，体长约2000mm，最长可达5000mm以上。体粗长，头尾尖细。吻尖，突出，呈三角形。口大，下位，呈弯月形，左右鳃膜在峡部愈合成游离褶皱。上下颌可前伸，口向前张开很大。口前方有 2 对触须，内侧 1 对较向前。眼小，距吻端近。体表光滑无鳞，被有 5 行骨板。背鳍位于体后部，接近尾鳍。歪形尾，上叶尖长，下叶钝缓。

分布：黑龙江、乌苏里江和松花江干流下游。

（5）大麻哈鱼（*Oncorhynchus keta*）

分类地位：硬骨鱼纲鲑形目鲑科大麻哈鱼属。

地方名：大马哈鱼、秋鲑。

主要特征：体长600～850mm。体型长而侧扁，头后背部逐渐隆起，至背鳍基部向尾部微弯。头侧扁。眼小，距吻端较距鳃孔为近。生殖期雄性吻端突出显著，上下吻端相向弯曲如钳形，两颌不能吻合。体被细小圆鳞。侧线完全，近直线；侧线鳞140～148。鳃耙 20～25；幽门盲囊 165～205。背鳍起点距吻端与距尾鳍基部相等。脂鳍小，位于背后部。臀鳍位于脂鳍前下方。尾鳍深叉状。繁殖期鱼体两侧出现 10～12 条橘红色斑条，雌鱼体色较浓艳，雄鱼体斑较大。

分布：黑龙江、乌苏里江和松花江干流下游。

（6）哲罗鲑（*Hucho taimen*）

分类地位：硬骨鱼纲鲑形目鲑科哲罗鱼属。

地方名：哲罗、折罗鱼、蛰鳞。

主要特征：体长500～1000mm，最大可达1500mm以上。口端位，口裂大，上颌骨游离，末端超过眼后缘。鳞细小。侧线完全；侧线鳞193～242。鳃耙14～14；幽门盲囊150～250。有脂鳍。背鳍位于背部中央略前。尾鳍浅叉状。体背部苍青色，体侧下部及腹部银白色，头部及体侧散有暗色小十字形斑点；繁殖期腹部、腹鳍和尾鳍下叶皆呈橙红色。

分布：黑龙江、乌苏里江等水系的山间溪流。

（7）细鳞鲑（*Branchymystax lenok* subsp. *lenok*）

分类地位：硬骨鱼纲鲑形目鲑科细鳞鲑属。

地方名：细鳞、细鳞鱼、山细鳞。

主要特征：体长290～460mm。体侧扁。吻尖。口亚下位，上颌突出明显，口裂小，上颌骨后缘在眼中央垂直线以前。眼较大，接近于吻端。鳞细小。侧线完全；侧线鳞115～122。鳃耙26～30；幽门盲囊84～114。胸鳍短，不达腹鳍基部。背鳍与腹鳍相对。腹鳍有较长的腋鳞。脂鳍较大，与下方臀鳍相对。尾鳍分叉较深。体背部深褐色，体侧银白色或黄褐色及红褐色，散有黑色较大圆斑，斑点多在背部及侧线以上；生殖期体色变深暗，体侧出现暗红色斑块。

分布：黑龙江、嫩江、松花江、牡丹江、绥芬河等水系。

（8）乌苏里白鲑（*Coregonus ussuriensis*）

分类地位：硬骨鱼纲鲑形目鲑科白鲑属。

地方名：雅巴沙、兔子鱼、大眼白。

主要特征：体长355～500mm。体呈长椭圆形，略侧扁，体高大于头长。头较小。吻短，约与眼径相等。口端位，口裂小，上颌骨宽大，后端游离，末端达眼球中部下方。眼较大，距吻端较近，虹膜银白色。鳞较大。侧线平直；侧线鳞86～92。鳃耙24～30；幽门盲囊127～188。各鳍均小。尾鳍分叉较深；尾柄短。脂鳍很小。体背部青灰色，体侧和腹部银白色，背鳍和尾鳍末端边缘呈黑色。

分布：黑龙江、松花江、嫩江等水系及附属水系。

（9）卡达白鲑（*Coregonus chadary*）

分类地位：硬骨鱼纲鲑形目鲑科白鲑属。

地方名：兔子鱼、雅巴沙。

主要特征：体长445～495mm。体延长，侧扁，呈纺锤形。头部较小。吻钝。口端位，上颌短，后延达眼前缘下方。侧线鳞73～83。鳃耙23～24。背鳍起点距吻端较距尾鳍基部为近。臀鳍起点在脂鳍起点之前。尾鳍分叉较深，上下叶末端较尖。脂鳍小。体背部灰绿色，体侧银白色，较乌苏里白鲑色更深。

分布：黑龙江、乌苏里江和松花江干流下游。

（10）黑龙江茴鱼（*Thymallus arcticus* subsp. *grubei*）

分类地位：硬骨鱼纲鲑形目茴鱼科茴鱼属。

地方名：斑鳟子、板撑子。

主要特征：体长 150～200mm。体呈长形，侧扁。吻钝且短，吻长约与眼径相等。口端位，口裂倾斜，上颌、下颌约等长。鳃盖条 8～10。眼较大，侧上位。鳞小。侧线平直；侧线鳞 83～93。幽门盲囊 15。背鳍基部长，鳍条高，前部为不分支鳍条，后部为分支鳍条，背鳍鳍条 19～22。脂鳍约与臀鳍基后部相对。胸鳍下位，后伸不达腹鳍。腹鳍起点在背鳍第 15～16 根鳍条的下方。尾鳍深叉状。体背和体侧紫灰色，体侧具许多黑褐色的小斑点，幼鱼体侧还有暗色横斑条，随生长而消失；繁殖期成鱼体侧出现大的红色斑块，背鳍有 2～3 条赤褐色斑纹，其他各鳍均出现红色。

分布：黑龙江、嫩江、牡丹江、松花江、绥芬河等水系的支流或溪流。

（11）池沼公鱼（*Hypomesus olidus*）

分类地位：硬骨鱼纲鲑形目胡瓜鱼科公鱼属。

地方名：公鱼、黄瓜香。

主要特征：体长 68.2～95mm。体长，侧扁。口端位，上颌骨后端不达眼中点下方，上颌、下颌具绒毛状细齿。眼较大，侧上位。体被薄鳞。侧线不完全；纵列鳞 55～58。背鳍起点约位于体中部，背鳍与腹鳍相对。脂鳍后端游离呈屈指状。胸鳍较小，后伸不达腹鳍。尾鳍深分叉。肛门紧靠臀鳍。体背部绿褐色，体侧银白色，鳞片边缘有暗色小斑点，各鳍均为灰黑色。

分布：黑龙江中游、松花江等水系。

（12）亚洲公鱼（*Hypomesus transpacificus*）

分类地位：硬骨鱼纲鲑形目胡瓜鱼科公鱼属。

地方名：黄瓜香、公鱼、春生子。

主要特征：体长 66～174mm。体呈长形，侧扁。吻尖。口亚上位，口斜裂，后缘达瞳孔之前，上颌短宽，后端达眼中部或稍后下方，下颌略长于上颌。体被薄鳞。鳃盖膜不与鳃峡相连。侧线不完全；侧线鳞 7～16。幽门盲囊 4～7。背鳍起点位于体中部，背鳍与腹鳍相对。臀鳍基部较长。脂鳍与臀鳍后部相对。肛门位于臀鳍前方。尾鳍深分叉。

分布：黑龙江中游以下沿岸水域。

（13）黑斑狗鱼（*Esox reicherti*）

分类地位：硬骨鱼纲鲑形目狗鱼科狗鱼属。

地方名：狗鱼棒子、狗鱼。

主要特征：体长 232～700mm。体呈长形，稍侧扁。头大，前部扁平。吻长。口似鸭嘴，口裂大，下颌长于上颌。鼻孔前微凹。眼侧上位。体被小圆鳞，颊部和鳃盖具细鳞。侧线排列不规整；侧线鳞 48～64。背鳍后位，近尾鳍，与臀鳍上下相对。腹鳍腹位，起点约位于胸鳍和臀鳍起点之间。胸鳍侧下位。尾鳍分叉。体背和体侧褐色或苍灰色，腹部白色，背部、体侧、背鳍、臀鳍、尾鳍均散布有卵圆形黑斑点，幼鱼无显著的暗色斑点或斑点极不明显，胸鳍、腹鳍、臀鳍和尾鳍下叶略呈黄色或橙红色。

分布：黑龙江、乌苏里江、嫩江、松花江等水系的支流及附属湖泊、水库。

（14）大银鱼（*Protosalanx hyalocranius*）

分类地位：硬骨鱼纲鲑形目银鱼科大银鱼属。

地方名：面条鱼、面丈鱼。

主要特征：体长 65～165mm。体型细长，近圆筒形，后部略侧扁。头部上下扁平。吻尖，呈三角形，平扁。口大，上颌略短于下颌。有脂鳍。胸鳍大而尖。背鳍完全位于臀鳍前方，起点至尾鳍基部的距离大于至胸鳍基部的距离。体无鳞，仅雄鱼臀鳍基部每侧有 1 行鳞片，18～21 个。性成熟时雄鱼臀鳍呈扇形。体色半透明，两侧、腹面有数行黑点。

分布：黑龙江、松花江、嫩江、乌苏里江、兴凯湖。引进种类。

（15）银鲫（*Carassius auratus gibelio*）

分类地位：硬骨鱼纲鲤形目鲤科鲫属。

地方名：鲫瓜子。

主要特征：体型及体色与普通鲫极相似，但身体较后者显著高且宽，体长为体高的 1.9～2.5 倍（平均 2.2 倍）。侧线上鳞 7。杂食性鱼类。生长速度较普通鲫快，个体也较大，最大可达 3kg。生活习性与普通鲫相似，喜栖息于浅水、水草丛生、底质多淤泥的地方。冬季在深水处越冬。产卵期一般在 5 月底至 7 月初。第一次性成熟的年龄多数为 3 龄，亦有少数为 2 龄。

分布：黑龙江、松花江、嫩江上游支流。

（16）鲤（*Cyprinus carpio*）

分类地位：硬骨鱼纲鲤形目鲤科鲤属。

地方名：鲤子、鲤拐子。

主要特征：体长 110～543mm。体呈纺锤形，侧扁。口亚下位，呈马蹄形。须 2 对。下咽齿 3 行，呈圆锥形、臼齿形。侧线完全；侧线鳞 29～40。背鳍及臀鳍均具硬刺，最后一根硬刺后侧具锯齿，背鳍软鳍条 16～20。体背部灰黑色或黄褐色，体侧带金黄色，腹部银白色或浅灰色，尾鳍下叶红色，偶鳍淡红色，背鳍和尾鳍基部微黑色。

分布：黑龙江及绥芬河的支流及附属湖泊、水库。

（17）青鱼（*Mylopharyngodon piceus*）

分类地位：硬骨鱼纲鲤形目鲤科青鱼属。

地方名：青根、螺蛳青。

主要特征：体长 64～785mm。体粗壮，近圆筒形，腹部圆。头背面宽。吻短。口端位，呈弧形，口裂后缘不过眼中部，上颌略长于下颌。唇发达，唇后沟中断。眼位于头侧的前半部，眼间宽而微突，眼间距为眼径的 2 倍以上。鳃盖膜与峡部相连。鳞中等大小。侧线位于体侧中轴，浅弧形，向后伸达尾柄正中；侧线鳞 39～46。

分布：黑龙江、松花江、牡丹江、乌苏里江、兴凯湖、镜泊湖。

（18）草鱼（*Ctenopharyngodon idellus*）

分类地位：硬骨鱼纲鲤形目鲤科草鱼属。

地方名：草鱼、鲩鱼。

主要特征：体长 73～370mm。体呈长形，前部近圆筒形，尾部侧扁。头长为眼间距的 1.6～1.9 倍，头宽，前部略平扁。吻短钝，稍长于眼径。口端位，口宽大于口长，口裂后缘不过眼中部，上颌略长于下颌。眼位于头侧前半部，眼间宽而稍突，间距为眼径的 3 倍以上。下咽齿 2 行，侧扁，梳状。鳃盖膜与峡部相连。无腹棱。鳞中等大小，圆形。侧线前部呈弧形，后部平直，伸达尾鳍基部；侧线鳞 35～45。背鳍无硬刺。臀鳍起点至尾鳍基部的距离近于至腹鳍起点的距离。胸鳍条末端至腹鳍起点的距离大于胸鳍长的 1/2。尾鳍分叉浅，上下叶约等长。

分布：黑龙江、松花江、嫩江、乌苏里江等水系。

（19）条纹似白鮈（*Paraleucogobio strigatus*）

分类地位：硬骨鱼纲鲤形目鲤科似白鮈属。

地方名：条纹拟白鮈、拟白鮈。

主要特征：体长 36～97mm。体长，侧扁，腹部圆。头稍长，略尖，长于胸鳍。口端位，弧形。唇后沟向前伸，在下颌前缘处中断。口角须 1 对，须长小于眼径的 1/3。下咽齿 2 行。胸腹部具鳞。背鳍末根不分支鳍条为光滑的硬刺，末端柔软分节，刺长小于头长。背鳍起点距吻端与距尾鳍基部相等，背鳍、腹鳍起点相对。臀鳍短，无硬刺。胸鳍后伸不达腹鳍。腹鳍后伸达肛门。肛门靠近臀鳍起点。腹膜灰白色，上有多数小黑点。

分布：黑龙江、松花江、乌苏里江等水系。

（20）平口鮈（*Ladislavia taczanowskii*）

分类地位：硬骨鱼纲鲤形目鲤科平口鮈属。

地方名：和尚头。

主要特征：体长 45～123mm，最长达 150mm。体长，粗壮，稍侧扁，腹部圆。头钝圆，稍侧扁，头长与体高几乎相等。口大，下位，宽且平，呈横裂。上唇发达，肉质；下唇短小，仅止于口角；上下唇在口角处相连。唇后沟中断，间距甚宽。须 1 对，长于眼径。体侧鳞片大，腹部鳞片小。胸鳍基部之前裸露无鳞。背鳍短，无硬刺，位于腹鳍前上方，起点距吻端较距尾鳍基部为近。臀鳍起点距腹鳍基部较距尾鳍基部为近。胸鳍后伸不达腹鳍起点。腹鳍起点与背鳍第 4 根分支鳍条基部相对，末端后伸达肛门。肛门约位于腹鳍基部与臀鳍起点间的后 1/4 处。

分布：黑龙江、牡丹江、松花江、嫩江等水系。

（21）麦穗鱼（*Pseudorasbora parva*）

分类地位：硬骨鱼纲鲤形目鲤科麦穗鱼属。

地方名：麦穗子。

主要特征：体长 37～102mm。体长，侧扁，尾柄较高，腹部圆。头稍小，前端尖，上下略平扁。吻短，尖而突出。眼大，眼间宽且平坦。口小，上位，一字形，口裂垂直，下颌较上颌为长。无须。唇后沟中断。背鳍末根不分支鳍条柔软，无硬刺。背鳍起点距吻端与距尾鳍基部相等或略短。臀鳍短小，无硬刺，起点距腹鳍基部较距尾鳍起点基部为近。背部和体侧上半部灰黑色，体侧鳞片后缘具新月形暗斑，各鳍鳍膜灰黑色；生殖期雄鱼体色较黑，吻部、颊部出现白色珠星。

分布：黑龙江、松花江、乌苏里江等水系及附属水系。

（22）湖鲹（*Phoxinus percnurus*）

分类地位：硬骨鱼纲鲤形目鲤科鲹属。

地方名：柳根子、泡柳根、红翅子。

主要特征：体长 37～89mm。体较高，体长一般不足体高的 4 倍，尾柄细长。口小，端位，上颌稍长于下颌。背鳍起点显著在腹鳍起点之前。鳞细小，胸、腹部无鳞，鳞周围有发达的放射肋。尾鳍深叉状。咽齿 2 行。背部灰绿色，体侧暗黄绿色并散布有许多黑色小斑。个体很小，常见体长 60～90mm，最大不足 150mm。常栖息于清澈的小河和山涧溪流，多水草的静水湖泊及河湾。体长约 50mm 的 2 龄鱼可达性成熟，产卵期 5～6 月，黏性卵。生殖期间，体色鲜艳、美观。

分布：黑龙江、图们江、嫩江等水系。

（23）花江鲅（*Phoxinus czekanowskii*）

分类地位：硬骨鱼纲鲤形目鲤科鲅属。

地方名：柳根子、花鲅。

主要特征：体长 32～79mm。体呈长形，侧扁，腹部圆。头较长，长于体高。吻钝。口半下位，上颌略长于下颌，下颌末端至眼前缘。眼位于头侧上方，眼间平宽。鳞细小，隐于皮下，侧线不完全。背鳍起点位于腹鳍起点上方稍后。臀鳍起点距腹鳍较距尾鳍甚为近。尾鳍叉形。腹部灰黄色，体侧及背部多黑色，散布大小不整齐的细小斑点。

分布：黑龙江、松花江、嫩江、乌苏里江、牡丹江等水系。

（24）洛氏鲅（*Phoxinus lagowskii*）

分类地位：硬骨鱼纲鲤形目鲤科鲅属。

地方名：河柳根、拉氏鲅、柳根子。

主要特征：体长 80～172mm。体低而长，稍侧扁，体长为体高的 3.9～5.2 倍；尾柄长而低，尾柄长为尾柄高的 2.1～2.8 倍。头近锥形，头长显著大于体高。口亚下位，弧形，口裂较深，后延至眼下缘。鳞细小，常不呈覆瓦状排列，侧线完全。背鳍位于腹鳍上方，起点至吻端的距离显著大于至尾鳍基部的距离。臀鳍位于背鳍的后下方，距腹鳍基部显著较距尾鳍基部为近。腹鳍起点前于背鳍。尾鳍分叉浅。体背部灰黄色，密布小黑斑，腹部银白色或银黄色，体侧正中鳃孔上端至尾鳍基部有一黑色纵带。

分布：黄河以北广大地区。

（25）真鲅（*Phoxinus phoxinus*）

分类地位：硬骨鱼纲鲤形目鲤科鲅属。

地方名：花里棒、花柳根。

主要特征：体长 38～48mm。体长，稍侧扁，背部略呈弧形，腹部圆；尾柄细长，尾柄长为尾柄高的 3.0～3.3 倍，尾柄长一般大于头长。头稍侧扁，头长大于体高。吻长等于或稍大于眼径。口小，前位，上颌略长于下颌，上颌骨末端伸达鼻孔后缘下方。眼较大，位于头前侧，眼间距稍大于眼径。鳃膜与峡部相连。鳞细小，排列不规则，腹部自腹鳍基部向前至峡部无鳞。侧线不完全，至多伸达臀鳍起点；侧线鳞 76～80。背鳍起点位于体中部偏前。臀鳍起点与背鳍基部末端相对或稍后。胸鳍后伸不达腹鳍起点。腹鳍位于背鳍前下方，后伸不达肛门。尾鳍分叉较深，上下叶约等长。体背部灰褐色，腹部银白色，背部正中有一狭纵纹，体侧自头部至尾鳍有 10 条黑色横斑，列成纵行，尾鳍正中及上方各具一小黑点。雄性成熟个体头部具角质突起。

分布：黑龙江、松花江、乌苏里江等水系。

（26）黑龙江鳑鲏（*Rhodeus sericeus*）

分类地位：硬骨鱼纲鲤形目鲤科鳑鲏属。

地方名：葫芦子。

主要特征：体长 37～85mm。体高，极侧扁，长椭圆形，体长为体高的 2.6～3.2 倍。头较长且大于头高。口小，亚下位，顶点在眼下缘水平线之下。背鳍前鳞有 1/2 以上呈棱状。侧线不完全。背鳍和臀鳍均不具硬刺。体背部绿灰色，体侧紫青色，近腹部银白色，近腹缘略带红色，眼球上缘红色，尾柄中线上有 1 段黑色纵纹，向前伸到背鳍起点下方，臀鳍、胸鳍和腹鳍略带黄色；繁殖期雄鱼颜色十分鲜艳，头部及胸腹部近黑色，背鳍、臀鳍和胸鳍均延长，吻部具珠星，臀鳍外缘黑色。雌鱼具有产卵管。

分布：黑龙江、松花江、乌苏里江等水系。

（27）大鳍鱊（*Acheilognathus macropterus*）

分类地位：硬骨鱼纲鲤形目鲤科鱊属。

地方名：大鳍刺鳑鲏、葫芦子。

主要特征：体长 21～124mm，最长达 130mm 左右。体极侧扁，近卵圆形。头小。吻钝。口小，亚下位，顶点在眼下缘水平线之下。口角具短须 1 对。眼较大，侧上位。侧线完全，平直；侧线鳞 35～38。背鳍和臀鳍具硬刺和 2 条白色斜纹；背鳍分支鳍条 15～18，臀鳍分支鳍条 12～14（偶尔 11 或者 15）。鳃耙 6～12。体背部灰绿色，体侧银白色，鳃孔后上方有 2 个黑斑，尾柄正中有 1 条黑色纵纹，向前延伸并逐渐变细到达背鳍起点前后；繁殖期雄鱼婚姻色明显，各鳍浅柠檬色并夹带浅红色，尾鳍基部红色，吻端珠星白色。雌鱼具有产卵管。

分布：黑龙江及附属水系。

（28）兴凯鱊（*Acheilognathus chankaensis*）

分类地位：硬骨鱼纲鲤形目鲤科鱊属。

地方名：兴凯刺鳑鲏、葫芦子。

主要特征：体长 32～94mm。体侧扁，椭圆形。头小。吻钝。口端位，口裂浅，顶点与眼下缘处在同一水平线上。口角无须或偶有突起状短须。眼较大，侧上位。侧线完全，平直；侧线鳞 32～38。背鳍和臀鳍具硬刺；背鳍分支鳍条 10～16，臀鳍分支鳍条 10～11。腹鳍位于背鳍前下方。鳃耙 14～20。体背部黄灰褐色，体侧和腹部银白色，尾柄正中有 1 条黑色纵纹，向前延伸并逐渐变细达背鳍起点正下方。

分布：黑龙江、松花江、嫩江、乌苏里江、兴凯湖等。

（29）唇䱻（*Hemibarbus labeo*）

分类地位：硬骨鱼纲鲤形目鲤科䱻属。

地方名：重重、重唇鱼。

主要特征：体长 132～343mm，最长达 560mm。体较长，稍侧扁，腹部圆。头大，头长大于体高。吻长，钝而圆，长于眼后头长。眼大，眼间宽阔。前眶骨、下眶骨、前鳃盖骨边缘具 1 排黏液腔。口下位，呈马蹄形。下唇发达，两侧叶宽阔，具发达的褶皱，中央有一三角形小突起。唇后沟中断，间距较窄。口角须 1 对，等于或略小于眼径，后伸达眼前缘下方。鳃耙 15～18。背鳍具一粗壮而光滑的硬刺，起点距吻端较距尾鳍为近。腹鳍起点位于背鳍起点稍后。臀鳍起点距尾鳍基部与距腹鳍起点相等。肛门紧靠臀鳍起点。体背青灰色，成鱼体侧无斑点，小个体具不明显黑斑。

分布：黑龙江和嫩江上游较多，松花江、乌苏里江、牡丹江、镜泊湖、五大连池等水系有分布。

（30）花䱻（*Hemibarbus maculatus*）

分类地位：硬骨鱼纲鲤形目鲤科䱻属。

地方名：吉花、花吉花。

主要特征：体长 75～320mm。体长，略侧扁，背部较高，腹部圆。头略长，短于体高。吻稍突，前端稍扁平，较眼后头长短或相等。口略小，下位，呈马蹄形。下唇两侧叶较为狭窄，颏部中央三角形突起较大。唇后沟中断。口角须 1 对，短于眼径。眼下缘和后缘具 1 排黏液腔。鳃耙 8～11。背鳍具有 1 根粗壮的硬刺，起点距吻端较距尾鳍基部为近。腹鳍起点稍后于背鳍起点。臀鳍起点距尾鳍基部较距腹鳍起点为近。肛门紧靠臀鳍起点。体背部和侧部灰褐色，体侧具多数大小不等的黑色斑点，沿体侧中央轴侧线稍上方有 7～11 个黑色大斑，背鳍和尾鳍具多数小黑点。

分布：黑龙江、松花江、嫩江、乌苏里江、兴凯湖、镜泊湖等水系。

（31）䱗（*Hemiculter leucisculus*）

分类地位：硬骨鱼纲鲤形目鲤科䱗属。

地方名：䱗条、白漂子、青鳞子。

主要特征：体长 89～225mm。体长而侧扁，背部轮廓较平直，体长为体高的 3.5～4.8 倍。口端位，斜裂。眼大。体被薄圆鳞，易脱落。侧线完全，在胸鳍上方向下急剧弯折至胸鳍后端后，平行于腹部轮廓后行至臀鳍后端复又向上弯折入尾柄中线直至尾鳍基部；侧线鳞 50～56。鳃耙 14～18。背鳍起点距尾鳍基部较距吻端为近，第 3 根不分支鳍条为光滑硬刺，刺长短于头长。腹棱完全，自峡部下方至肛门。臀鳍分支鳍条 11～13。鳔 2 室。体背部青灰色，体侧及腹部银白色，腹腔膜灰黑色，尾鳍边缘灰黑色。

分布：黑龙江、松花江、乌苏里江、嫩江及附属水系。

（32）兴凯䱗（*Hemiculter lucidus*）

分类地位：硬骨鱼纲鲤形目鲤科䱗属。

地方名：䱗条、白漂子、兴凯油䱗。

主要特征：体长 87～163mm。似贝氏䱗，但是背鳍刺长超过头长，体长为体高的 3.7～4.2 倍。侧线鳞 43～48。鳃耙 18～25。背鳍起点距吻端比距尾鳍基部为近。臀鳍分支鳍条 14～19。体背部灰绿色，体侧及腹部银白色，腹腔膜深黑色，各鳍灰白色。

分布：兴凯湖，主要是大兴凯湖、乌苏里江。

（33）鳊（*Parabramis pekinensis*）

分类地位：硬骨鱼纲鲤形目鲤科鳊属。

地方名：鳊花。

主要特征：体长 200～420mm。体高，甚侧扁，长菱形，体长为体高的 2.5～3.0 倍。头小，侧扁。吻短。口端位，口裂小，上下颌约等长。眼中等大。侧线完全，约位于体侧中央。鳞近圆形。侧线鳞 52～60。腹棱完全，从胸鳍基部下方至肛门。背部隆起，背鳍末根不分支鳍条为硬刺，位于身体的最高处。胸鳍不达腹鳍基部。臀鳍分支鳍条 28～30。肛门紧靠臀鳍。尾鳍深叉状。体背部青绿色，体侧和腹部银灰色，各鳍灰白色。

分布：黑龙江、松花江、嫩江、牡丹江、乌苏里江、镜泊湖和兴凯湖。广布种。

（34）潘氏鳅鮀（*Gobiobotia pappenheimi*）

分类地位：硬骨鱼纲鲤形目鲤科鳅鮀属。

地方名：八须鮈。

主要特征：体长26～64mm。体较长，前部粗圆，后部细而稍侧扁，头胸部腹面平坦。吻圆钝。口下位，横宽，弧形。唇薄，具细小乳突和褶皱。须4对，口角1对、颏部3对。瞳孔呈垂直椭圆形。下咽齿2行，齿细长，末端尖钩状。鳃耙退化。侧线完全；侧线鳞 38～41。胸腹部裸露无鳞。背鳍条III-7，臀鳍条II-6。尾鳍叉形。肛门位于腹鳍至臀鳍起点的前1/3处。

分布：黑龙江、嫩江、松花江、乌苏里江。

（35）鳙（*Aristichthys nobilis*）

分类地位：硬骨鱼纲鲤形目鲤科鳙属。

地方名：花鲢、胖头鱼。

主要特征：吻短而钝。口端位。唇薄。无须。下咽齿骨穿孔，齿1行，侧扁。鳃上器发达。鳃耙叶状，排列极为紧密，但不相连。鳞小。侧线完全；侧线鳞 91～108。胸鳍大而延长，末端远超过腹鳍基部。腹鳍至肛门具腹棱。胸鳍条III-7，臀鳍条III-12～13。尾鳍深叉状。体背部、体侧灰黑色，腹部银白色，体侧有许多不规则的黑色斑点，鳍灰白色，带有一些黑色小斑点。

分布：黑龙江流域的各江河、湖泊、水库。人工迁入养殖种。

（36）鲢（*Hypophthalmichthys molitrix*）

分类地位：硬骨鱼纲鲤形目鲤科鲢属。

地方名：白鲢、鲢子。

主要特征：体长 54～426mm。体侧扁，背部圆，腹部窄，胸鳍至肛门具腹棱。头较小。吻圆而钝。口小，较阔，端位，下颌稍向上倾斜。下咽齿1行，侧扁。眼小。有鳃上器。鳃耙互相连接成多孔的膜质片。鳞小。侧线完全；侧线鳞 91～120。背鳍条III-7，臀鳍条III-12～13。胸鳍末端达腹鳍起点。尾鳍深叉状。体背部青灰色，体侧、腹部银白色，背鳍、尾鳍黑色，偶鳍灰白色。

分布：黑龙江、乌苏里江、松花江、嫩江等水域。

（37）凌源鮈（*Gobio lingyuanensis*）

分类地位：硬骨鱼纲鲤形目鲤科鮈属。

地方名：船丁子。

主要特征：体长54～86mm。体长，稍侧扁，头后部稍隆起，腹部圆，体长为头长的3.4～3.7倍，尾柄长为尾柄高的1.8～2.1倍。头较长，长于体高。吻稍短，短于眼后头长。口下位，弧形。唇后沟中断。口角须1对，粗短，末端向后可达眼中部下方。胸部无鳞。侧线鳞36～40。背鳍无硬刺，起点距吻端大于至距鳍基部或相等。胸鳍末端不达腹鳍起点。腹鳍末端刚盖过肛门。肛门距臀鳍起点近，约位于腹鳍基部距臀鳍基部的后1/3处。臀鳍起点距腹鳍基部小于距尾鳍基部。体背灰黑色，背部及体侧上部有许多黑色小点组成的纵条纹，腹部白色，沿体侧中轴有 7～9 个黑斑和 1 条较宽的灰黑色纵条带，背部正中有7～8个较小的黑斑。

分布：黑龙江、松花江、嫩江、乌苏里江、兴凯湖等水系。中国特有种。

（38）高体鮈（*Gobio soldatovi*）

分类地位：硬骨鱼纲鲤形目鲤科鮈属。

地方名：苏氏鮈、沙咕噜子。

主要特征：体长 34～108mm。体长，稍侧扁，背鳍起点处较高，尾柄稍细长，腹部圆，体长为头长的 3.4～4.4 倍，尾柄长为尾柄高的 2.0～2.5 倍。头长大于体高。吻较短，短于眼后头长。眼间较宽。唇薄，唇后沟中断。口角须 1 对，末端不超过眼中部下方。胸部在胸鳍基部之前无鳞，且裸露区稍向后扩展。侧线鳞 37～40。背鳍起点距吻端较距尾鳍基部为近，但大于背鳍基部后端至尾鳍基部的距离。胸鳍长，后伸接近腹鳍起点。腹鳍起点位于背鳍起点之后，后伸超过肛门。肛门位于腹鳍基部至臀鳍向后 1/3 处。体背部灰黑色，体侧中轴有灰黑色纵纹，沿此纹有 7～9 个黑色斑点。

分布：黑龙江下游、松花江、乌苏里江。

（39）细体鮈（*Gobio tenuicorpus*）

分类地位：硬骨鱼纲鲤形目鲤科鮈属。

地方名：长须鮈。

主要特征：体长 57～132mm。体细长，圆筒形，背部稍隆起，腹部略圆或平坦，尾柄细长，体长为头长的 3.8～4.3 倍，尾柄长为尾柄高的 2.0～2.5 倍。头长大于体高。口下位，弧形。眼侧上位。下唇侧叶较狭窄。口角须 1 对，末端向后可达前鳃盖骨后缘。胸、腹部裸露区扩大，向后可扩展至胸鳍基部与腹鳍起点至中点的腹中央部分。侧线鳞 43～45。背鳍无硬刺，起点距吻端等于或小于距臀鳍末端，约与背鳍基部后端至尾鳍基部的距离相等。胸鳍末端达到或超过胸鳍基部和腹鳍起点间的前 1/3 处。腹鳍起点位于背鳍起点后下方，末端远超过肛门。肛门位于腹鳍基部至臀鳍间的前 1/3 处。体背部灰黑色，具有若干小黑点，背部正中有 6～8 个黑斑，体侧中轴有 8～11 个长形黑斑块。

分布：松花江、乌苏里江、黑龙江和图们江等水系。

（40）犬首鮈（*Gobio gobio cynocephalus*）

分类地位：硬骨鱼纲鲤形目鲤科鮈属。

地方名：沙咕噜子、花丁鮈、船丁子。

主要特征：体长 55～151mm。体长，稍侧扁，背部在背鳍起点前稍隆起，腹部圆或平坦，体长为头长的 3.8～4.2 倍，尾柄长为尾柄高的 2.4～3.2 倍。头长，近锥形。吻较尖，长于眼后头长。鼻孔前方凹陷。口下位，弧形。唇无乳突，结构简单，唇后沟中断。口角须 1 对，末端向后可达眼后缘下方。胸部在胸鳍之前裸露无鳞。侧线鳞 42～45。背鳍起点距吻端约与距尾柄中点相等。胸鳍末端不达腹鳍起点。腹鳍向后伸超过肛门。肛门位于腹鳍基部与臀鳍间的中点。头背暗黑色，体背部灰黑色，腹部灰白色，背部正中具 7～8 个不明显的黑斑，体侧中轴具 8～9 个黑色大斑，背鳍、尾鳍有黑点组成的若干条纹，其他鳍灰白色。

分布：黑龙江、嫩江、牡丹江、松花江、绥芬河等水系的支流或溪流。

（41）棒花鱼（*Abbottina rivularis*）

分类地位：硬骨鱼纲鲤形目鲤科棒花鱼属。

地方名：爬虎鱼、沙咕噜子。

主要特征：体长 42.5～95mm。体前部粗壮，后部侧扁，腹部较平。头长大于体高，眼间宽而平。吻突出而圆钝，上下颌无角质边缘。鼻孔前方下陷。口下位，马蹄形。唇厚而发达，无显著乳突，上唇具不显著褶皱。口角具须1对，须长与眼径相等。腹面胸鳍基部前方无鳞。侧线完全。尾鳍叉形，肛门位于腹鳍基部与臀鳍间的前1/3处。体背部、体侧棕色或灰褐色，体侧鳞片后缘有一黑斑，体侧中轴有7～9个黑色斑点，背部有5个黑色斑块，各鳍浅黄色，背鳍、尾鳍有很多黑色斑点组成的条纹。

分布：黑龙江中上游及支流、乌苏里江等水系。

（42）银鮈（*Squalidus argentatus*）

分类地位：硬骨鱼纲鲤形目鲤科银鮈属。

地方名：大眼、五斤搭。

主要特征：体长43～138mm。体长，稍侧扁，腹部圆。头近圆锥形，长一般大于体高。吻略长。口亚下位，弧形，上颌稍长于下颌。口角须1对，须长等于眼径。胸腹部具鳞。侧线鳞39～42。背鳍起点距吻端较距尾鳍基部为近，约与背鳍基部后端至尾鳍基部的距离相等。胸鳍后伸不达腹鳍起点。腹鳍末端靠近或达肛门，末端超过其起点至腹鳍起点间距的2/3。腹鳍位于背鳍起点后下方，起点约与背鳍第2根分支鳍条相对。肛门近臀鳍，位于腹鳍基部与臀鳍起点间的后约1/3处。体背银灰色，体侧及腹面银白色，体侧中轴自头后至尾鳍基部有银灰色条纹。

分布：黑龙江、松花江等水系。中国特有种。

（43）兴凯银鮈（*Squalidus chankaensis*）

分类地位：硬骨鱼纲鲤形目鲤科银鮈属。

地方名：大眼、乌苏里鮈。

主要特征：体长36～86mm。体长，稍侧扁，腹部圆。头略似锥形，长于体高。吻略长。口亚下位。口角须1对，须长小于眼径的1/2。胸腹部具鳞。侧线完全，近平直；侧线鳞38或39。背鳍起点距吻端较其基部后端至尾鳍基部的距离为大。胸鳍末端超过其起点至腹鳍起点间距的2/3。腹鳍位于背鳍起点后下方，起点约与背鳍第2根分支鳍条相对。肛门近臀鳍，位于腹鳍与臀鳍间距的后1/3处。体背灰黄色，略暗，体侧略带浅黄色，背部正中为1条黑色细条纹，体侧多数鳞片边缘具灰黑色斑点，体侧中轴自鳃孔上方至尾鳍基部有1条黑色斑纹。

分布：黑龙江、松花江、嫩江、乌苏里江等水系。

（44）东北颌须鮈（*Gnathopogon mantschuricus*）

分类地位：硬骨鱼纲鲤形目鲤科颌须鮈属。

地方名：无。

主要特征：体长68～84mm。体稍侧扁，背部稍隆起，腹部圆，尾柄高，体长为尾柄高的7.6～8.2倍。头较小，短于体高。吻短而钝，长稍大于眼径。口端位，口宽约等于口长，口裂稍斜裂。口角须1对，极为短小，须长约为眼径的1/3。胸腹部具鳞。背鳍无硬刺，起点距吻端与距尾鳍基部约相等。胸鳍短于头长，后伸远不及腹鳍起点。腹鳍起点约与背鳍第2根分支鳍条相对，末端后伸可达肛门。肛门紧靠臀鳍起点。

分布：黑龙江、松花江、嫩江、乌苏里江等水系。

（45）突吻鮈（*Rostrogobio amurensis*）

分类地位：硬骨鱼纲鲤形目鲤科突吻鮈属。

地方名：黑龙江突吻鮈。

主要特征：体长 40～100mm。体细长，前部似圆筒形，后部略侧扁。头短。吻圆钝。鼻孔前方下陷。口下位，弧形，上下颌具发达的角质边缘。唇发达，具许多小乳突，下唇中叶为 1 对后缘稍分离的突起。口角须 1 对。下咽齿 1 行。体腹面自胸部至腹鳍基部之前裸露无鳞。背鳍短，无硬刺。尾鳍两叶末端尖。体棕色，体侧有 8～10 个长形黑斑，尾鳍有小黑点。

分布：黑龙江省各水系。

（46）蛇鮈（*Saurogobio dabryi*）

分类地位：硬骨鱼纲鲤形目鲤科蛇鮈属。

地方名：船丁鱼、船丁子。

主要特征：体长 68～175mm。体极长，纤细，圆筒形，背部隆起，腹部平坦，尾柄特别细长，略侧扁。头较大。吻突出。鼻孔前方下陷。眼较大。口下位，马蹄形。唇厚，具许多乳突。口角须 1 对。胸鳍基部之前无鳞。侧线完全；侧线鳞 40～61。背鳍无硬刺，起点距吻端较其基底后端至尾鳍基部的距离显著为小。肛门近腹鳍起点。鳔 2 室，前室包于骨囊内。吻部背面及两侧各有 1 条黑色条纹，鳞具黑色边缘，体侧中轴有 1 条黑色条纹。

分布：黑龙江、乌苏里江、松花江、嫩江、牡丹江等水系。

（47）细鳞鲴（*Xenocypris microlepis*）

分类地位：硬骨鱼纲鲤形目鲤科鲴属。

地方名：板黄、细鳞斜颌鲴。

主要特征：体长 100～270mm，最长达 400mm。体侧扁，较高。头小。吻钝。口下位，下颌角质边缘较发达。眼小，侧上位。下咽齿 3 行。鳞较小。侧线完全，在胸鳍下方略向下弯；侧线鳞 72～84。肛门前有较短的腹棱，长度为肛门至腹鳍基部距离的 3/4 以上。腹鳍基部有 1 片长形腋鳞。体背部灰黑色，体侧及腹部银白色，有黄色光泽，背鳍灰黑色，胸鳍、腹鳍、臀鳍淡黄色，尾鳍橘黄色，后缘灰黑色。

分布：黑龙江、松花江、镜泊湖和兴凯湖。

（48）银鲴（*Xenocypris argentea*）

分类地位：硬骨鱼纲鲤形目鲤科鲴属。

地方名：皇姑子。

主要特征：体长 105～172mm，最长达 395mm。体侧扁，稍延长。头小。吻钝。口下位，上下颌具锋利的角质边缘。下咽齿 3 行。侧线完全，在胸鳍下方略向下弯；侧线鳞 57～64。无腹棱或肛门前有很短的腹棱。腹鳍基部有 1 片长形腋鳞。体背部灰黄色，体侧及腹部银白色，鳃盖膜有一明显的橘黄色斑块，胸鳍、腹鳍、臀鳍基部和颊部淡黄色，背鳍和尾鳍浅灰色。

分布：黑龙江省各主要水系和镜泊湖、兴凯湖。

（49）蒙古鲌（*Culter mongolicus*）

分类地位：硬骨鱼纲鲤形目鲤科鲌属。

地方名：红尾、蒙古红鲌。

主要特征：体长 160～420mm，最大个体长达 700mm。体侧扁，体长为体高的 3.6～

4.7 倍。头小。吻尖，背部在头后方稍隆起。口端位，口裂斜，下颌略长于上颌。眼较小，位于头侧前半部。鳃盖膜与峡部相连。鳞较小，背腹部鳞较体侧鳞更小。侧线前部略弧形，较平直；侧线鳞 74～78。鳃耙 17～19。腹棱自腹鳍基部至肛门。背鳍有硬刺。臀鳍分支鳍条 18～23。胸鳍末端未达腹鳍基部。尾鳍深叉状，上下叶约等长。体背部灰绿色或灰黄色，体侧和腹部银白色，胸鳍、腹鳍、臀鳍浅黄色微带红色，尾鳍下叶鲜红色。

分布：黑龙江省各大水系及附属水系。

（50）翘嘴鲌（*Culter alburnus*）

分类地位：硬骨鱼纲鲤形目鲤科鲌属。

地方名：岛子、大白鱼、翘嘴红鲌。

主要特征：体长 210～745mm，最大可达 1100mm 以上。体长，侧扁，头背部平直，头后背部隆起，体长为体高的 3.8～4.6 倍。口上位，下颌肥厚，急剧突出而向上翘，几乎与身体纵轴垂直。眼大，位于头的侧上方。侧线前部浅弧形，后部平直。背鳍末根不分支鳍条为光滑的硬刺。臀鳍分支鳍条 21～24。腹棱不完全，位于腹鳍与肛门之间。体侧银灰色，腹面银白色，各鳍灰色或灰黑色。

分布：黑龙江中下游、松花江、嫩江、兴凯湖、镜泊湖等水系。

（51）红鳍原鲌（*Culter erythropterus*）

分类地位：硬骨鱼纲鲤形目鲤科原鲌属。

地方名：麻连。

主要特征：体长 72～324mm。体侧扁，较厚，头背部平直，头后背部隆起明显，体长为体高的 3.4～4.1 倍。口上位，口裂几乎和身体纵轴垂直。侧线前部略呈弧形，后部平直，伸达尾柄正中。背鳍起点位于腹鳍起点至臀鳍起点中央上方，背鳍具硬刺。臀鳍分支鳍条 25～30。腹棱完全，腹鳍基部之后的腹棱低，呈嵴状突起。尾鳍深叉状。鳔 3 室。体侧和腹部银白色，体侧上半部鳞片后缘有黑色小斑点，背鳍和尾鳍上叶灰白色，其他鳍橘黄色；繁殖期雄鱼头部出现珠星。

分布：黑龙江、乌苏里江、松花江、嫩江及附属水系。

（52）鲂（*Megalobrama terminalis*）

分类地位：硬骨鱼纲鲤形目鲤科鲂属。

地方名：法罗、三角鲂、鳊花。

主要特征：体长 220～321mm。体高而侧扁，菱形，头后背部隆起，背缘较薄，体长为体高的 2.1～2.6 倍，尾柄长为尾柄高的 0.8～1.0 倍。头小，头宽为口宽的 2 倍以上。口端位，斜裂，上下颌等长，上下颌角质边缘发达。侧线平直，位于体侧中央；侧线鳞 52～60。背鳍位于身体的最高处，第 3 不分支鳍条为硬刺，背鳍硬刺长于头长。胸鳍后伸达腹鳍起点。腹鳍基部至肛门具腹棱。臀鳍长，起点在背鳍基部末端正下方，分支鳍条 24～28。尾鳍深叉状，下叶稍长于上叶。

分布：黑龙江、松花江、嫩江、乌苏里江、镜泊湖和兴凯湖。

（53）马口鱼（*Opsariichthys bidens*）

分类地位：硬骨鱼纲鲤形目鲤科马口属。

地方名：马口。

主要特征：体长 65～356mm。体长，侧扁。吻钝。口裂大，下颌倾斜，稍向前突出，前端有一显著突起，与上颌相吻合，两侧各有一凹陷，亦与上颌突起相吻合，形如马嘴。眼小，侧上位。下咽齿顶端呈钩状。侧线完全；侧线鳞 46～53。无腹棱。背鳍起点位于体长中点。腹鳍起点与背鳍起点相对。臀鳍条显著伸长，雄鱼长于雌鱼。肛门位于臀鳍前。体背部灰黑色，腹部银白色，眼上缘橙黄色，体侧有纵列条纹，生殖期雄鱼体侧条纹特别显眼，臀鳍淡红色，头部、胸鳍、臀鳍有明显珠星，其他各鳍灰白色，边缘橙黄色。

分布：黑龙江各支流、兴凯湖、镜泊湖、连环湖。

（54）鳡（*Elopichthys bambusa*）

分类地位：硬骨鱼纲鲤形目鲤科鳡属。

地方名：鳡条、横竿子。

主要特征：体长 227～790mm，最大可达 2000mm 以上。体延长，圆筒形。吻尖长，喙状，长远超过高。口端位，口裂大，后缘过眼中部，下颌顶端有一角质突起，与上颌凹入处相吻合。鳞小。侧线完全；侧线鳞 109～115。臀鳍近于尾鳍，起点至腹鳍起点与至尾鳍起点的距离约相等。腹鳍基部有 2 片或 3 片狭长腋鳞。尾鳍深分叉，下叶略长于上叶。背部灰黑色，体侧银白色，有金黄色光泽，腹部银白色，颊部黄色，胸鳍、腹鳍和臀鳍橘黄色。

分布：黑龙江、松花江、嫩江、乌苏里江、大兴凯湖、镜泊湖。

（55）瓦氏雅罗鱼（*Leuciscus waleckii*）

分类地位：硬骨鱼纲鲤形目鲤科雅罗鱼属。

地方名：雅里红、雅罗、华子鱼。

主要特征：体长 164～370mm。体侧扁，肥厚，腹部圆。头小，短于体高。口端位，口裂倾斜。侧线完全，前部略向下弯呈弧形。背鳍前鳞 21～28，鳞中等大小，基部放射脊明显。背鳍起点略后于腹鳍起点。臀鳍位于背鳍后下方，起点至腹鳍基部较至尾鳍基部的距离为近。体背青灰色，腹侧色浅，体侧鳞片后缘灰黑色，背鳍、尾鳍浅灰色，胸鳍、腹鳍、臀鳍浅色；繁殖期胸鳍、腹鳍和臀鳍皆橙红色。

分布：黑龙江、乌苏里江、松花江及支流与附属湖泊、水库。

（56）拟赤梢鱼（*Pseudaspius leptocephalus*）

分类地位：硬骨鱼纲鲤形目鲤科拟赤梢鱼属。

地方名：红尾巴梢子、鸭罗鱼。

主要特征：体长 143～560mm。体低而延长，稍侧扁，背缘较平直，腹部圆。头细长且尖。吻部稍扁平，背部明显隆起。眼小。口小，亚上位向上倾斜，上颌骨伸达眼的前下方，下颌突出于上颌之前，前端上翘。鳃孔大，向前延伸至鳃盖骨后缘下方。鳞小。侧线完全，前部略呈弧形，后部平直；侧线鳞 91～102。腹部无腹棱。尾鳍分叉较浅。体背部深灰色，腹部银白色，背鳍深灰色，其他各鳍红色，尤以臀鳍和尾鳍为鲜艳红色。

分布：黑龙江各主要水系和镜泊湖、兴凯湖。

（57）赤眼鳟（*Squaliobarbus curriculus*）

分类地位：硬骨鱼纲鲤形目鲤科赤眼鳟属。

地方名：红眼瞪子、红眼鱼。

主要特征：体长162～285mm。体略呈圆筒形，尾部侧扁，腹部圆，无腹棱。头圆锥形，背面较宽。口端位，上下颌约等长，口裂宽，口裂后缘不过眼中部。须2对，细小。鳞大。侧线完全，弧形，行于体下半部，向后伸达尾柄正中；侧线鳞43～51。背鳍无硬刺。臀鳍位于背鳍后下方，起点至尾鳍基部近于至腹鳍基部的距离。体背和体侧青灰色，腹部银白色，眼上缘有一明显红色斑块，侧线上方鳞片基部有黑色斑纹，背鳍和尾鳍深灰色，其他鳍灰白色。

分布：黑龙江、松花江、嫩江、镜泊湖、连环湖。

（58）东北鳈（*Sarcocheilichthys lacustris*）

分类地位：硬骨鱼纲鲤形目鲤科鳈属。

地方名：老母猪鱼、黑老婆脚。

主要特征：体长 85～221mm。体较高，稍侧扁，头后背部显著隆起。头小。口下位，下颌前缘具锐利的角质边缘。口角有小须1对。胸腹部具鳞片。侧线完全，较平直；侧线鳞41～43。尾鳍分叉浅。体背部浅灰黑色，腹部灰白色，体侧有4条宽的垂直黑斑，鳍灰黑色，边缘色浅，略带黄色；繁殖期雄鱼体色深暗，吻部和胸鳍鳍条外侧具白色珠星，雌鱼具短粗的产卵管。

分布：黑龙江各主要水系和镜泊湖、兴凯湖。

（59）克氏鳈（*Sarcocheilichthys czerskii*）

分类地位：硬骨鱼纲鲤形目鲤科鳈属。

地方名：山鲤子、黑老婆脚。

主要特征：体长 63～123mm。体稍侧扁，腹部圆。口小，亚下位，弧形，下颌前缘角质边缘不发达。无须。侧线完全，较平直；侧线鳞40～43。背鳍短，无硬刺。尾鳍分叉浅。体背部灰黑色，腹部灰白色，体侧中轴有1条黑色纹带，并分散有一些不规则的黑斑，胸部、鳃盖后部橘黄色，鳍灰黑色，背鳍、尾鳍颜色更深；繁殖期雄鱼体侧黑色斑纹较深，颌部和胸部更鲜艳，吻部具白色珠星，雌鱼产卵管延长。

分布：黑龙江各主要水系和镜泊湖、兴凯湖。

（60）黑龙江花鳅（*Cobitis lutheri*）

分类地位：硬骨鱼纲鲤形目鳅科花鳅属。

地方名：花泥鳅、扁担钩。

主要特征：小型鱼类。眼下刺分叉。口须3对，较长。颐叶发达。背鳍分支鳍条6～7。鳞细小。侧线不完全。多数个体尾鳍基下部的黑斑不明显，部分雄性个体体侧中线的大斑为1条宽纵纹所代替。底层鱼类，常栖息于清水、缓流、砂底质的河汊、沟渠及沼泽，行动缓慢，游动距离短，受惊后即潜入石隙、沙内藏身。以水生昆虫及着生藻类为食。4月下旬至6月中旬产卵繁殖，卵黏性，附着于沙石上。

分布：黑龙江省各水系。

（61）北方花鳅（*Cobitis granoei*）

分类地位：硬骨鱼纲鲤形目鳅科花鳅属。

地方名：花泥鳅、扁担钩。

主要特征：体长 37～93mm，最大可达 100mm 以上，尾柄长为尾柄高的 1.6～2.3

倍。口亚下位，马蹄形。口须 4 对，口角须长，后伸达眼中点下方。体被细小鳞片。侧线不完全。肛门位于臀鳍前。体背部棕灰色，腹部白色，背部具 14～18 个大斑，体侧中线具 10～18 个大斑，头部及体上侧具蠕虫形花纹或不规则斑点，背鳍和尾鳍有 3～4 列灰褐色斑条，尾鳍上侧具一明显黑斑，有的个体黑斑不明显。

分布：黑龙江省各主要水系和镜泊湖、兴凯湖。

（62）北方须鳅（*Nemachilus nuda*）

分类地位：硬骨鱼纲鲤形目鳅科须鳅属。

地方名：花泥鳅、河石榴、北方条鳅。

主要特征：体长 34～112mm。体延长，前部近圆筒形，后部侧扁。眼小，无眼下刺。口下位。吻部圆钝。下唇近口角处各有一向后延的唇突。前鼻孔有短管，后鼻孔圆孔状。须 3 对，其中吻须 2 对，口角须 1 对。头部无鳞，体被小鳞或鳞仅存尾柄处。侧线完全。背鳍起点至吻端的距离为体长的 52%～55%。尾鳍截形或浅凹。鳔包于骨质鳔囊内。体背部绿灰色或灰黄色，体侧散布暗色斑，背鳍有 4 纵列色斑，尾鳍有 6 列或 7 列色斑。

分布：黑龙江中上游、松花江、嫩江、乌苏里江及附属水系。

（63）北方泥鳅（*Misgurnus bipartitus*）

分类地位：硬骨鱼纲鲤形目鳅科泥鳅属。

地方名：泥鳅、泥勒勾子。

主要特征：体长 45～141mm。体细长，稍侧扁，尾柄长是尾柄高的 2.1～2.9 倍。头较小。吻圆钝，吻端至背鳍起点的距离为体长的 53%～60%。口亚下位，马蹄形。须 5 对，较短。眼小，侧上位。鳞较小，深埋于皮下。侧线鳞完全。腹鳍起点位于背鳍第 2 至 4 根分支鳍条下方。尾柄皮褶棱不发达。体背部黑灰色，腹部浅黄色，体上侧具小斑点，背鳍和尾鳍有许多黑色小斑点，臀鳍、腹鳍灰白色，尾鳍基部上侧有一较大黑斑。

分布：黑龙江、松花江、嫩江等水系及附属水系。

（64）黑龙江泥鳅（*Misgurnus mohoity*）

分类地位：硬骨鱼纲鲤形目鳅科泥鳅属。

地方名：泥鳅勾子。

主要特征：须 5 对。无眼下刺。腹鳍基部起点约与背鳍起点相对。躯体被鳞，尾鳍基部上方具一黑斑，尾柄皮质棱较发达。底层鱼类，多生活于砂质或淤泥底质的静水缓流水体中，适应性较强，在缺氧时可进行肠呼吸，个体较大。

分布：黑龙江省各水系。

（65）大鳞副泥鳅（*Paramisgurnus dabryanus*）

分类地位：硬骨鱼纲鲤形目鳅科副泥鳅属。

地方名：扁鳅、大鳞泥鳅、大泥鳅。

主要特征：体长 140～203mm。体延长而侧扁。头较短小，短于体高。吻较尖。口亚下位，马蹄形。须 5 对，口须较长，后伸达前鳃盖骨后缘。眼小，无眼下刺。鳞较大，深埋于皮下，头部无鳞。侧线鳞不完全。背鳍不具硬刺。腹鳍起点位于背鳍第 2 分支鳍条之下。尾柄具明显的皮肤褶与尾鳍相连。体背及体侧上半部灰黑色，体侧下半部及腹面灰白色，全身散布有黑色小斑点，背鳍及尾鳍具黑色小斑点，其他各鳍灰白色。

分布：黑龙江、松花江及附属水系。中国特有种。

（66）鲇（*Silurus asotus*）

分类地位：硬骨鱼纲鲇形目鲇科鲇属。

地方名：鲇鱼、鲇鱼球子。

主要特征：体长 113～650mm，最大可达 800mm 以上。体延长，前部扁平，后部侧扁。口端位，口裂较小，倾斜度大，浅弧形，末端达眼前缘，下颌较突出。须 2 对。体表裸露无鳞。侧线完全。胸鳍有一硬刺，雄鱼胸鳍刺前后缘有锯齿，而雌鱼仅在前缘有锯齿。尾鳍上下叶等长。体背部黄褐色或灰褐色，腹部灰白色。

分布：黑龙江、嫩江、松花江、绥芬河等支流或附属溪流。

（67）怀头鲇（*Silurus soldatovi*）

分类地位：硬骨鱼纲鲇形目鲇科鲇属。

地方名：黑龙江六须鲇、怀头。

主要特征：与普通鲇相似，身体前部较宽，后部侧扁，腹部较大，微圆。背部多浅黄色或灰褐色，身体两侧有金黄色侧线，还有不规则暗色斑块，腹部白色。体表光滑无鳞，胸鳍基部各有 1 个黏液孔，受刺激时能分泌大量黏液。头部扁平且宽，眼小，口较大，上下颌均有锐利的小齿。须 3 对，上颌须 1 对，较长，超过头长；下颌须 2 对，较短，容易断掉。背鳍较小。胸鳍具硬刺，硬刺边缘有许多瘤状突起，边缘没有锯齿状缺刻。臀鳍较长，从肛门后一直到尾鳍基部。

分布：黑龙江省各水系。

（68）黄颡鱼（*Pelteobagrus fulvidraco*）

分类地位：硬骨鱼纲鲇形目鮠科黄颡鱼属。

地方名：嘎牙子、虎皮嘎牙子。

主要特征：体长 123～274mm。体长，前部平扁，后部稍侧扁。口下位，弯弓形，口裂宽大。须 4 对，上颌须最长，且超过胸鳍基部。体表裸露无鳞。背鳍前位，硬刺具锯齿。胸鳍胸位，扇状，硬刺强大，前缘锯齿细密，后缘锯齿粗大。臀鳍分支鳍条 14～17。脂鳍与臀鳍相对。体背部黑褐色，腹部淡黄色，体侧黄色并有 3 个黑黄相间的大斑块，各鳍灰黑色。

分布：黑龙江、乌苏里江、闽江、湘江、长江等水系。

（69）光泽黄颡鱼（*Pelteobagrus nitidus*）

分类地位：硬骨鱼纲鲇形目鮠科黄颡鱼属。

地方名：嘎牙子、尖嘴子、白嘎拉眼子。

主要特征：体长 82～212mm。体较长，背鳍后稍侧扁。吻近圆锥形，稍突出。口下位，弧形，口裂较大。须 4 对，上颌须最长，但不超过胸鳍基部。体表裸露无鳞。背鳍前位，硬刺具锯齿。胸鳍胸位，扇状，硬刺强大，前缘光滑无锯齿，后缘锯齿粗大。臀鳍分支鳍条 18～22。脂鳍与臀鳍相对。体背部灰黄色或灰褐色，体侧有 2 个暗色斑块，腹部淡黄白色，各鳍灰色。

分布：黑龙江、乌苏里江、闽江、湘江、长江等水系。

（70）纵带鮠（*Leiocassis argentivittatus*）

分类地位：硬骨鱼纲鲇形目鲿科鮠属。

地方名：无。

主要特征：体长 21～53mm。体长，略粗壮，背部隆起，腹部圆突，后部稍侧扁。吻平扁，圆钝。口下位，新月形。须 4 对，上颌须长于头长，后伸超过胸鳍基部。体表裸露无鳞。背鳍短，具一光滑硬刺，后缘有弱锯齿。脂鳍短，与臀鳍相对。体背部黄褐色，腹部色浅，各鳍有暗色斑块。

分布：松花江、兴凯湖。

（71）乌苏里拟鲿（*Pseudobagrus ussuriensis*）

分类地位：硬骨鱼纲鲇形目鲿科拟鲿属。

地方名：牛尾巴、乌苏里鮠。

主要特征：体长 154～390mm。体修长，前部宽厚，后部稍侧扁，尾柄长为尾柄高的 2.3～4.2 倍。吻端圆钝。口下位，横裂。须 4 对，鼻须后伸达眼后缘，上颌须后端接近胸鳍起点。体表裸露无鳞。背鳍、胸鳍具硬刺，后缘锯齿状。脂鳍较长，与臀鳍相对。臀鳍分支鳍条 14～17。尾鳍内凹或者分叉很浅。体背部、体侧灰黄色，腹部白色，背鳍、尾鳍末端黑色。

分布：珠江、黑龙江、乌苏里江、松花江、嫩江等水系。

（72）江鳕（*Lota lota*）

分类地位：硬骨鱼纲鳕形目鳕科江鳕属。

地方名：山鲇鱼、花鲇鱼。

主要特征：体长 278～520mm。体延长，圆锥形，后部侧扁。头平扁。吻端圆钝。口端位，口裂不超过眼前缘，上颌较下颌略长。颏须 1 根。体被埋于皮囊中的小圆鳞。侧线完全。背鳍 2 个，第 2 背鳍基部向后延至尾柄，背鳍与臀鳍相对。腹鳍喉位。体背部、体侧黄褐色或灰褐色，腹部灰白色，体侧散布不规则白斑。

分布：黑龙江、乌苏里江等水系。

（73）葛氏鲈塘鳢（*Perccottus glenii*）

分类地位：硬骨鱼纲鲈形目塘鳢科鲈塘鳢属。

地方名：老头鱼、山胖头、沙姑鲈子、还阳鱼。

主要特征：体长 68～164mm。体粗短，略呈纺锤形，前部呈圆筒形，后部侧扁。头大而平扁。吻尖而平扁，吻背中间有一大的骨质隆起。口大，上位，斜裂，下颌稍突出，后延至眼球下方，上下颌及犁骨具绒毛状锐齿带。眼中等大，侧上位，眼间宽而稍凹。体被栉鳞，无侧线。两背鳍分离。胸鳍发达，后缘圆。腹鳍小，胸位，彼此分离。尾鳍圆形。体侧有暗色斑点。小型鱼类，常生活于多水草的沼泽、湖泊等静水或河流的缓流中，适应性较强。肉食性鱼类，主要以昆虫幼虫、甲壳虫幼虫和小虾为食，较大个体也食幼鱼。

分布：辽河、松花江、乌苏里江、黑龙江和图们江等水系。

（74）黄黝鱼（*Hypseleotris swinhonis*）

分类地位：硬骨鱼纲鲈形目塘鳢科黄黝鱼属。

地方名：小老头鱼、黄肚鱼。

主要特征：下颌稍突出，两颌均具细齿。眼径大于眼间距。体被栉鳞，头部、前鳃盖骨、胸鳍基部和腹部被圆鳞。背鳍 2 个，彼此分离。臀鳍明显比第 2 背鳍小。胸鳍大。腹鳍胸位，两鳍接近，但不愈合成吸盘。尾鳍圆形。体色浅棕，腹部灰白色，体侧具 14 条横斑纹，背鳍、尾鳍具数列黑色斑点。

分布：辽河、松花江、乌苏里江、黑龙江和图们江等水系。

（75）梭鲈（*Lucioperca lucioperca*）

分类地位：硬骨鱼纲鲈形目鲈科梭鲈属。

地方名：十道黑、牙鱼。

主要特征：体长 216～410mm。体延长，稍侧扁，梭形。头小。吻尖。口端位，略倾斜，上下颌、犁骨与腭骨均具绒毛状细齿，上颌、下颌及腭骨尚有大犬齿。鳃部生有锐利的小刺。体被栉鳞，颊部无鳞或仅上部具鳞。背鳍较长，分为前后两部分，第 1 背鳍第 3 至 6 鳍棘最长，第 2 背鳍第 1 和 2 鳍条最长。腹鳍在胸部稍后于胸鳍。体背侧灰绿色，成鱼具 12～13 条褐色横斑，背鳍具黑色纵斑。

分布：黑龙江、乌苏里江和兴凯湖。

（76）河鲈（*Perca fluviatilis*）

分类地位：硬骨鱼纲鲈形目鲈科梭鲈属。

地方名：五道黑。

主要特征：体长 82～280mm。体略侧扁，尾柄较细。口端位，下颌比上颌稍长，上颌骨后端达眼的下方，上下颌及口盖骨均有细齿。前鳃盖骨后缘有许多小锯齿，后鳃盖骨后缘有一棘。鳞小，为栉鳞。侧线完全，前段略弯向背方，向后延至尾柄正中轴。两背鳍略分离，第一背鳍为 8～16 根硬棘，其中第 4 根最长；第二背鳍为 3 根硬棘和 13 根软鳍条，以第 12 根鳍条最长。胸鳍侧位而较低。腹鳍胸位。尾鳍浅叉状，两叶末端圆。体棕褐色，有 7～9 条黑色横斑，腹部白色，背鳍浅灰黄色，第 1 背鳍后部有 1 个大黑斑，胸鳍浅黄色，臀鳍、腹鳍及尾鳍橘黄色。

分布：黑龙江中游、乌苏里江。黑龙江省为引进种。

（77）鳜（*Siniperca chuatsi*）

分类地位：硬骨鱼纲鲈形目鮨科鳜属。

地方名：桂鱼、鳌花。

主要特征：体长 76～380mm。体侧扁，背部隆起。口端位，较大，可伸缩，上下颌、犁骨、口盖骨都有大小不等的小齿。前鳃盖骨后缘呈锯齿状，下缘有 4 个大棘；后鳃盖骨后缘有 2 个大棘。头部具鳞，鳞细小。侧线沿背弧向上弯曲。背鳍分 2 部分，彼此连接，前部为硬棘，后部为软鳍条。臀鳍通常具 3 棘。体黄绿色，腹部灰白色，体侧具不规则暗棕色斑点及斑块，自吻端穿过眼眶至背鳍前下方有 1 条狭长的黑色带纹，奇鳍有明显黑色斑点。

分布：黑龙江、松花江、嫩江、乌苏里江、镜泊湖、兴凯湖。

（78）乌鳢（*Channa argus*）

分类地位：硬骨鱼纲鲈形目鳢科鳢属。

地方名：黑鱼。

主要特征：体延长，被圆鳞。背鳍、臀鳍基底长。各鳍无棘。鳃上器官由第一鳃弓的上鳃骨和舌颌骨扩展而成。有腹鳍。底栖肉食凶猛性鱼类，平时喜生活在沿岸泥底、水草丛生的浅水区，潜伏在水草中等待时机追捕食物，夜间有时在水的上层游动。耐低氧，在缺氧的水体中能借助鳃上腔的辅助呼吸器进行呼吸，当离开水体后还能存活相当长的时间。

分布：黑龙江、松花江、嫩江、乌苏里江等水系。

（79）中华多刺鱼（*Pungitius sinensis*）

分类地位：硬骨鱼纲刺鱼目刺鱼科多刺鱼属。

地方名：刺滚儿、九刺鱼。

主要特征：体长 38～57mm。体细长，侧扁，尾柄细窄。头较小。吻钝。口近上位，口裂上斜，下颌稍长于上颌，具细齿。体表无鳞。侧线完全。背鳍前有游离鳍棘 9 个，最长鳍棘约为第 2 背鳍高的 1/2。体背部暗绿色，体侧灰黄色，腹面色浅；体背颜色随季节不同而有变动，夏季为褐色，冬季为深黑色。

分布：黑龙江、松花江、嫩江、乌苏里江、兴凯湖等水系。

（80）青鳉（*Oryzias latipes*）

分类地位：硬骨鱼纲鳉形目青鳉科青鳉属。

地方名：大眼鱼、鳉鱼。

主要特征：体长 19～32mm。体修长，侧扁，背部平直，腹部呈弧形。吻宽扁。眼大，侧上位。口上位，横裂，能伸缩，下颌长于上颌，上下颌各有 2 行细而尖的齿。头和体均被圆鳞。无侧线。背鳍 1 个，后位，近尾基部，与臀鳍后部相对。腹鳍腹位，末端达肛门。体背部淡灰绿色，体侧和腹部银白色，臀鳍、腹鳍均散布细小黑点。

分布：黑龙江、松花江、嫩江、乌苏里江、兴凯湖等水域。

（81）黑龙江中杜父鱼（*Mesocottus haitej*）

分类地位：硬骨鱼纲鲉形目杜父鱼科中杜父鱼属。

地方名：大头鱼、老头鱼、牛角鱼。

主要特征：体长 92～114mm。体呈锥形，头部扁平而大，尾柄较细。口端位，口裂大，上颌、下颌和锄骨生有绒毛状锐齿。眼顶位，眼间较窄。前鳃盖骨后缘有 4 个较直的棘状突起物。颈部有低弱的线状皮棱。除腹部外，体表密布小刺。背鳍 2 个。胸鳍较大。腹鳍小，胸位。臀鳍大，与第 2 背鳍相对。尾鳍扇圆形。体黄褐色，腹部较淡，第一背鳍后的侧线上方有 3 个黑斑，背鳍、胸鳍、臀鳍与尾鳍有小黑点。

分布：黑龙江、松花江、乌苏里江和嫩江。

### 9.1.9 常见鱼测量数据调查

鱼类生物学测定是研究鱼类资源的基础工作，包括体长、体重等指标，是鉴定种群、食性、年龄、生长和繁殖情况以及研究、分析鱼类数量变动等工作的基础，可为鱼群侦察、渔情预报、资源评估和渔业管理提供原始数据。本次测量结果见表 9-3～表 9-12。

表 9-3　保护区鱼类资源调查测量部分数据（黄颡鱼）

| 全长/cm | 体长/cm | 头长/cm | 体高/cm | 尾柄高/cm | 尾柄长/cm | 体重/g |
|---|---|---|---|---|---|---|
| 18.1 | 15.9 | 4.1 | 3.4 | 1.6 | 2.7 | 70.1 |
| 19.3 | 16.2 | 4.0 | 3.3 | 1.5 | 2.7 | 72.6 |
| 18.3 | 15.7 | 3.8 | 3.1 | 1.6 | 3.0 | 68.9 |
| 17.1 | 15.9 | 3.9 | 3.2 | 1.4 | 3.0 | 65.1 |
| 17.6 | 15.4 | 4.1 | 3.1 | 1.5 | 3.2 | 62.8 |
| 17.5 | 14.7 | 4.0 | 3.2 | 1.3 | 3.3 | 71.6 |
| 17.2 | 15.4 | 3.9 | 3.2 | 1.5 | 3.0 | 67.4 |
| 16.9 | 14.3 | 4.1 | 3.0 | 1.3 | 3.4 | 64.2 |
| 17.3 | 15.6 | 3.8 | 3.1 | 1.3 | 3.3 | 66.3 |
| 16.7 | 15.7 | 3.9 | 3.3 | 1.5 | 3.5 | 69.8 |
| 16.5 | 14.1 | 3.8 | 3.1 | 1.5 | 3.4 | 66.1 |
| 16.7 | 14.2 | 3.7 | 3.0 | 1.3 | 2.6 | 59.1 |
| 15.9 | 13.8 | 3.7 | 2.9 | 1.4 | 2.5 | 58.3 |
| 15.7 | 13.8 | 3.8 | 2.8 | 1.3 | 2.4 | 67.9 |
| 16.1 | 14.0 | 4.1 | 3.0 | 1.3 | 2.6 | 64.3 |
| 16.8 | 14.2 | 4.0 | 3.1 | 1.2 | 2.4 | 65.6 |
| 17.6 | 14.7 | 4.2 | 3.1 | 1.6 | 2.5 | 54.6 |
| 19.6 | 16.4 | 4.3 | 3.2 | 1.6 | 2.9 | 76.3 |
| 19.8 | 16.7 | 4.1 | 3.3 | 1.5 | 2.7 | 74.9 |
| 19.5 | 16.6 | 4.2 | 3.0 | 1.7 | 2.7 | 78.1 |
| 18.8 | 16.4 | 4.2 | 3.1 | 1.8 | 2.4 | 66.2 |
| 18.1 | 15.9 | 4.1 | 3.4 | 1.5 | 2.2 | 69.4 |
| 17.6 | 15.7 | 3.7 | 3.1 | 1.4 | 2.4 | 60.4 |
| 16.5 | 14.2 | 3.6 | 2.9 | 1.2 | 2.6 | 63.6 |
| 16.7 | 14.4 | 3.7 | 2.8 | 1.4 | 2.7 | 59.5 |
| 17.5 | 15.2 | 4.0 | 3.1 | 1.4 | 2.8 | 66.5 |

注：最后一行为各指标均值。下同。

表 9-4　保护区鱼类资源调查测量部分数据（银鲫）

| 全长/cm | 体长/cm | 头长/cm | 体高/cm | 尾柄高/cm | 尾柄长/cm | 体重/g |
|---|---|---|---|---|---|---|
| 11.6 | 9.5 | 2.3 | 4.8 | 1.5 | 1.7 | 38.3 |
| 10.7 | 8.9 | 2.2 | 4.1 | 1.4 | 1.5 | 28.2 |
| 10.6 | 8.9 | 2.3 | 3.8 | 1.4 | 1.5 | 27.0 |
| 13.7 | 11.5 | 3.1 | 5.3 | 2.1 | 1.7 | 61.6 |
| 12.1 | 10.2 | 2.6 | 4.3 | 1.6 | 1.6 | 37.1 |
| 12.3 | 10.1 | 2.8 | 4.7 | 1.7 | 1.8 | 45.6 |
| 8.5 | 7.2 | 2.0 | 2.9 | 1.1 | 1.2 | 13.1 |
| 9.2 | 7.7 | 1.8 | 3.6 | 1.2 | 1.1 | 20.4 |
| 11.1 | 9.4 | 2.3 | 4.2 | 1.5 | 1.4 | 32.6 |
| 10.9 | 9.1 | 2.1 | 4.1 | 1.4 | 1.5 | 29.6 |
| 9.9 | 8.1 | 1.8 | 3.7 | 1.2 | 1.2 | 22.6 |
| 9.5 | 7.8 | 2.0 | 3.3 | 1.2 | 1.2 | 18.8 |
| 8.6 | 7.1 | 1.7 | 3.2 | 1.1 | 1.2 | 14.9 |
| 10.9 | 9.2 | 2.3 | 4.0 | 1.4 | 1.4 | 29.1 |
| 10.7 | 8.9 | 2.6 | 4.1 | 1.5 | 1.4 | 28.8 |
| 9.8 | 8.2 | 2.1 | 3.6 | 1.3 | 1.4 | 21.4 |
| 11.0 | 8.5 | 2.5 | 4.3 | 1.5 | 1.0 | 28.8 |
| 10.2 | 8.5 | 2.3 | 3.6 | 1.3 | 1.3 | 23.8 |
| 9.0 | 7.0 | 2.0 | 3.2 | 1.1 | 0.9 | 15.1 |

续表

| 全长/cm | 体长/cm | 头长/cm | 体高/cm | 尾柄高/cm | 尾柄长/cm | 体重/g |
|---|---|---|---|---|---|---|
| 10.1 | 8.4 | 2.1 | 3.6 | 1.4 | 1.2 | 23.0 |
| 9.1 | 7.0 | 1.9 | 3.3 | 1.1 | 1.0 | 14.5 |
| 8.1 | 6.6 | 2.0 | 3.0 | 1.2 | 1.1 | 12.7 |
| 9.4 | 7.3 | 1.9 | 3.6 | 1.2 | 0.9 | 17.8 |
| 8.8 | 7.2 | 1.9 | 3.2 | 1.1 | 1.2 | 14.7 |
| 9.2 | 7.4 | 2.1 | 3.6 | 1.2 | 1.0 | 17.9 |
| 10.2 | 8.4 | 2.2 | 3.8 | 1.4 | 1.3 | 25.5 |

**表 9-5 保护区鱼类资源调查测量部分数据（黑龙江鳑鲏）**

| 全长/cm | 体长/cm | 头长/cm | 体高/cm | 尾柄高/cm | 尾柄长/cm | 体重/g |
|---|---|---|---|---|---|---|
| 7.2 | 6.1 | 1.2 | 2.1 | 0.7 | 1.0 | 4.1 |
| 7.1 | 5.9 | 1.1 | 2.1 | 0.6 | 1.5 | 5.2 |
| 8.0 | 6.7 | 1.6 | 2.4 | 0.7 | 1.6 | 6.5 |
| 7.8 | 6.4 | 1.3 | 2.2 | 0.7 | 1.4 | 5.9 |
| 7.9 | 6.6 | 1.4 | 2.4 | 0.8 | 1.6 | 6.4 |
| 8.0 | 6.7 | 1.3 | 2.5 | 0.7 | 1.6 | 6.4 |
| 7.2 | 6.4 | 1.2 | 2.5 | 0.8 | 1.6 | 7.6 |
| 7.2 | 6.1 | 1.2 | 2.2 | 0.7 | 1.4 | 6.0 |
| 6.8 | 5.6 | 1.2 | 1.9 | 0.6 | 1.5 | 4.2 |
| 6.8 | 5.9 | 1.1 | 2.1 | 0.7 | 1.3 | 5.8 |
| 7.2 | 6.0 | 1.2 | 2.1 | 0.7 | 1.6 | 5.4 |
| 5.9 | 4.9 | 1.0 | 1.6 | 0.5 | 1.4 | 2.7 |
| 7.9 | 6.5 | 1.9 | 2.2 | 0.7 | 1.9 | 6.5 |
| 7.7 | 5.9 | 1.4 | 2.5 | 0.7 | 1.9 | 6.0 |
| 7.8 | 6.3 | 1.9 | 2.3 | 0.7 | 1.5 | 6.1 |
| 7.9 | 6.4 | 1.9 | 2.4 | 0.8 | 1.7 | 7.0 |
| 7.5 | 6.1 | 1.8 | 2.3 | 0.8 | 1.9 | 6.3 |
| 7.6 | 6.3 | 1.9 | 2.5 | 0.8 | 1.9 | 7.6 |
| 8.0 | 6.5 | 2.0 | 2.5 | 0.8 | 1.9 | 7.4 |
| 7.3 | 5.9 | 1.3 | 2.8 | 0.7 | 1.8 | 5.6 |
| 7.0 | 5.4 | 1.3 | 2.3 | 0.7 | 1.2 | 4.9 |
| 7.4 | 5.8 | 1.4 | 2.2 | 0.7 | 1.5 | 5.6 |
| 7.5 | 6.3 | 1.2 | 2.3 | 0.7 | 1.4 | 6.1 |
| 7.3 | 6.0 | 1.4 | 2.0 | 0.6 | 1.5 | 5.2 |
| 8.3 | 7.3 | 1.3 | 2.6 | 0.9 | 1.7 | 7.7 |
| 7.5 | 6.2 | 1.4 | 2.3 | 0.7 | 1.6 | 5.9 |

**表 9-6 保护区鱼类资源调查测量部分数据（葛氏鲈塘鳢）**

| 全长/cm | 体长/cm | 头长/cm | 体高/cm | 尾柄高/cm | 尾柄长/cm | 体重/g |
|---|---|---|---|---|---|---|
| 11.0 | 9.1 | 2.4 | 2.5 | 1.1 | 1.8 | 14.5 |
| 9.6 | 8.4 | 2.5 | 2.6 | 1.0 | 2.3 | 14.9 |
| 5.9 | 4.9 | 1.4 | 1.6 | 0.6 | 1.9 | 2.4 |
| 7.0 | 5.5 | 2.0 | 1.8 | 0.6 | 1.2 | 4.4 |
| 8.9 | 7.6 | 2.1 | 2.6 | 1.0 | 2.0 | 11.2 |
| 13.5 | 11.1 | 4.2 | 4.0 | 1.4 | 2.6 | 36.7 |

续表

| 全长/cm | 体长/cm | 头长/cm | 体高/cm | 尾柄高/cm | 尾柄长/cm | 体重/g |
|---|---|---|---|---|---|---|
| 12.0 | 10.4 | 2.2 | 3.1 | 1.3 | 1.5 | 26.9 |
| 13.0 | 10.9 | 2.7 | 3.5 | 1.3 | 2.0 | 37.2 |
| 8.6 | 7.0 | 1.6 | 2.3 | 1.0 | 1.5 | 10.3 |
| 9.0 | 7.5 | 2.6 | 2.4 | 1.0 | 1.7 | 11.6 |
| 11.5 | 9.6 | 3.2 | 3.0 | 1.3 | 2.2 | 25.9 |
| 11.2 | 9.3 | 2.5 | 2.7 | 1.2 | 2.1 | 16.2 |
| 9.2 | 8.1 | 2.2 | 2.5 | 1.2 | 2.4 | 14.0 |
| 6.1 | 4.8 | 1.5 | 1.7 | 0.7 | 1.8 | 2.8 |
| 10.7 | 9.1 | 2.9 | 2.7 | 1.4 | 2.0 | 19.8 |
| 11.9 | 9.2 | 3.4 | 3.3 | 1.4 | 2.3 | 22.7 |
| 7.9 | 6.2 | 1.7 | 2.0 | 1.1 | 1.6 | 10.7 |
| 8.9 | 7.6 | 2.1 | 2.6 | 1.0 | 2.0 | 11.2 |
| 13.5 | 11.1 | 4.2 | 4.0 | 1.4 | 2.6 | 36.7 |
| 12.2 | 10.6 | 2.3 | 3.1 | 1.4 | 1.5 | 27.7 |
| 13.7 | 10.8 | 2.9 | 3.5 | 1.2 | 2.0 | 36.9 |
| 11.9 | 9.8 | 3.4 | 3.3 | 1.4 | 2.4 | 24.7 |
| 10.7 | 9.0 | 2.2 | 2.5 | 1.1 | 2.3 | 15.9 |
| 9.2 | 8.1 | 2.2 | 2.5 | 1.2 | 2.4 | 14.0 |
| 7.0 | 5.1 | 1.6 | 1.9 | 0.9 | 1.7 | 3.9 |
| 10.1 | 8.4 | 2.5 | 2.7 | 1.1 | 2.0 | 18.1 |

表 9-7　保护区鱼类资源调查测量部分数据（湖鲹）

| 全长/cm | 体长/cm | 头长/cm | 体高/cm | 尾柄高/cm | 尾柄长/cm | 体重/g |
|---|---|---|---|---|---|---|
| 14.4 | 12.5 | 3.1 | 3.8 | 1.5 | 2.5 | 40.8 |
| 12.1 | 10.5 | 2.0 | 3.4 | 1.3 | 2.1 | 28.2 |
| 15.6 | 13.6 | 3.1 | 4.4 | 1.7 | 2.8 | 53.1 |
| 13.4 | 11.6 | 2.5 | 3.7 | 1.3 | 2.7 | 35.1 |
| 13.9 | 12.1 | 2.8 | 3.8 | 1.5 | 2.5 | 38.3 |
| 14.2 | 12.5 | 2.8 | 3.7 | 1.6 | 2.7 | 46.6 |
| 13.8 | 11.7 | 3.0 | 4.0 | 1.7 | 2.6 | 40.9 |
| 9.7 | 8.2 | 1.7 | 2.3 | 1.0 | 2.0 | 11.6 |
| 11.8 | 10.2 | 2.3 | 3.1 | 1.2 | 2.5 | 22.3 |
| 10.1 | 8.5 | 2.1 | 2.6 | 1.1 | 2.1 | 12.9 |
| 11.3 | 9.8 | 2.2 | 3.1 | 1.2 | 2.5 | 22.8 |
| 10.9 | 9.4 | 2.2 | 2.8 | 1.2 | 2.1 | 17.0 |
| 11.9 | 10.2 | 2.0 | 3.1 | 1.2 | 2.6 | 24.3 |
| 10.8 | 9.2 | 2.0 | 2.8 | 1.2 | 2.1 | 15.1 |
| 13.3 | 11.5 | 2.5 | 3.4 | 1.5 | 2.6 | 32.3 |
| 12.7 | 10.9 | 2.4 | 3.3 | 1.4 | 2.1 | 24.6 |
| 11.6 | 9.8 | 2.4 | 3.1 | 1.2 | 2.5 | 27.9 |
| 11.1 | 9.5 | 2.1 | 3.0 | 1.1 | 1.9 | 17.4 |
| 12.7 | 11.3 | 2.4 | 3.3 | 1.3 | 2.4 | 32.9 |
| 12.5 | 10.6 | 2.6 | 3.3 | 1.4 | 2.5 | 25.1 |

续表

| 全长/cm | 体长/cm | 头长/cm | 体高/cm | 尾柄高/cm | 尾柄长/cm | 体重/g |
|---|---|---|---|---|---|---|
| 11.8 | 10.2 | 2.0 | 2.9 | 1.3 | 2.6 | 24.1 |
| 9.3 | 7.7 | 1.6 | 2.4 | 0.8 | 2.2 | 9.8 |
| 10.0 | 8.6 | 1.8 | 2.3 | 1.0 | 2.0 | 13.9 |
| 11.3 | 9.6 | 2.2 | 2.9 | 1.2 | 2.3 | 17.9 |
| 9.6 | 8.2 | 1.6 | 2.6 | 1.0 | 2.2 | 11.8 |
| 12.0 | 10.3 | 2.3 | 3.2 | 1.3 | 2.4 | 25.9 |

**表 9-8　保护区鱼类资源调查测量部分数据（北方泥鳅）**

| 全长/cm | 体长/cm | 头长/cm | 体高/cm | 尾柄高/cm | 尾柄长/cm | 体重/g |
|---|---|---|---|---|---|---|
| 18.5 | 16.4 | 2.4 | 2.6 | 1.8 | 3.0 | 38.4 |
| 23.2 | 20.5 | 2.8 | 3.5 | 2.0 | 3.0 | 75.0 |
| 19.0 | 16.0 | 2.1 | 2.3 | 1.7 | 2.5 | 36.2 |
| 13.0 | 11.1 | 1.7 | 17.0 | 1.1 | 2.0 | 10.7 |
| 18.4 | 16.0 | 2.5 | 2.6 | 1.7 | 2.5 | 32.6 |
| 14.5 | 12.9 | 2.0 | 1.8 | 1.1 | 2.0 | 14.4 |
| 17.0 | 15.0 | 2.2 | 2.3 | 1.5 | 2.3 | 29.7 |
| 11.7 | 10.3 | 1.7 | 1.6 | 0.7 | 2.0 | 12.1 |
| 18.5 | 15.7 | 2.7 | 2.1 | 1.3 | 2.7 | 36.5 |
| 12.9 | 10.4 | 1.7 | 1.7 | 1.2 | 2.2 | 11.4 |
| 15.6 | 13.4 | 2.2 | 2.0 | 1.2 | 2.2 | 20.2 |
| 4.3 | 3.7 | 0.7 | 0.6 | 0.3 | 1.1 | 6.1 |
| 13.0 | 11.5 | 1.8 | 1.5 | 1.0 | 1.8 | 12.6 |
| 13.0 | 11.2 | 1.9 | 1.8 | 1.1 | 1.9 | 13.3 |
| 14.7 | 12.7 | 2.0 | 2.0 | 1.4 | 3.6 | 18.9 |
| 12.6 | 10.7 | 1.5 | 1.5 | 1.1 | 1.7 | 9.8 |
| 10.5 | 9.4 | 1.5 | 1.3 | 0.8 | 1.5 | 6.7 |
| 10.8 | 9.4 | 1.5 | 1.4 | 0.8 | 1.7 | 5.7 |
| 13.6 | 11.9 | 1.9 | 1.9 | 1.2 | 2.0 | 14.2 |
| 13.1 | 11.8 | 2.1 | 1.9 | 1.1 | 2.2 | 11.8 |
| 18.0 | 15.7 | 2.3 | 2.4 | 1.6 | 2.3 | 30.1 |
| 18.7 | 16.2 | 2.7 | 2.8 | 1.9 | 2.6 | 33.1 |
| 14.7 | 12.8 | 2.2 | 1.9 | 1.3 | 2.4 | 15.7 |
| 17.2 | 15.7 | 2.3 | 2.3 | 1.6 | 2.3 | 30.4 |
| 11.8 | 10.7 | 1.9 | 1.7 | 0.9 | 2.1 | 12.3 |
| 14.7 | 12.8 | 2.0 | 2.6 | 1.3 | 2.2 | 21.5 |

**表 9-9　保护区鱼类资源调查测量部分数据（黑龙江花鳅）**

| 全长/cm | 体长/cm | 头长/cm | 体高/cm | 尾柄高/cm | 尾柄长/cm | 体重/g |
|---|---|---|---|---|---|---|
| 10.9 | 9.5 | 2.1 | 1.5 | 0.8 | 1.8 | 11.5 |
| 14.4 | 12.5 | 2.7 | 1.9 | 1.1 | 2.2 | 19.1 |
| 11.4 | 10.0 | 2.7 | 1.9 | 0.8 | 2.0 | 10.0 |
| 13.6 | 11.5 | 2.3 | 2.2 | 1.0 | 2.3 | 15.9 |

续表

| 全长/cm | 体长/cm | 头长/cm | 体高/cm | 尾柄高/cm | 尾柄长/cm | 体重/g |
|---|---|---|---|---|---|---|
| 12.3 | 10.1 | 2.2 | 1.8 | 1.1 | 1.8 | 12.6 |
| 12.6 | 10.7 | 2.2 | 1.7 | 1.0 | 2.1 | 12.2 |
| 11.9 | 10.5 | 2.1 | 2.2 | 0.8 | 2.0 | 14.8 |
| 13.8 | 12.0 | 2.5 | 1.7 | 1.0 | 2.1 | 16.3 |
| 12.5 | 10.9 | 2.0 | 1.5 | 1.0 | 1.7 | 12.8 |
| 8.7 | 7.7 | 1.5 | 1.3 | 0.6 | 1.2 | 4.8 |
| 9.6 | 8.3 | 1.8 | 1.4 | 0.5 | 1.3 | 4.9 |
| 13.1 | 11.4 | 2.2 | 1.9 | 0.9 | 2.3 | 14.4 |
| 12.6 | 10.9 | 2.1 | 1.9 | 0.8 | 1.9 | 13.9 |
| 9.9 | 8.7 | 1.6 | 1.6 | 0.6 | 1.4 | 7.0 |
| 8.5 | 7.6 | 1.6 | 1.4 | 0.5 | 1.4 | 4.2 |
| 9.4 | 8.2 | 1.7 | 1.2 | 0.6 | 1.4 | 4.2 |
| 11.4 | 10.0 | 1.8 | 2.1 | 0.7 | 1.7 | 10.2 |
| 8.4 | 7.4 | 1.5 | 1.3 | 0.5 | 1.4 | 4.4 |
| 9.3 | 8.2 | 1.6 | 1.2 | 0.6 | 1.5 | 5.3 |
| 11.6 | 10.2 | 2.0 | 1.6 | 0.8 | 1.7 | 9.8 |
| 9.9 | 8.6 | 1.7 | 1.8 | 0.7 | 1.4 | 6.1 |
| 10.0 | 8.7 | 1.6 | 1.8 | 0.8 | 1.4 | 7.9 |
| 9.8 | 8.5 | 1.8 | 1.3 | 0.6 | 1.4 | 6.7 |
| 9.2 | 7.9 | 1.6 | 1.2 | 0.5 | 1.3 | 5.4 |
| 11.8 | 10.3 | 2.1 | 2.0 | 0.9 | 2.0 | 14.4 |
| 11.1 | 9.6 | 2.0 | 1.7 | 0.8 | 1.7 | 10.0 |

**表 9-10　保护区鱼类资源调查测量部分数据（北方花鳅）**

| 全长/cm | 体长/cm | 头长/cm | 体高/cm | 尾柄高/cm | 尾柄长/cm | 体重/g |
|---|---|---|---|---|---|---|
| 9.9 | 8.7 | 1.6 | 1.6 | 0.6 | 1.4 | 7.0 |
| 8.5 | 7.6 | 1.6 | 1.4 | 0.5 | 1.4 | 4.2 |
| 9.4 | 8.2 | 1.7 | 1.2 | 0.6 | 1.4 | 4.2 |
| 8.4 | 7.4 | 1.5 | 1.3 | 0.5 | 1.4 | 4.4 |
| 9.3 | 8.2 | 1.6 | 1.2 | 0.6 | 1.5 | 5.3 |
| 11.6 | 10.2 | 2.0 | 1.6 | 0.8 | 1.7 | 9.8 |
| 9.9 | 8.6 | 1.7 | 1.8 | 0.7 | 1.4 | 6.1 |
| 10.0 | 8.7 | 1.6 | 1.8 | 0.8 | 1.4 | 7.9 |
| 9.8 | 8.5 | 1.8 | 1.3 | 0.6 | 1.4 | 6.7 |
| 9.2 | 7.9 | 1.6 | 1.2 | 0.5 | 1.3 | 5.4 |
| 9.9 | 8.7 | 1.6 | 1.2 | 0.8 | 1.6 | 6.6 |
| 8.7 | 7.8 | 1.4 | 1.7 | 0.7 | 1.6 | 5.8 |
| 8.2 | 7.3 | 1.2 | 1.2 | 0.6 | 1.6 | 4.4 |
| 9.6 | 8.4 | 1.5 | 1.5 | 0.7 | 1.6 | 6.8 |
| 9.2 | 8.2 | 1.4 | 1.1 | 0.6 | 1.6 | 5.0 |
| 8.6 | 7.7 | 1.5 | 1.2 | 0.7 | 1.5 | 4.7 |

续表

| 全长/cm | 体长/cm | 头长/cm | 体高/cm | 尾柄高/cm | 尾柄长/cm | 体重/g |
|---|---|---|---|---|---|---|
| 8.1 | 7.2 | 1.3 | 1.1 | 0.6 | 1.4 | 4.2 |
| 8.1 | 7.1 | 1.6 | 1.2 | 0.5 | 1.5 | 4.1 |
| 10.2 | 9.3 | 1.9 | 1.7 | 0.7 | 1.8 | 9.1 |
| 10.6 | 9.3 | 1.8 | 2.2 | 0.8 | 1.7 | 8.9 |
| 8.8 | 7.5 | 1.5 | 1.2 | 0.5 | 1.2 | 4.5 |
| 9.2 | 7.8 | 1.5 | 1.5 | 0.6 | 1.4 | 6.6 |
| 8.6 | 7.7 | 1.5 | 1.5 | 0.7 | 1.4 | 5.7 |
| 9.2 | 8.1 | 1.6 | 1.2 | 0.6 | 1.6 | 4.9 |
| 9.7 | 8.4 | 1.8 | 1.1 | 0.5 | 1.9 | 5.5 |
| 9.3 | 8.2 | 1.6 | 1.4 | 0.6 | 1.5 | 5.9 |

**表 9-11　保护区鱼类资源调查测量部分数据（银鮈）**

| 全长/cm | 体长/cm | 头长/cm | 体高/cm | 尾柄高/cm | 尾柄长/cm | 体重/g |
|---|---|---|---|---|---|---|
| 8.5 | 7.3 | 1.8 | 1.3 | 0.5 | 1.5 | 3.3 |
| 8.8 | 7.9 | 1.7 | 1.3 | 0.6 | 1.6 | 5.1 |
| 10.3 | 8.8 | 2.0 | 1.8 | 0.8 | 2.1 | 8.4 |
| 9.3 | 8.0 | 1.8 | 1.7 | 0.8 | 1.8 | 5.9 |
| 8.6 | 7.2 | 1.5 | 1.8 | 0.6 | 1.7 | 4.4 |
| 9.4 | 8.1 | 1.8 | 1.6 | 0.7 | 2.0 | 7.5 |
| 8.8 | 7.5 | 1.5 | 1.7 | 0.6 | 1.7 | 5.6 |
| 8.7 | 7.5 | 1.6 | 1.5 | 0.6 | 1.9 | 5.2 |
| 9.4 | 8.0 | 1.6 | 1.5 | 0.6 | 1.8 | 6.4 |
| 8.9 | 7.7 | 1.6 | 1.4 | 0.6 | 1.7 | 5.3 |
| 8.3 | 7.3 | 1.4 | 1.5 | 0.6 | 1.6 | 5.2 |
| 8.5 | 7.3 | 1.5 | 1.3 | 0.6 | 1.5 | 5.0 |
| 8.1 | 7.0 | 1.6 | 1.3 | 0.6 | 1.5 | 4.2 |
| 8.6 | 7.6 | 1.7 | 1.3 | 0.6 | 1.6 | 5.6 |
| 8.5 | 7.3 | 1.4 | 1.3 | 1.9 | 0.6 | 5.3 |
| 7.7 | 6.6 | 1.4 | 1.3 | 0.5 | 1.5 | 3.9 |
| 7.6 | 6.7 | 1.5 | 1.2 | 0.5 | 1.6 | 3.7 |
| 6.8 | 6.1 | 1.4 | 1.2 | 0.5 | 1.3 | 3.0 |
| 6.7 | 5.9 | 1.2 | 1.1 | 0.4 | 1.5 | 2.7 |
| 8.7 | 7.5 | 1.5 | 1.2 | 0.5 | 1.5 | 3.7 |
| 9.7 | 8.4 | 1.6 | 1.4 | 0.8 | 1.6 | 5.7 |
| 9.7 | 8.3 | 1.7 | 1.4 | 0.8 | 2.0 | 7.1 |
| 8.8 | 7.9 | 1.7 | 1.5 | 0.7 | 1.7 | 5.4 |
| 8.3 | 7.2 | 1.5 | 1.4 | 0.6 | 1.7 | 5.1 |
| 8.5 | 7.3 | 1.5 | 1.3 | 0.6 | 1.5 | 5.0 |
| 8.6 | 7.5 | 1.6 | 1.4 | 0.7 | 1.6 | 5.1 |

**表 9-12　保护区鱼类资源调查测量数据（平均值）**

| 物种 | 全长/cm | 体长/cm | 头长/cm | 体高/cm | 尾柄高/cm | 尾柄长/cm | 体重/g |
|---|---|---|---|---|---|---|---|
| 细鳞鲴 | 17.2 | 14.1 | 3.6 | 4.8 | 2.6 | 3.1 | 112.3 |
| 犬首鮈 | 8.5 | 7.3 | 1.6 | 1.4 | 0.6 | 1.6 | 5.1 |

续表

| 物种 | 全长/cm | 体长/cm | 头长/cm | 体高/cm | 尾柄高/cm | 尾柄长/cm | 体重/g |
|---|---|---|---|---|---|---|---|
| 黄颡鱼 | 19.6 | 16.5 | 4.1 | 3.3 | 1.5 | 2.6 | 75.1 |
| 银鲫 | 9.7 | 7.9 | 2.1 | 3.6 | 1.4 | 1.2 | 24.6 |
| 䱗 | 16.8 | 14.3 | 3.3 | 3.4 | 1.5 | 2.4 | 36.2 |
| 蛇鮈 | 15.7 | 13.3 | 2.2 | 1.9 | 0.9 | 2.2 | 16.3 |
| 大鳍鱊 | 12.8 | 10.2 | 2.4 | 4.9 | 1.3 | 1.8 | 22.9 |
| 黑龙江鳑鲏 | 7.4 | 6.1 | 1.9 | 2.2 | 0.7 | 1.5 | 5.7 |
| 葛氏鲈塘鳢 | 10.0 | 8.3 | 2.5 | 2.6 | 1.1 | 1.9 | 17.8 |
| 黄黝鱼 | 5.7 | 4.4 | 0.9 | 1.1 | 0.7 | 1.2 | 5.1 |
| 花江鲹 | 10.3 | 8.8 | 2.1 | 2.0 | 1.1 | 2.2 | 12.1 |
| 湖鲹 | 12.4 | 10.7 | 2.4 | 3.33 | 1.3 | 2.4 | 29.4 |
| 突吻鮈 | 9.2 | 7.9 | 1.5 | 1.3 | 0.7 | 1.5 | 4.7 |
| 北方泥鳅 | 13.7 | 11.2 | 1.7 | 2.4 | 1.1 | 2.0 | 19.7 |
| 黑龙江泥鳅 | 14.4 | 12.5 | 1.9 | 2.7 | 1.2 | 2.2 | 21.3 |
| 黑龙江花鳅 | 11.1 | 9.6 | 1.6 | 1.6 | 0.6 | 1.5 | 9.7 |
| 北方花鳅 | 9.4 | 7.9 | 1.3 | 1.1 | 0.7 | 1.5 | 4.1 |
| 东北鳈 | 15.3 | 13.1 | 2.8 | 3.7 | 1.9 | 2.5 | 27.6 |
| 麦穗鱼 | 7.7 | 6.1 | 1.2 | 2.1 | 1.0 | 1.9 | 9.7 |
| 鲤 | 24.2 | 19.6 | 5.2 | 6.2 | 2.9 | 3.4 | 297.2 |
| 鲇 | 13.1 | 12.0 | 2.8 | 2.5 | | | 24.3 |
| 黑斑狗鱼 | 37.1 | 33.2 | 9.4 | 5.3 | 2.5 | 4.4 | 360.3 |
| 乌鳢 | 26.3 | 22.5 | 7.2 | 4.2 | 1.5 | 2.1 | 278.3 |
| 乌苏里拟鲿 | 13.5 | 12.1 | 2.6 | 2.4 | 0.9 | 2.7 | 22.9 |
| 马口鱼 | 22.9 | 18.9 | 3.8 | 4.2 | 2.1 | 3.2 | 74.2 |
| 细体鮈 | 9.2 | 6.9 | 1.8 | 1.9 | 0.9 | 2.3 | 12.9 |
| 光泽黄颡鱼 | 16.5 | 14.5 | 3.4 | 3.5 | 1.5 | 2.3 | 55.7 |
| 高体鮈 | 10.5 | 8.1 | 2.3 | 2.2 | 1.0 | 2.1 | 14.6 |
| 银鮈 | 9.4 | 7.1 | 1.2 | 2.0 | 1.1 | 1.8 | 13.4 |
| 兴凯银鮈 | 11.2 | 9.5 | 1.9 | 2.2 | 1.1 | 1.7 | 12.6 |
| 洛氏鲹 | 12.3 | 10.8 | 2.3 | 2.1 | 1.1 | 2.79 | 16.7 |
| 棒花鱼 | 8.9 | 7.3 | 1.3 | 1.3 | 1.1 | 1.2 | 8.2 |

本次调查发现，保护区鱼类资源呈现小型化和低龄化特征。主要原因是捕捞强度过大和农田退水污染使得渔获物的平均体重、平均体长偏低，造成各种经济鱼类种群结构低龄化和小型化，小型个体鱼类比例增加，而小型鱼类增加又加大了对产黏性卵鱼类受精卵的危害，使得鲤、鲫、鲂等鱼类的后代补充进一步受到影响。

由于翘嘴鲌、蒙古鲌、鳜等凶猛鱼类的减少，小型鱼类被吞食的可能性减小，因此更多的小型鱼类发展起来。过度捕捞一方面使经济鱼类中低龄小个体鱼类的比例增加（种群结构上的小型化），另一方面使小型、低值鱼类大量繁殖（群落结构上的小型化）。持久的过度捕捞，使某些经济鱼类资源趋于枯竭，从而导致鱼类群落结构演变。

## 9.2　总　结

通过现场采样鉴定和对当地渔民及保护区工作人员走访调查，共鉴出保护区有鱼类2 纲 10 目 19 科 59 属 81 种（图 9-1），其中鲤形目鱼类最多，50 种，占种数的 63.1%；鲑形目 10 种，占 12.3%；鲈形目 6 种，占 7.4%；鲇形目 6 种，占 7.4%；七鳃鳗目、鲟鱼目各 2 种，分别占 2.5%；刺鱼目、鳉形目、鲉形目和鳕形目各 1 种，分别占 1.2%。

优势种主要为银鲫、黄颡鱼、葛氏鲈塘鳢、蛇鮈等鱼类，其对环境变化的适应能力和耐受性较强。通过对鱼类多样性指数进行分析，可知保护区鱼类物种整体较为稳定，鱼类群落存在一定的空间异质性，但鱼类多样性整体偏低。

对鱼类进行走访调查的结果显示，与资料记载相比，保护区具有较高经济价值的鱼类相对有所减少，且鱼类体型出现一定程度的小型化。

保护区附近人口较多且渔业活动、农业生产活动频繁，可能是引起鱼类多样性指数相对较低的一个因素，该区域的鱼类及水资源保护力度应适度加强。

## 9.3　建　议

加强对保护区的监管力度，对周边居民进行环保和湿地保护的宣传，处理好垃圾和生活污水的排放，减少农田排水中农药化肥等对保护区的影响。

增强周边居民的环保和湿地保护意识，避免和减少居民对保护区内鱼类资源的捕捞与破坏活动。建议控制保护区内的鱼类捕捞活动，当前存在使用孔径过小捕捞网具的现象，许多小体型鱼类或幼鱼会被捕获，不利于鱼类资源的持续发展。

建议加强保护区水生态监测的力度，从而综合反映水环境的质量状况。但理化监测即使技术先进，但所设计的精密仪器也只能测出毒物的浓度，无法测出其毒性强度，毒性强弱只能通过生物监测方法获得。

# 第 10 章　保护区两栖动物多样性

## 10.1　种 类 组 成

保护区湿地面积大，食物丰富，为两栖动物提供了良好的栖息生境。但受高寒气候的限制及大面积农田耕种的影响，保护区内两栖动物种类较少，数量不多。本次共调查出两栖动物 2 目 4 科 6 种（见附录Ⅶ），其中以中华蟾蜍（*Bufo gargarizans*）和黑斑侧褶蛙（*Pelophylax nigromaculatus*）最为常见，以东北雨蛙（*Hyla japonica*）和花背蟾蜍（*Bufo raddei*）最为少见，以极北鲵（*Salamandrella keyserlingii*）和黑龙江林蛙（*Rana amurensis*）最耐寒、耐旱，生理生态上最具适应特性。

## 10.2　生物学特征

（1）极北鲵（*Salamandrella keyserlingii*）

分类地位：有尾目小鲵科极北鲵属。

别名：水蛇子、极北小鲵、小娃娃鱼。

鉴别特征：前肢 4 指、后肢 4 趾，头骨有囟门，体背在棕黑色脊纹旁有 2 条明显的浅褐色或黄棕色纵条纹。

形态特征：头部扁平，近椭圆形，吻端圆而高，吻棱不明显，无唇褶；眼大，侧位，略偏于头上方，眼间距稍小于鼻间距；上下颌均具细齿；犁骨齿列位于两内鼻孔之间并略向后延伸呈浅“^^”形，额骨与顶骨中缝处有一纵长囟门；舌较大，几乎占满口腔底部，两侧游离；颈短，有明显的颈褶。

躯干近圆柱形，体侧腋胯间有明显的肋沟 13～14 条，延至腹部。头体长大于尾长。

四肢较细弱，前后肢贴体相向时指、趾不相遇，后肢略较前肢粗壮，前肢指 4，指长顺序是 2、3、1、4；后肢趾 4，趾长顺序是 3、2、4、1。指、趾扁平，末端钝圆且无黑色角质爪。雄性泄殖腔多呈“↑”状，周围隆起。尾基宽厚，略呈柱状，尾背鳍褶不发达，向后逐渐侧扁，雄性尤为明显。

皮肤光滑，富于腺体。体背面为橄榄褐色，腹面为灰色，体背在棕黑色脊纹旁有 2 条明显的浅褐色或黄棕色纵条纹。

生态习性：多生活在海拔 40～800m 的丘陵山地及沼泽湿地，主要栖居在水域附近或潮湿地方的草丛中、落叶下、土穴中、倒木下。在黑龙江省分布较广泛，所以对生境的选择也较宽泛，无论是森林覆盖度高的山区，还是以农田为主的平原地带，都有分布。在黑龙江省 9 月底至 10 月上旬为入蛰期，翌年 4 月中旬至 5 月初为出蛰期，出入蛰时间主要受温度影响。

出蛰后即开始进行繁殖活动。产卵场常为林间空地或路边光照条件较好的静水沟塘或临时性水坑，水深 30～100cm，水底腐殖土厚，枯草落叶较多，水体透明度较差，水温常在 3～7℃，pH5.2～6.4。产卵前，雌雄有相互追逐和互相抱握等求偶行为。产卵多在夜间进行，产卵时雌体抱握住枯枝或石块，先是静伏不动，待泄殖腔孔张开排出 2 条白色黏稠卵袋后，再围绕枯枝等慢慢爬动，直到彻底排出 2 条卵袋。当卵袋排出后，雄体迅速抱住卵袋，并排出大量白色絮状精液，使卵受精。在完成繁殖过程之后，雌雄个体要在陆地上经过短暂的生殖休眠（繁殖后休眠）后才开始活动。

初产的卵袋，一端固着在附着物上，离水面 5～20mm，另一端游离。卵袋为无色透明的弧形或螺旋形圆筒状胶质囊，在水中经光照射表面具蔚蓝的金属光泽。随着卵的发育，卵袋逐渐吸水膨胀变粗，长达 150～300mm，中部直径 16～20mm。同一雌体所产 2 条卵袋的长度相等或不相等，卵数也不尽相同，每条卵袋中的卵数平均为 105 枚（80～125 枚），每雌一次平均产卵 209 粒（190～243 粒）。卵球形，动物极黑褐色，植物极灰色，卵径 1.5～2.2mm，每个卵均被卵胶膜包着，不规则排列于卵袋中。孵化期 15～23 天，但常随温度降低而延长。自然状态下经过 15～20 天孵化成幼体，进入水中生活时幼体外鳃和平衡肢尚存，前后肢芽未出现。刚孵出的幼体呈暗黑色，半透明，80～100 天后完成变态，上陆生活。

上陆的幼体和非繁殖期的成体营陆地生活，多昼伏夜出，以雨天出外活动较多。极北鲵的运动能力较弱。在水中时，主要依靠身体的扭曲和尾部的摆动进行游泳，游泳时四肢不动紧贴体侧，有时以四肢在水底缓慢爬行；在陆地上，靠四肢运动，以身体蜿蜒运动为主。成体主要以昆虫及其幼虫、软体动物等为食，而幼体多以水蚤和水丝蚓为食。9 月以前是成体活动及幼体生长发育的旺季，9 月以后活动缓慢，开始寻找越冬场所，常 2～5 只聚集成小群，穴居于 20～30cm 深的土中冬眠，整个冬眠期不再活动。

地理分布：黑龙江省大部分县市均有分布。国内还见于吉林、辽宁、内蒙古东北部及河南东南部。国外分布于朝鲜半岛、日本、俄罗斯东部、蒙古国北部。

保护等级：1998 年列入《中国濒危动物红皮书》，濒危等级定为易危；依据《国家重点保护野生动物名录》（2021 年），属于国家二级重点保护野生动物。

（2）中华蟾蜍（*Bufo gargarizans*）

分类地位：无尾目蟾蜍科蟾蜍属。

别名：癞蛤蟆、癞疙瘪、癞肚子。

鉴别特征：皮肤极粗糙，身体背面密布大小不等的瘰粒，头顶无瘰粒；耳后腺发达，长圆形；身体腹面有显著的黑斑；雄性无声囊。

形态特征：头宽大于头长，吻钝圆，吻棱明显；鼻孔略近吻端，鼻间距小于眼间距，上眼睑宽约为眼间距的 3/5；鼓膜明显，近圆形；上颌无齿，无犁骨齿；舌长椭圆形，后端无缺刻，能自由翻出；指形略扁，具缘膜，指长顺序为 3、1、4、2；有成对的关节下瘤，圆形掌突 2 个且外掌突较大；后肢短粗，胫跗关节可达肩部，左右跟部不相遇；趾略扁，趾侧缘膜较显著，趾基部相连成半蹼；内、外跖突相距远，外跖突小而圆形，内跖突大而长。

皮肤极粗糙，体背部密布大小不等的圆形瘰粒，前肢背面及体侧瘰粒较小；头顶部平滑，头侧及上眼睑有小型疣粒；耳后腺显著隆起，长圆形；头部后枕处瘰粒成 2 斜行排列，与耳后腺几乎平行；体腹面的疣粒大小相似，分布广泛；胫部瘰粒大而显著，而掌、跖及跗部无瘰粒；跗褶不显著。

体色随季节、栖息环境和性别的不同而发生改变，通常雄蟾背面黑褐色或黑绿色，体侧具浅色花斑。雌性背部颜色较浅，瘰粒深乳黄色，瘰粒顶端生有黑色或棕色角质刺，体侧具黑色与浅色相间的花斑，有时自眼后沿耳后腺下缘延伸到胯部有黑纹，腹部有乳黄色与黑色或棕黑色的显著花斑，股基部有椭圆形斑。雄性个体略小，皮肤松弛且颜色较深；瘰粒圆滑，瘰粒顶端无角质刺；前肢粗壮，内侧 3 指基部具黑色婚垫；无声囊，无雄性线。

生态习性：通常昼伏夜出，日间常居于水渠、石下、草丛、土洞；黄昏时在路旁、草地、田间及池塘边活动。冬季匿居在水底烂草或泥沙中冬眠。行动笨拙缓慢，不善跳跃和游泳，多匍匐爬行。繁殖期因地而异，在黑龙江省一般 4 月中下旬出蛰，在水池、河畔、沟边等静水水域抱对产卵，雄性驮在雌性背面，雌性在水底一边爬行一边产卵，可持续十多小时，直至雌性产完卵后雄性才离开，产卵时间多在阴雨天或雨后夜晚。卵在管状胶质的卵袋内交错排成双行或交错排成 4 行，卵袋缠绕在水沟或水池的水草上；每雌产卵 5000 粒左右；卵直径约 1.5mm，动物极棕黑色，植物极灰色，水温在 18～24℃时，5～7 天就可孵化出蝌蚪；孵出的蝌蚪为黑色，游动缓慢，生活在水沟或水坑内，以水底泥土、植物或动物尸体为食，常成群沿同一个方向游动。蝌蚪体笨重，尾鳍较高而薄，尾末端较尖；身体及尾肌全为黑色，尾鳍浅灰色；唇乳突位于两口角处；口位于吻端腹面；眼位于背侧；变态完成时体长 10～13mm。

地理分布：黑龙江省大部分地区均有分布。国内除新疆、西藏、海南外，广泛分布于各地。国外分布于俄罗斯、朝鲜半岛、日本。

经济价值：适应性强，分布广，数量较多，体型大，不仅能够防治农作物、草原和森林虫害，也是传统药材——蟾酥的药源。

防治虫害：根据食性分析，能捕食大量危害农作物、牧草、森林、建筑木材和人体健康的多种有害动物，如棉铃虫、蚜虫、蝼蛄、玉米螟、蚱蜢、蝽象、金龟子、叩头虫、象鼻虫、蚁类、蝇蛆、黏虫、蚊及蜗牛等。以膜翅目、鞘翅目、双翅目、同翅目的有害昆虫为主要食物。

药用价值：重要的药用动物。将夏秋两季捕获的中华蟾蜍洗净烘干，可制成蟾干；蟾蜍分泌的毒汁，烘干后制成蟾酥，可入药。蟾干有解毒、消肿、杀虫、定痛之功效，用于痈疽疔毒、咽喉肿痛、水肿、小儿疳积、慢性气管炎等病症，可内服，也可研磨敷患处。蟾酥具有解毒、消肿、止痛之功效，主治痈疖、疮、咽喉肿痛、龋齿疼痛等病症，许多中成药，如六神丸、蟾酥丸、金蟾膏、蟾蜍解毒酒等均以蟾酥为原料。近年来也有用于治疗胃癌和恶性淋巴瘤的报道。蟾蜍的胆有镇咳、祛痰、平喘、消炎之功效，可治气管炎。蟾酥的功效和洋地黄相近，国外已用于治疗冠心病。日本的“救心丸”药源就是蟾酥。蟾蜍的药用价值已经引起国内外医药界的广泛重视。

中华蟾蜍亦是教学、科研和医学的重要实验材料，近年来由于植被破坏、水体污染和繁殖场大面积被侵占，其种群数量开始下降。

保护中华蟾蜍不仅对该物种的保护有一定意义，也对农林虫害的防治、药用资源的开发和利用有重要作用。因此，应通过对中华蟾蜍的生存环境加以保护来保护该物种。

（3）花背蟾蜍（*Bufo raddei*）

分类地位：无尾目蟾蜍科蟾蜍属。

别名：癞蛤蟆、小癞蛤蟆。

鉴别特征：生活时体背部有显著花斑，雌性为明显的酱色，雄性体背呈橄榄黄色；疣粒上有红点；腹面污乳白色，后部略有黑斑；第 4 指短，约为第 3 指长的一半；雄性有单咽下内声囊。

形态特征：头宽略大于头长，吻端钝圆，吻棱显著；鼻间距略小于眼间距，上眼睑较宽，略大于眼间距；鼓膜明显，椭圆形；耳后腺大而扁；上下颌均无齿，无犁骨齿；舌长，圆形，后端无缺刻，能自由翻出；指短而细，略扁平，末端为黑色；指长顺序为 3、1、2、4，第 2、3 指具不显著缘膜，第 1、3 指长度几乎相等，第 4 指最短；有不成对的关节下瘤；外掌突大而圆，呈深棕色，内掌突小且色浅。后肢短粗，贴体前伸时，胫跗关节前伸达肩部或肩后端，左右跟部不相遇；足长大于胫长；趾短，趾端黑色或深棕色，趾侧均有缘膜，基部相连成半蹼；外跖突很小，颜色浅，内跖突大，颜色较深。

雄性背面皮肤粗糙，体背及上眼睑密布大小不等的疣粒；雌性背部的疣粒较雄性稀疏，吻端和头侧疣粒则更少。四肢及腹部的皮肤比较平滑，腹部后端及股下面具较大的疣粒。

生活时雄性的体背多呈橄榄黄色，有不规则的花斑，疣粒分散，呈灰色，上有红棕色或橘红色小点。雌性的体背为浅绿色，有明显的酱色花斑，疣粒顶端也有红色小点。

头后及体背正中常有浅绿色脊线；上颌缘及四肢有深棕色斑纹。因雌性背面花斑美丽，故得名花背蟾蜍。雌性和雄性的腹面污乳白色，后部略有黑斑。

雄性前肢较粗壮，内侧 3 指的基部在繁殖季节有黑色婚垫；有单咽下内声囊，声囊孔呈长裂形，大多开口于右侧，少数为左侧。

生态习性：多生活于土质松软的沙土地区，常见于植被低矮的大片草滩、河漫滩、坝体周围及田间地头的开阔地等。

出蛰时间在 4 月 20 日左右，出蛰后便移入水域进行繁殖活动。繁殖活动历时约 20 天，繁殖高峰出现在 5 月 4 日。

繁殖活动受气温和水温的影响比较明显，并测得比较适宜的繁殖活动温度分别是水温 15℃、气温 20℃，日高峰在 10:00～12:00。产卵于静水水域或小水沟、水坑。雄蟾的抱握反射十分强烈。

一次性产卵，产卵量因个体不同而差异很大，为 2383 粒±798 粒。产出的卵袋缠绕在水草上，一般为 2 条，也有仅产 1 条的个体，卵袋长平均为 19.2m。

从登陆个体的生长进程来看，在体长方面，最初登陆的 10 天体长会迅速增加，7 月初至中旬增长也较快，下旬以后增长较慢。

成体多在背风向阳处的沙土中冬眠，也有的在堤坝上或利用废弃的鼠洞等冬眠。

地理分布：黑龙江省大部分地区均有分布。国内还见于东北、华北和西北地区，往南可达安徽及江苏北部等地。国外分布于俄罗斯、蒙古国和朝鲜半岛。

经济价值：主要捕食危害农作物及草原的各种昆虫，主要有叶甲类、鳞翅目幼虫、蚁类、瓢甲类和步甲类，还捕食隐翅甲类、螟蛾类、蝼蛄、蝇类幼虫、蛴象、象鼻虫、金龟子、红蜘蛛等，有益于农业生产的虫害防治。成体去内脏干制成蟾干及其耳旁腺分泌物干制后均可入药，用法与中华蟾蜍相似。花背蟾蜍也是教学和科研的重要实验动物。

花背蟾蜍在沙土地生活，近年来由于环境污染和繁殖场破坏，其数量下降，建议通对其生活环境加以保护来保证其种群数量。

（4）东北雨蛙（*Hyla japonica*）

分类地位：无尾目雨蛙科雨蛙属。

别名：绿蛤蟆、梆梆狗、雨呱呱。

鉴别特征：背部光滑，纯绿色，体侧及四肢背面均无任何斑点或斑纹；足长大于胫长，指、趾末端具吸盘，第 3 趾长于第 5 趾；鼻眼之间有深色线纹。

形态特征：头宽大于头长，吻高而圆，吻棱明显，颊部略向外侧倾斜；鼻间距小于眼间距；鼓膜圆形；舌圆而厚，端部微有缺刻；犁骨齿两小团；指端有具横沟的吸盘，第 3 指吸盘小于鼓膜，第 2、4 指几乎等长；指扁，具缘膜，基部有极不明显的蹼迹；关节下瘤显著，掌部多小疣粒；后肢短，胫跗关节贴体前伸达肩部，左右跟部不重叠或稍相遇，足长大于胫长；趾端也有具横沟的吸盘，第 3 趾长于第 5 趾，不及第 4 趾的第三关节下瘤或仅达其后部，缘膜均达趾端；趾间无蹼，关节下瘤小，跖部有小疣粒，内跖突较窄而长，无外跖突。

背部皮肤光滑，颞褶明显；腕部有横肤沟；内跗褶棱状；腹面密布扁平疣。雄性咽喉部皮肤光滑而松薄，咽部色黑，具单咽下外声囊及雄性线，第 1 指内侧有白色婚垫。

生活时体背面翠绿色或有斑纹，体侧及腹面白色。

蝌蚪身体肥硕，尾较高而末梢尖细；唇乳突多成双行，上唇中央无唇乳突；出水孔位于左侧，短管状；肛孔位于尾鳍基部中央；体背面棕灰色，无浅色带纹。

生态习性：成体栖息于山涧小溪流、稻田、池塘旁边草丛下或石缝间，下雨时或夜晚常在灌木丛或旱地作物茎秆上鸣叫。5 月中旬至 6 月末为产卵繁殖期，多次产卵，多产卵于静水坑靠近水边的水草上，卵呈团状，少数分散漂浮在水面上。鸣叫高峰多出现在 21:00～22:30，地点多在水边附近，少数在树上鸣叫。鸣叫时雄蛙的咽下皮肤不断隆起收缩，从而发出“呱呱呱”的叫声，但不同的雄蛙鸣叫时频次不一，雌蛙大多向鸣叫声音比较大且频次比较高的雄蛙靠近。当雄蛙发现雌蛙后，鸣叫频次更高，叫声更加响亮，时而间歇发出单声鸣叫。如果雌蛙选择这个雄蛙，就会掉转身体方向靠近雄蛙，并且以头部相对，这时雄蛙停止鸣叫，突然冲向并抱住雌蛙。抱对行为发生在水中，抱对时雄蛙前肢 5 指收拢，紧紧扣住雌蛙的腋部，掌心向内，体轴与雌蛙体轴在同一直线上。产卵时雌雄蛙头部均露出水面，躯干入水，雌蛙四肢伸展，而雄蛙会调整体位使自己的泄殖腔孔与雌蛙的泄殖腔孔上下并置。产卵结束后，雄蛙先离开水中，雌蛙随后离开。8 月初在小河沟及其旁边的草丛中，可采到变态后上陆活动的幼蛙。多以草丛或灌木中膜翅目和鳞翅目幼虫为主要食物，还捕食一些双翅目、鞘翅目、蜉蝣目、半翅目、蛛形纲及软体动物门动物等，同时掺有少量植物叶片。

地理分布：黑龙江省广泛分布。国内还分布于内蒙古及东北三省。国外分布于日本、朝鲜、俄罗斯。

经济价值：黑龙江省林地和草原的常见种类，虽然个体甚小，但数量较多，能捕食多种害虫，如椿象、金龟子、象鼻虫、蚊、蝇、蚁类等，有益于农、林、牧虫害的防治。东北雨蛙还有一定的药用价值，据《中国药用动物志》（1979 年）记载：夏秋捕捉东北雨蛙鲜用，有解毒杀虫之功效，还可治疗湿癣。整体去内脏干制研粉，可治疗百日咳、慢性气管炎等症。

近年来，由于环境污染及人类大量捕杀，在许多地区东北雨蛙的数量已明显减少，应加强保护。

（5）黑龙江林蛙（*Rana amurensis*）

分类地位：无尾目蛙科林蛙属。

别名：哈士蟆、臭迷子、红肚皮蛤蟆。

鉴别特征：皮肤粗糙，背面体侧、后肢背面及后腹部密布圆形大疣；胫跗关节贴体前伸不达眼部；背部常有 1 条较宽的浅色脊中线；雄性无声囊。

形态特征：头较扁平，头长宽几乎相等，吻端钝圆而略尖，突出于下颌，吻棱较明显，颊部向外倾斜有一浅凹陷；鼻孔位于吻眼之间，鼻间距大于眼间距；眼大小适中，瞳孔平置，椭圆形，直径大于眼径之半；犁骨齿 2 小团，椭圆形，位于内鼻孔内后方，舌后端缺刻深；鼓膜显著；前肢短而粗壮，前臂及手长小于体长之半；指端较圆，指长适中，指长顺序为 3、1、4、2；关节下瘤显著；掌突 3 个，内掌突大，外掌突窄小；后肢较短，胫跗关节前达肩部或鼓膜，有些个体可达眼部，但未达眼前，左右跟部稍有重叠，足长于胫，趾端尖圆；第 3、5 趾等长，达第 4 趾第 2、3 关节下瘤之间；蹼发达，雄蛙的蹼在内侧 3 趾的外缘及第 5 趾的内缘几达趾端，第 4 趾的蹼达远端关节下瘤，蹼缘的缺刻浅，雌蛙的蹼不及雄蛙发达，蹼缘的缺刻亦较浅，外侧趾间蹼较发达；关节下瘤小而显著，内跖突长椭圆形，外跖突略显或无。

皮肤粗糙而不平滑，背侧褶于鼓膜上方斜向外侧与颞褶上端相连，随后折向中线，再向后延伸达胯部。沿浅色脊纹两侧，2 条背侧褶间散布有数行略成纵行的疣粒；体侧、腹侧及后肢背面皆有许多小疣；雌蛙腹后部疣粒中央有小刺粒（用手摸有刺状感觉）。生活时体色变异较大，雄蛙背部及体侧大多为灰棕色或棕色微带绿色，雌蛙多为红棕色或棕黄色，多数标本上眼睑有一黑斑。从两眼之间至肛部上方有 1 条宽阔的灰白色或灰色略带蓝色的脊中线；鼓膜部位有三角形黑斑；背侧褶及背部疣粒周围呈棕黄色、红棕色或灰白色，周围黑色斑纹或斑点显著；体后部、体侧、股后方疣粒为朱红色；前肢背面有黑色横纹或不规则黑色斑点；后肢背面黑色横斑显著，股背面一般各有 4 条或 5 条黑色横斑；咽、胸及腹部有鲜艳的朱红色与深灰色花斑，雌性朱红色斑块明显，雄性朱红色斑块不明显或无；四肢腹面灰色，间杂有红色斑点，股下后侧为深灰色，胫跗及跖趾内侧亦有小红点。

雄蛙前肢粗壮，第 1 指有非常明显的灰色婚垫，可分为 4 团瘤状物，基部 2 团很大，背面界限不明显，近背端的 2 团很小；无声囊；有雄性线。

卵彼此粘连成团状，动物极黑褐色或棕黑色，植物极灰白色，外有胶膜 2 层，外层黏性强。

蝌蚪刚孵出时，口部尚未出现通道，不能摄取食物；头腹部具吸盘，借此固着于水草上，头两侧有枝状的外鳃可进行呼吸；细长的尾部是其在水中游泳的推进器。随后口出现，吸盘消失，外鳃萎缩，自由游泳。蝌蚪从无口到有口共经历 10 天左右，口出现后生活时体背深褐色，尾部色浅，散有深色麻点，腹面灰白色或灰棕色；吻圆，眼在头背侧；出水孔位于体左侧并斜向后上方，无游离管；肛孔斜开于尾基部右侧；尾肌较细弱，尾鳍褶薄，末端尖圆；口较小，上唇缘无乳突，下唇乳突 1 排，完整，两口角处有副突，唇齿式为Ⅰ:1-1/Ⅲ，角质颌较弱。食物以藻类等低等植物和一些无脊椎动物（轮虫、水丝蚓、田螺等）为主。完成变态的幼蛙体长 13.2～16mm，皮肤各部疣粒显著，与成蛙基本相同，背面为棕色或灰棕色，灰白色脊线及四肢背面斑纹清晰，鼓膜部位无三角形黑斑，腹面白色，无红色与灰色花斑。

生态习性：栖居于山林、沼泽、水塘、积水坑和水沟等静水水域及附近，以林间草地为多，有时有与东北林蛙同域分布的现象，但一般东北林蛙多栖居于山地中部，而黑龙江林蛙多栖居于山脚下，近年发现其有向山中上部扩散、挤占东北林蛙分布区的情况。在黑龙江省 4 月中旬至 5 月上旬为产卵季节，与东北林蛙的产卵季节基本相同。4 月初，随着水域解冻，黑龙江林蛙陆续出蛰，在越冬地附近的沼泽、水塘、水坑和水沟内抱对产卵。多是雄性先出蛰，到达产卵场后即开始鸣叫，雄蛙无声囊，发出低沉的“咕-咕-咕”的叫声，夜晚 18:00～24:00 为鸣叫高峰，气候恶劣或受到惊扰时就隐于水底，雌蛙出蛰后即追寻雄蛙的叫声奔向产卵场。正常情况下，抱对是一雌一雄之间进行的，但经常可见到雄性和雄性之间短时间的“误抱”，有时可以见到多个雄性同时争抢一个雌性的现象。产卵场水深 100～600mm，水中枯草交织，水质呈弱酸性（pH6.0～6.8）。产卵多在清晨 3:00～6:00，产卵时雌蛙前肢趴在水中的枯草上，后肢从两侧向后伸出，尾杆骨上翘，肛部略抬起，腹部收缩，卵即从泄殖腔孔排出，同时雄蛙腹部收缩，肛后部下压，后肢搓动雌蛙后部并略向后蹬，排出精液。产卵数多在 900～2200 枚，多数情况下个体越大的雌蛙怀卵数越多。产卵后，除少数个体停留在产卵场外，多数隐于水底泥土和水草中、石块下或陆地的潮湿土壤、枯叶中及河岸的缝隙进行 15 天左右的生殖休眠，直到 5 月中旬气候转暖、食物充分时才出来活动。蝌蚪经 55 天左右变态成幼蛙。9 月中旬在富含有机质的坑或池塘底冬眠，也有在河湾沙砾或石块下越冬者。每年秋末、春初往往可在坑底的臭泥中获得大量的黑龙江林蛙，故称其“臭迷子”。

地理分布：黑龙江省各地均有分布。国内还见于吉林、辽宁、内蒙古。国外分布于俄罗斯、吉尔吉斯斯坦、哈萨克斯坦、蒙古国及朝鲜半岛。

经济价值：营养丰富的美味食品，在人们的餐桌上经常可以见到。输卵管经过理化鉴别，与哈士蟆油成分基本相同，但为土黄色或棕黄色，吸水膨胀性较小，为良好的中药材。

近些年，由于滥捕和野生生存环境不断缩小，黑龙江林蛙的种群数量急剧下降，为此黑龙江省采取了有效的保护措施，即保护黑龙江林蛙的野生环境。

（6）黑斑侧褶蛙（*Pelophylax nigromaculatus*）

分类地位：无尾目蛙科侧褶蛙属。

别名：青蛙、田鸡、青拐子、黑斑蛙。

鉴别特征：背侧褶较宽，两背侧褶间有 4～6 行短肤褶；雄性有 1 对颈侧外声囊；背部与腿部有大块不规则的黑斑。

形态特征：头宽大于头长，吻钝圆而略尖，吻棱不显著，颊部向外侧倾斜；鼻孔位于吻眼之间且距吻较近，眼间距小于鼻间距；瞳孔黑色，椭圆形，虹膜金黄色；鼓膜大而显著，近圆形，是眼径的 2/3～4/5；犁骨齿 2 小团，位于内鼻孔之间且左右不相遇；舌宽厚，后端有深缺刻；前肢短，指端钝尖，指长顺序 3、1、4、2，指侧有窄的缘膜，第 2 指的最为显著；后肢较短而粗壮，胫跗关节前伸达眼部，左右跟部仅相遇或不相遇；趾间几为全蹼，第 1、5 趾外侧缘膜不发达，第 4 趾末趾节的蹼小且达远端第一关节下瘤，余者均达趾端，缺刻深；关节下瘤明显，外侧趾间蹼小而不明显，几达趾基部，内跖突窄长，有游离的刃状突起，但小于第 1 趾长。

背面皮肤粗糙，有 1 对背侧褶，最宽处窄于上眼睑之宽；两背侧褶间有 4～6 行不规则短肤褶，若断若续，长短不一，变异颇大；颞褶不十分明显，口角后端的颌腺发达；腹面皮肤光滑。

雄性有 1 对颈侧外声囊；第 1 指基部具婚垫，其上有细小的白疣；有雄性线。

生活时颜色变异很大，背面为黄绿色或深绿色带灰棕色，有不规则的黑色斑块，也有背中央全无黑斑的；吻端到肛部常有 1 条浅绿色或灰绿色纵脊线；自吻端沿吻棱到颞褶的黑纹清晰；背侧褶为浅金黄或浅棕色；四肢背面有黑色横斑；腹面鱼白色。

生态习性：我国最常见的蛙类之一，分布广、数量多，从沿海平原至海拔 2000m 左右的山区都有其踪迹，主要栖息在稻田、池塘、水渠和小河附近。白天隐匿在农作物、草丛或水生植物之间，夜间甚为活跃，昼夜均能觅食，但以夜间为主。

春季，当温度达 10℃以上时，该蛙出蛰。出蛰时间随当地气温不同而异，一般 3 月下旬出蛰者居多。在哈尔滨附近于 5 月中旬可闻其鸣声，5 月下旬为产卵高峰，卵多产于稻田、池塘等静水水域的岸边浅水处，夏秋为活动盛期。每年 10 月下旬，当气温下降到 10℃左右时，该蛙逐渐停止摄食，多选择土质松软而向阳的农田、地埂边用后肢掘土将身体埋于泥土内冬眠，也有在河床底部泥土中越冬的情况，越冬期 6 个月左右。出蛰后即开始繁殖。

分布区甚广，每年只繁殖一次，在各地的产卵期或早或迟，但是产卵时所要求的温度大体一致，一般气温在 10～28℃、水温在 10～22℃，而最适气温为 11～22℃、水温为 11.5～18℃。在繁殖期，雨后升温时为最佳产卵期。

一般在凌晨 6:00 之前产卵完毕，卵群呈团状，每团有 3000 枚左右，动物极深棕色，植物极乳黄色，在自然环境中大约经过 2 个月变成蝌蚪，成串地吸附在水生植物的枝叶上。蝌蚪体大，笨重，尾较细弱而尾鳍发达，尾末端尖圆而细窄；眼在头的背侧，眼间距较宽；口小，唇齿式为Ⅰ:1-1/Ⅱ:1-1，角质颌适中，下唇乳突 1 排，口角有副突；以藻类、浮游生物、水生植物、动物残体和腐殖质等为食；生活时背面灰绿色，有深色斑点，尾部间杂浅红色和黑色斑点，腹部黄色透明，可见内脏。从卵产出至变态成幼蛙需 45～60 天，幼蛙生长发育较快，大约一年即可达成熟。

地理分布：除新疆、西藏、海南等以外，国内各地均有分布。国外分布于俄罗斯、日本、朝鲜半岛。

经济价值：我国南岭山脉以北稻田区的常见蛙类，有分布广、数量多、繁殖快、用途广、易采集等特点，是我国经济价值较大的蛙类资源。

捕食害虫：食性分析资料较多，以吞食直翅目、膜翅目、鞘翅目昆虫为主，还捕食双翅目、脉翅目、半翅目等昆虫。

教学和科研实验动物：科研工作中较为理想的实验动物，具有数量多、易捕捉、无毒害、价格低、个体大等优点，成体可在 4～10℃的低温下储存备用，还具有卵子大、可采用温度或催情方法控制产卵期等优点，成体和胚胎均可用于生物学方面的教学实习和实验研究。

妊娠诊断：在临床检验中常作为材料诊断人的妊娠情况。

食用和药用：一种很好的食用蛙类，蛋白质丰富，肉味鲜美如鸡，故有“田鸡”之称。药用效果在《本草纲目》和《中国药用动物志》（1979 年）均有记载：青蛙有利水、消肿、解毒、止咳之功，主治喘息、麻疹、痔疮等。

总之，黑斑侧褶蛙的经济价值和生态价值很大，用途甚广，在大力恢复和发展资源、保持生态平衡的前提下，可以有计划地开发利用这一资源。

# 第 11 章　保护区爬行动物多样性

## 11.1　种 类 组 成

保护区爬行动物种类不多，数量稀少。本次调查未发现爬行动物，但是根据历史资料记载及其周边区域环境条件，可能存在以下几种爬行动物：鳖（*Pelodiscus sinensis*）、棕黑锦蛇（*Elaphe schrenckii*）、白条锦蛇（*Elaphe dione*）、红点锦蛇（*Elaphe rufodorsata*）、乌苏里蝮（*Gloydius ussuriensis*）（见附录Ⅶ）。

## 11.2　生物学特征

（1）鳖（*Pelodiscus sinensis*）

分类地位：龟鳖目鳖科鳖属。

别名：甲鱼、团鱼、水鱼、王八、元鱼、脚鱼。

鉴别特征：背腹甲无角质盾片，覆以柔软的革质皮肤；体色大体一致，无鲜明斑点；吻突较长；颈部两侧及背甲前缘平滑，腹甲具 7 块胼胝，有裙边。淡水生。

形态特征：成体背盘长 192.0～345.0mm，宽 138.8～256.0mm。头中等大，前端瘦削。吻长，形成肉质吻突，鼻孔位于吻突端，吻突长于或等于眼间距，等于或略短于眼径。眼小，瞳孔圆形。耳孔不显。背盘卵圆形，后缘圆，其上无角质盾片，而是被覆柔软的革质皮肤，前缘向后翻褶。盘面有小瘰粒组成的纵棱，每侧 7 条及以上，近脊部略与体轴平行。腹甲平坦光滑，具 7 块胼胝，分别在上腹板、内腹板、舌腹板与下腹板联体及剑板上，腹甲后叶短小。四肢较扁，第 5 指、趾外侧缘膜发达。体背青灰色、黄橄榄色或橄榄色，腹面乳白色或灰白色，有排列规则的灰黑色斑块。幼体裙边有具浅色镶边的黑色圆斑，腹部有对称的淡灰色斑点，颚与头侧有青白色间杂的虫样饰纹。

生态习性：生活于江河、湖沼、池塘、水库等水流平缓、鱼虾繁生的淡水水域，也常出没于大山溪中，在安静、清洁、阳光充足的水岸边活动较频繁，喜晒太阳或乘凉风。在 27～28℃的气温条件下，生长速度最快；气温达 18℃时，就少进食，或基本停食；气温低于 15℃时，完全停止进食，钻入泥中冬眠。

地理分布：黑龙江流域各大水系均有分布。除青海、新疆、宁夏、西藏未见报道外，国内各地均有分布。国外分布于朝鲜、俄罗斯（远东）、日本、越南、马来西亚、菲律宾等。

（2）棕黑锦蛇（*Elaphe schrenckii*）

分类地位：蛇目游蛇科锦蛇属。

别名：黄华松、乌虫、松花蛇。

鉴别特征：黑龙江省体型最大的蛇；体背面棕黑色，具光泽，自颈至尾部有 1～3 枚鳞宽的黄色窄横斑，平均 33 个（15～43 个），前后两横斑相距 12～15 枚鳞；腹面灰白色，有明显的黑斑。

形态特征：体圆长，较粗大，尾部较短。头略扁平，吻端圆钝，颈部不明显，瞳孔圆形。成体色斑与幼体差别很大。成体生活时头背颜色棕黑，以黑色为主，间有黄色窄横斑；黄色窄横斑宽 1～3 个鳞列，横斑间隔 12～15 个鳞列；腹鳞灰色或淡灰黄色（向后黄色渐深），具明显黑斑；上下唇鳞均为黄色或乳黄色，且后缘均为黑色，约占鳞片一半，上唇鳞第 7 片黑斑占绝大部分，第 8 片全为黑色。幼体背面灰褐色，腹面和颌部乳白色，向后至尾端苍灰色，杂以黑色斑点；腹鳞两侧黑斑明显，背部横斑数较成体多，斑间距较窄。在生长过程中，这种差异逐渐减弱直至消失，最后与成体一致。

吻鳞高而宽大，显露于头背；吻鳞后的 2 片鼻间鳞呈左右对称的不等边五角形，前缘与后段侧缘最短，前段侧缘与内缘次之，后缘最长；前额鳞 2 枚，较鼻间鳞大，外缘与颊鳞相接，后缘接额鳞和眶上鳞；额鳞单枚，似盾形，前缘边长几乎达后缘边长的 2 倍，左右两侧切于眶上鳞，其后为顶鳞；顶鳞 1 对，前宽后窄，是全身最大的 1 对鳞片，左右两鳞片相切于额鳞后的中线；眶上鳞略呈梯形，前窄后宽，被眶前鳞、额鳞、顶鳞和眶后鳞包围而与前额鳞隔离；前鼻鳞和后鼻鳞各 1 枚，位于圆形鼻孔左右；颊鳞 1 枚，呈低矮的矩形，长大于高，背缘切前额鳞下垂的侧突，后切眶前鳞，下切第 2、3 上唇鳞的背缘；眶前鳞单枚，高大，背缘仰折露于头顶，邻切前额鳞和眶上鳞而与额鳞隔绝，但部分标本有一小的眶前下鳞；眶后鳞 2 枚，大小相近，立于眼眶后缘，下切第 5、6 上唇鳞的背缘前大后小。

生态习性：常栖于废弃石场的乱石堆、柴草垛底、坟堆、树根下的土洞、林缘、路边或桥下草丛等处，有的也进入村庄居民院内、旧屋顶的屋檐下。成体以吃鼠类为主，亦食小型鸟类和鸟卵，可爬到树上的鸟巢中取食幼鸟或鸟卵，但不食蛙类；而幼体取食小型蛙类和蚯蚓。捕食旺季会变得很凶猛，尤其在实验室饲养时，当有人靠近蛇笼时，即刻将头颈部竖起，尾部快速上下摆动拍打蛇笼，发出啪啪的声音，并看准时机向人扑咬，饥饿时尤甚，往往由于多次撞击铁丝网、玻璃，吻鳞脱落，对其造成很大的损伤，最好将蛇笼遮盖起来。在野外很少主动攻击人，多数见到人后便急速逃窜。

冬眠地点多选择向阳山坡、石板下、土质松软且有枯枝落叶处或几年未翻动的柴草垛向阳面。室内饲养 10 月下旬不再进食，室内温度低于 20℃，特别是在 17～18℃时，蛇体卷曲、少动；11 月上旬，蛇箱应放置在通风良好、室温保持在 13～15℃、遮光好、少干扰的安静场所（一般多放置在北面房），水盘中的水要充足，并保持清洁。蛰眠期可长达 5～6 个月，不进食，蛇体更卷曲，呈假死状，偶见排泄物，直到翌年 4 月中下旬方见活动，但不进食。成体每年可蜕皮 2 次或 3 次，仔蛇可蜕皮 3～5 次或更多，蜕皮次数、蜕下的皮是否完整与饮食有关，如食物、水分充足，则蛇体生长丰满，鳞片闪光，蜕下的皮很完整；若食物、水分不足，则蜕下的皮支离破碎。蜕皮前 5～7 天眼睛变成污浊的灰蓝色，暂时失明，此时投食也能扑咬，但准确性不高，一旦扑咬住也能进食。蜕皮是从吻端及唇部开始的，通过硬物摩擦开裂，加上蛇体向前爬行，旧皮即翻转蜕下。蜕下的蛇皮称“蛇蜕”，可入药，蛇蜕鳞片完整，斑纹依旧，眼的透明膜也完整无缺。蜕皮后的蛇体斑纹更清晰，全身闪耀着金属光泽。卵生，于 7 月中旬至 8 月上旬产卵，野外雌蛇产卵前会寻觅向阳的僻静处，将卵产于潮湿而质地疏松的沙土中，而后离去，靠外界自然温度解化，野外考查时曾在树根下潮湿的沙土里发现过卵壳。室内孵化时应将卵埋入沙土中，在室温下孵化要注意湿度，如湿度不够，卵将失水干瘪，不能发育，湿度过大，通风不良，卵会发霉变质，因此应定期（5 天左右）翻土查卵，并记录卵的变化，如有变质者应及时清理。实验室观察发现，雌蛇产卵时尾部上翘，泄殖肛孔张开，流出少许黏液，随后泄殖肛孔逐渐张大，乳白色的卵露出，并缓缓产下，每产一枚卵的时间为 20～305s，2 枚卵产出的间隔时间为 20～35s，个别间隔 1～2min，卵一次连续产完，最后 1 枚卵产出后，雌蛇偶有短暂的护卵现象，从围绕在卵周围到离去仅 1～2min。卵白色，长卵圆形，壳软而韧，每次产 11～21 枚，平均重 20.34g，大小平均为 48mm，孵化期 5 天左右，于 9 月孵出，孵化过程中卵重和体积均有少量增加。当仔蛇即将出壳时，可见沙土表面出现湿润区，并相继出现泡沫。仔蛇出壳前以吻端的卵齿将卵壳划破 5～8mm 的裂缝（个别在同一卵壳上可见多个划破的裂缝），同时有泡沫样液体溢出，其后仔蛇露头，缩回又伸出，反复多次，此时如受惊扰或有人触动，立刻迅速缩回，且较长时间不再露头，可达 5～6h，甚至持续十多小时乃至一天，平静后头继续外伸，并连续摆动，随即全身脱壳。自露头至产出时间最长达 72h 以上。仔蛇出壳即爬行，2 脐带擦落，脐孔自行闭合，脐孔位于肛前第 27～32 枚腹鳞处。一般于产后第 11～13 天第一次蜕皮，最早于产后第 3 天，最晚于出生 20 天后蜕皮。取食频率高，所以生长发育较快。

地理分布：黑龙江省分布于延寿、尚志、阿城、通河、铁力及牡丹江等地。国内还见于吉林、辽宁，清原县为最南限。国外分布于朝鲜和西伯利亚。

经济价值：东北大型蛇种，肉可食用，皮可制工艺品。主要以农、林害鼠为食，对控制农、林害鼠的种群数量有一定作用。

保护等级：已被列入《中国濒危动物红皮书》（濒危）和《黑龙江省一般保护野生动物名录》。

（3）白条锦蛇（*Elaphe dione*）

分类地位：蛇目游蛇科锦蛇属。

别名：枕纹锦蛇、黑斑蛇。

鉴别特征：头背面有深褐色的钟形斑；体背苍灰色或淡灰褐色，少数棕黄色，其上有 3 条灰白色纵纹，并有不规则的黑色窄横斑；尾下鳞每片各有一明显的黑点，排列成 2 行黑线，尾下鳞中线浅淡无斑；半阴茎的萼区为小乳突形。

形态特征：体圆而细长。头长而略扁，稍宽于颈部，颈较明显；瞳孔圆形。体背苍灰色或淡灰褐色，少数带有红褐色点斑，并有许多不规则的镶有白边的黑色窄横斑，占 1 个或 2 个鳞列，体背从头后部起有深浅相间的 7 条纵纹，3 条色浅（背脊和左右各 1 条），中央 1 条延伸至尾端，而两侧的止于泄殖肛孔，但中央 1 条常被黑色窄横斑截断而不及两侧的纹清晰。腹鳞、尾下鳞和上下唇鳞颜色相同，均为淡黄色或灰白色，缀以许多黑色斑点，其中尾下鳞每片均有一黑点，这些斑点前后相连，在左右两侧分别形成明显的黑线，背部浅棕色的个体，其腹面为黄红色并杂以黑色斑点，有少数标本腹面的黑斑呈方格状，与红点锦蛇的腹面相似，但不及后者明显，并且尾下鳞中线浅淡无斑。头顶具 3 道黑色斑纹，最前 1 道细弱或不明显，横穿鼻间鳞，分别向左右延伸经颊鳞、眶前鳞到眼睛；中间 1 道较宽，自眶前鳞上缘和眶上统前缘出发，向上横于前额鳞后部及额鳞前缘，向后跨越眼睛延伸直达口角；最后 1 道也比较宽，在额鳞、顶鳞大部及眶上鳞的背角形成 1 个钟罩状，并从左右顶鳞向外后侧延伸至颈部形成左右两枕纹。有些成体头纹不明显，但幼体和浅棕色个体头纹尤其显著。

生态习性：我国北方常见蛇种。在黑龙江省分布极广，数量亦最多。生活于平原、丘陵、山地、田野、草坡、坟地、林间等处，有时进入农舍房屋。适应性强，无论是阴湿还是干燥的环境都可生存。以鼠类、鸟卵、蛙、蟾蜍、蜥蜴等为食，可与其他蛇类盘曲在一起越冬。

地理分布：几乎遍布黑龙江全省。国内还见于北京、天津、上海、吉林、辽宁、内蒙古、河北、山东、山西、江苏、安徽、河南、湖北、陕西、宁夏、甘肃、青海、四川、新疆。国外分布于俄罗斯西伯利亚、朝鲜、伊朗、蒙古国。

经济价值：肉可入药，具有滋补明目、催产、下胎衣的功效，又可治骨质增生、肺炎引起的胸热痛等病症，还可治妇女经闭等症。蛇蜕有祛风解毒、杀虫及明目之功效，主治惊痫、喉痹、各种肿痛和疥癣等皮肤病。

（4）红点锦蛇（*Elaphe rufodorsata*）

分类地位：蛇目游蛇科锦蛇属。

别名：白线蛇、水蛇。

鉴别特征：背鳞平滑；头有 3 条“^”形黑斑，一条在吻背，穿过眼沿头侧向后，另 2 条在额部，沿枕部向后，分别延续为躯尾背面的 4 条黑褐色纵纹；体前有 4 行杂具红棕色的黑点，渐成黑色纵线达尾背；腹面密缀黑黄色相间的棋格斑。

形态特征：头背淡红褐色或黄褐色。体背前段有 4 行中心为红棕色的黑色斑点，并逐渐形成 4 条黑色纵线达尾背，黑色纵线之间形成 3 条浅色纹，正中的 1 条为红褐色，两侧的 2 条为灰褐色。腹面黄色，密缀黑黄色相间的小棋格斑。头背有 3 道黑褐色倒“V”形斑，有些个体褐色部分变为黄褐色或橙黄色。肛鳞二分。尾下鳞双行，雄性 47～64 对，平均 60 对，雌性 47～85 对，平均 53 对。雄性半阴茎不分叉，延伸至第 12 对尾下鳞，外翻近柱状，远端扇褶形，近端开始是小刺萼区，近基部为刺区，具刺 20 多枚。

生态习性：栖居于傍水的草丛内，也常在阴湿的山麓出现。受惊时常向石堆下或水域逃逸，能泳善泅。常在湿地捕食林蛙、各种鳅类和小鼠等；性较贪食，甚至有同类间为争食而斗的现象，并能吞下比自身更大的动物。夏季活跃，适宜的气温是 20～30℃，白昼活动。性情驯和，但在遭惹逗时可能进行回击。繁殖季节（4～5 月）常在中午前后交配，一条雌蛇可先后与几条雄蛇交配，最长的交配时间可达十几小时。卵胎生，怀卵数较多，6～8 月产仔，产蛇 4～25 条。幼蛇长 150～180mm，产出后就能入水游泳，体纹酷似母蛇而较为深暗，2h 后即进行第一次蜕皮。10 月，常选择干沟、土坡等干燥处蛰眠，至翌年 4 月初才苏醒出蛰。

地理分布：黑龙江省分布于尚志、宁安、延寿、东宁、抚远、佳木斯、伊春、海林、嘉荫等地。国内还见于吉林、辽宁、山东、北京、天津、上海、河北、山西、内蒙古、江苏、安徽、浙江、江西、福建、河南、湖北、广西、台湾等地。国外分布于俄罗斯、朝鲜。

（5）乌苏里蝮（*Gloydius ussuriensis*）

分类地位：蛇目蝰科亚洲蝮属。

别名：白眉蝮、土球子、黑土球子。

鉴别特征：头呈三角形，颈明显；身体背面自颈至尾有 2 行中央浅色的暗褐色圆形斑纹，腹面黑色；眼后黑带上缘具较细的“白眉”；中段背鳞 21 行；舌浅肉色，尖端色深；上颌骨具管牙，有颊窝。

形态特征：头略呈三角形而不扁宽，吻棱显著，颈明显，尾短尖细。眼后有斜向口角的黑色纵带，其上缘平直，镶白色或黄白色的较细眉纹，即“白眉”。体色变异较大，背面暗色、棕色或红褐色，有 2 列边缘黑色、中央色浅、向体侧开放的大圆斑纵贯全身，有的个体由于圆斑不明显而形成网纹；自颈至尾圆斑 28～35 个，圆斑相隔仅 1 枚或 2 枚鳞片。腹面黑色，腹鳞边缘及第 1 行背鳞缀有褐色斑点。舌浅肉色，尖端色深，上颌骨具管牙，有颊窝。吻鳞扁宽。鼻间鳞宽短，外侧尖细似逗点形，后缘斜向中线会合，鳞间缝的长度约为前额鳞的鳞间缝之半。额鳞长稍大于宽。眶上鳞之长与额鳞相等，但宽度明显小于额鳞。顶鳞长大于眶上鳞，即从额鳞至吻端的距离。鼻鳞 2 枚，前后排列；鼻孔圆形，位于前鼻鳞的后缘。颊鳞 2 枚，上下叠置，位于颊窝前方。眶前鳞 2 枚，位于颊窝背侧，其下有 1 枚介于颊窝及第 3、4 上唇鳞之间的窝后鳞。眶后鳞 2 枚，上小下大。

生态习性：多见于林场居民院子中、栽培木耳的柞木堆下、农田菜地边、小河边、坟堆旁、石桥或木桥下，以及向阳山坡的陡峭裸岩（石砬子）等地的平原、林缘、草丛、灌丛或石堆中。栖息地海拔 50～100m，与白条锦蛇、岩栖蝮、中介蝮分布区域均有重叠，但在高山山顶及林中不多见，而且有乌苏里蝮的地方一定有白条锦蛇分布。在雨过天晴后活动比较频繁，常在已经干了的石头和土堆上晒太阳，下小雨时也能在石砬子中发现。食性较广，食鼠、蛙及鱼类，偶食蜥蜴及其他蛇类。每年 10 月中上旬开始入蛰冬眠，可与其他蛇种同穴越冬，翌年 5 月中旬出蛰。卵胎生，5 月底时怀卵 6 枚或 7 枚，较大时卵有 5 枚或 6 枚，卵径长 35～46mm、宽 11～16mm。8 月末至 9 月初产仔 4～7 条，在个别地方产仔时间稍晚。幼蛇形态与成蛇相似，但尾端 2～3cm 处为淡黄色，极为明显，成体后尾端黄色消失。仔蛇食黑蚁卵，饲养中可吃鼠妇、蜈蚣、蚯蚓等。

地理分布：黑龙江省广布，各适宜生境均有分布。国内还见于吉林、辽宁、山东、河北、内蒙古等地。国外分布于俄罗斯远东地区及朝鲜。

保护等级：虽然乌苏里蝮在黑龙江省分布较广，但是近些年由于资源过度利用、环境污染以及栖息地破碎化，其种群数量急剧减少，分布范围逐渐缩小，已被列入《中国濒危动物红皮书》和《黑龙江省一般保护野生动物名录》。

经济价值：全身均有药用价值，同时具有防治鼠害、维持生态系统平衡的重要生态意义，但是其毒性较强，会对人及牲畜的健康造成一定危害。药用价值较高，含有丰富的蛋白质、脂肪、糖类、钙、磷、铁、维生素 A、维生素 B 等物质，肉质鲜美，营养丰富，还能治疗风湿性关节炎、舒筋活络、滋补强身；蛇干、蛇酒可治四肢麻木、顽癣恶疮；蛇胆有清凉明目、止咳化痰的功能；蛇蜕（龙衣）有祛风、杀虫、解毒之功效，主治惊痫癫疾、喉痹、疔肿疥癣及各种顽固性皮肤病；蛇毒含有多种蛋白酶，有降低血液黏度，增加血液流速，溶解血栓和预防血栓形成的功能，因此对脑血栓、深部静脉炎、冠心病、雷诺氏综合征、硬皮病、部分老年性糖尿病等都有很好的疗效。因此在保护的基础之上，应该对乌苏里蝮资源进行合理地开发和利用。

# 第 12 章　保护区哺乳动物多样性

保护区属内陆湿地和水域生态系统类型，主要保护对象为陆生、湿生、水生生物与其生境共同组成的湿地生态系统。三江平原沼泽发育于低平原上，在我国的沼泽湿地中独具特点，而保护区则具有以下几个特点：①地理位置独特，位于我国面积最大的沼泽湿地——三江平原沼泽的最东北端，也是三江平原由西南向东北倾斜的最低点；②有不同于其他湿地的沼泽湿地与岛状森林生境的复合体，各种沼泽湿地类型都存在；③动物成分复杂，有森林动物类群，也有湿地动物类群，还有水生动物类群，生物多样性极为丰富。

## 12.1　哺乳动物分析

### 12.1.1　种类组成

根据调查并参考有关资料，确认保护区共有哺乳动物 6 目 13 科 32 属 43 种（表 12-1，见附录Ⅷ），占黑龙江省哺乳动物种数的 48.86%。以食肉目（15 种）和啮齿目（14 种）占优势，占保护区哺乳动物种数的 67.44%，其后依次为偶蹄目（5 种）、食虫目（4 种）、翼手目（3 种）和兔形目（2 种）（表 12-1）。

**表 12-1　保护区哺乳动物统计比较表**

| 目 | 科数 | 种数 | 从属区系 | | | | 与黑龙江省哺乳动物比较 | |
|---|---|---|---|---|---|---|---|---|
| | | | 古北种 | 东洋种 | 广布种 | 外来种 | 黑龙江省种数 | 保护区占全省比例/% |
| 食虫目 | 2 | 4 | 4 | | | | 12 | 33.33 |
| 翼手目 | 1 | 3 | 2 | | 1 | | 15 | 20.00 |
| 食肉目 | 4 | 15 | 6 | 1 | 7 | 1 | 22 | 68.18 |
| 兔形目 | 1 | 2 | 2 | | | | 6 | 33.33 |
| 啮齿目 | 3 | 14 | 10 | | 3 | 1 | 25 | 56.00 |
| 偶蹄目 | 2 | 5 | 3 | | 2 | | 8 | 62.50 |
| 合计 | 13 | 43 | 27 | 1 | 13 | 2 | 88 | 48.86 |

### 12.1.2　区系特征

依中国动物地理区划，保护区隶属古北界东北区长白山地亚区三江平原三江平原州。保护区分布的哺乳动物中古北种占绝大多数，共有 27 种，占哺乳动物种数的 62.79%；广布种为 13 种，占 30.23%；东洋种仅 1 种，占 2.33%；另外还有 2 种外来种。

### 12.1.3 生境特点

（1）沼泽生态系统

保护区内沼泽广泛分布在各类低洼地和低河漫滩上，根据积水状况和植物组成，可分为轻沼泽（年积水 0～20cm）和重沼泽（年积水 0～50cm）。沼泽湿地是保护区的主体，分布在乌苏里江和黑龙江及其大小支流沿岸区域，主要为大叶章和薹草沼泽。常见的哺乳动物种类有麝鼠（*Ondatra zibethicus*）、东方田鼠（*Microtus fortis*）、巢鼠（*Micromys minutus*）、黑线姬鼠（*Apodemus agrarius*）、大林姬鼠（*Apodemus peninsulae*）、狍（*Capreolus pygargus*）等。

（2）草甸生态系统

保护区的草甸是非地带性植被，一般见于江河两岸或平坦低湿地段，特别是在宽河谷的一级阶地及泛滥地上呈带状或片状，与沼泽或森林呈复区分布。草甸生境湿润，但不会常年积水，群落组成以中生或湿中生植物占优势。土壤为草甸土，有机质含量高，腐殖质层厚，一般可达 30cm；但在泛滥地上发育的草甸土，腐殖质层薄，质地较松，排水良好，受新沉降过程影响，形成具有明显层状结构的泛滥草甸土，肥力较差，在一级、二级阶地，成土母质多为黏土，有经白浆化过程形成的白浆化草甸土，肥力较差。根据植物组成、外貌、生境条件的差异，保护区的草甸可分为典型草甸和沼泽化草甸 2 个植被亚型共 9 个群落类型。草甸开阔景观中，一般不见大型的林栖动物。常见的动物有黑线姬鼠、东方田鼠、雪兔（*Lepus timidus*）等，有时也可发现赤狐（*Vulpes vulpes*）、黄鼬（*Mustela sibirica*）等食肉动物游荡于此。

（3）森林生态系统

保护区的地带性植被为红松针阔混交林，但受人类活动和农业活动等因素的影响，原始地带性植被荡然无存。而现在见到的森林为次生林，常呈岛状分布，故又称“岛状林”，其组成主要以山杨、白桦、蒙古栎等落叶阔叶乔木占优势，林下灌木与草本植物大多为红松针阔混交林林下种类。此外，第三纪孑遗植物如黄檗、水曲柳、胡桃楸、猕猴桃、五味子、山葡萄等亦生长良好。岛状林分布在江河两岸或泡沼沿岸高地处，可明显地分为乔木、灌木、草本植物三层。

保护区内在森林栖居的哺乳动物有大林姬鼠、黑线姬鼠、红背䶄（*Clethrionomys rutilus*）、棕背䶄（*Clethrionomys rufocanus*）、东北刺猬（*Erinaceus amurensis*）、东北兔（*Lepus mandshuricus*）等，食肉目的黑熊（*Selenarctos thibetanus*）、猞猁（*Lynx lynx*）、豹猫（*Felis bengalensis*）、黄鼬（*Mustela sibirica*）、伶鼬（*Mustela nivalis*）以及偶蹄目的野猪（*Sus scrofa*）、马鹿（*Cervus elaphus*）和狍也栖息于森林的各类生境中。

（4）农田生态系统

农田生态系统是指人类在以作物为中心的农田中，利用生物和非生物环境之间以及生物种群之间的相互关系，通过合理的生态结构和高效的生态机能进行能量转化与物质循环，并按人类社会需要进行物质生产的综合体。农田生态系统的环境组分包括自然环境和人工环境两部分。与自然生态系统一样，农田生态系统也包括生物与环境两大组分。与自然生态系统不同的是，农田生态系统的两大组分都受人为支配和干预，随着季节变化，因种植不同作物而形成不同的结构，因此农田生物类群有不同的生长发育阶段、生态类型和季节分布类型。在农田生态系统中，占据主要地位的生物是经过人工驯化的农作物、人工林木等，其次是一些人工放养于农田的某些动物，以及与这些农业生物关系密切的生物种群，由于人类有目的地选择与控制，其他生物种类和数目一般较少，生物多样性显著低于同一地区的自然生态系统。在保护区及周边，农田生态系统也占据着重要的生态区位，常分布有花鼠（*Tamias sibiricus*）、大仓鼠（*Cricetulus triton*）、大林姬鼠、黑线姬鼠、黄鼬、伶鼬等，偶蹄目的野猪和狍在秋冬季节也常会到农田活动。

## 12.2 重点保护野生哺乳动物及“三有”保护哺乳动物

保护区共记录国家一级重点保护野生哺乳动物 4 种，国家二级重点保护野生哺乳动物 10 种，这些动物多处于濒危状态，一些种类在保护区已经难以见到。另外，保护区共记录国家重点保护的有益或者有重要经济、科学研究价值（“三有”）的陆生哺乳动物 11 种。

### 12.2.1 重点保护哺乳动物

（1）狼（*Canis lapus*）

分类地位：食肉目犬科。

别名：灰狼。

保护等级：国家二级重点保护野生动物；《濒危野生动植物种国际贸易公约》（CITES）附录II物种；《中国濒危动物红皮书》等级为易危（VU）。

犬科中体型最大者，体长 105～160cm，肩高 80～85cm，平均体重 30～40kg。雌性体型一般小于雄性约 20%。四肢矫健，适于奔跑，前足 5 指，后足 4 趾。吻部略尖，口裂宽阔，犬齿发达，耳廓直立不倒。尾不上卷，尾毛长而蓬松。毛色个体变化较大，上体一般为草黄色、浅黄色、暗黄色、灰棕色和浅灰色，但以后两种毛色居多，背毛多有黑色毛尖。腹部和四肢内侧灰白色，但四肢内面以及腹部毛色较淡，毛色常因产地和栖息环境不同（如草原、森林）和季节变化而有差异，另有毛色纯黑和全白者，肩部和尾端黑毛较多。

栖息生境多样，如草原、森林和荒漠等都有其踪迹。北方的狼在冬季常集群活动，并有社群结构；夏季则营家庭群生活。领域范围达 160～350km$^2$，适应性很强，喜欢在人类干扰少、食物丰富的隐蔽条件下生存。一般是 2～3 月交配繁殖，妊娠期 60～63 天，每胎产 4～7 幼崽。

集群或单独活动，在繁殖季节集成小群，狼群的大小变化很大，常因季节和捕食情况不同而改变。食物成分较杂，凡是能捕到的动物都是其食物，包括鸟类、两栖类、昆虫和鱼等小型动物；性情凶残，主要捕食野兔、大型啮齿类、有蹄类、鹿类及鸟类等；喜欢捕食野生和家养的有蹄类，偶尔进食植物性食物，如水果。分布于森林、草原。

由于 20 世纪的政策导向，狼被当作害兽而鼓励猎杀，数量曾急剧下降。现已经受到保护，数量正在上升，但是在亚洲的许多地方仍然没有得到有效保护。

在保护区已很难见到狼的踪迹，只有冬季封江时在比较偏僻的中俄边境地段偶见。

（2）赤狐（*Vulpes vulpes*）

分类地位：食肉目犬科。

别名：火狐、草狐、红狐、狐仙。

保护等级：国家二级重点保护野生动物；CITES 附录Ⅲ物种；《世界自然保护联盟（IUCN）濒危物种红色名录》等级为无危（LC）。

体长一般 60～78cm，肩高 40cm，尾长 35～45cm，体重 5～7kg。雄性略大于雌性。

体型纤长，四肢较短，嘴尖而长，耳较大、高而尖、直立。毛色因季节和地区不同而有较大变异，一般体背棕红色或灰黄色，棕红色毛被的称为火狐，灰黄色毛被的称为草狐；腹部白色或黄白色；尾毛长、蓬松，尾尖为白色，幼狐有尾腺；耳背黑色或黑褐色；四肢外侧黑褐色，并可延伸至足面。

听觉、嗅觉发达，行动敏捷。喜欢单独活动，通常夜间出来活动，白天隐蔽在洞中睡觉，在荒僻的地方有时白天也会出来寻找食物。四肢较短，但跑速不慢，追击猎物时速度可达每小时 50km，善于游泳。食物包括田鼠、家鼠、黄鼠、花鼠等在内的各种啮齿类和野兔等，因此是鼠类等有害动物的天敌，也吃蛙、鱼、鸟、鸟卵、昆虫等，遇到动物尸体、人类遗弃的食物等也会捡食，还吃草莓、橡子、葡萄等野果或浆果。

分布于整个北半球，是食肉目中分布最广的物种。栖息于森林、灌丛、草原、荒漠、丘陵、山地、苔原等多种环境中，也生存于城市近郊。

喜欢居住在土穴、树洞或岩石缝，有时也将其他动物的巢穴占为己有，巢穴内有非常浓烈的狐臊气味。住处常不固定，而且除了繁殖期和育仔期外，一般都是独自栖息。性狡猾而多疑，行动时大多先对周围环境进行仔细观察，当遇到敌害时，就会使用肛腺分泌物放出臭气来干扰捕食者，从而找机会逃命。在保护区的岛状林和相对高而无水的地段常会发现赤狐的洞穴，我们在调查过程中曾在一处草甸中发现一洞巢。

每年的晚冬发情交配，孕期约 2 个月，每胎多为 5～6 仔。幼仔出生时，体重 60～90g，出生后约 2 周才睁开眼睛，在这段时间里，雌兽会精心地抚养和照顾幼崽，哺乳期约 45 天。幼仔生长速度很快，1 月龄体重可达到 1kg，可以出洞活动，半年以后长大的幼仔便离开雌兽开始独立生活，9～10 个月性成熟，寿命 12 年左右。雄兽参与抚育后代。

保护区的平均分布密度为 0.0295 只/km$^2$。

（3）貉（*Nyctereutes procyonoides*）

分类地位：食肉目犬科。

别名：貉子、�头、狸。

保护等级：国家二级重点保护野生动物；《IUCN 濒危物种红色名录》等级为低危（LC）。

体型中等，外形似狐但略小。体肥壮，被毛长而蓬松，外形粗短，体长 50～65cm，尾长 17～18cm，体重 4～6kg。吻尖，耳短圆，面颊生有长毛，四肢和尾较短，尾毛长而蓬松。体背和体侧毛均为浅黄褐色或棕黄色，背毛尖端黑色，吻部棕灰色，两颊和眼周毛黑褐色，从正面看为“八”字形黑褐色斑纹，腹毛浅棕色，四肢浅黑色，尾末端近黑色。毛色因地区和季节不同而有差异。

栖居生境较为广泛，常栖居于山林、平原、丘陵、河谷、溪流、河川和湖沼附近的荒地草原、灌木丛及土堤、河岸等处。喜穴居，多利用岩洞、石隙、空洞倒木等，或利用獾、狐狸等其他动物的废弃洞穴或营巢于树根间，也有个别自行挖洞营巢的。活动范围很广，常在半径 6km 的范围内活动。一般白天在洞内休息，夜间外出觅食，行动缓慢，每昼夜活动范围为 3～4km。主要以小型啮齿类、鸟类及鸟卵、蛇等为食，在水边也捕食鱼、虾，也食浆果、真菌、谷物等植物性食物。没有特别固定的洞穴，一年中的不同季节选择不同类型的洞穴栖息。繁殖期选用浅洞产仔哺乳；夏季天气热，则利用岩洞或凉爽的洞穴栖息；在严寒的冬季，选择温暖的深洞居住。听觉不够灵敏，多疑，常在洞口做不规律的走动，使足迹模糊不清，以迷惑敌人。性情较为温顺，反应迟钝，但在捕捉动物时反应灵敏。

能攀登树木，也会游泳捕鱼，有定点排粪的习性，同穴个体排粪时都到同一地点，排粪点一般距洞穴 2～6m。喜欢饮用清洁水，饮水后将水弄浑再走开。在北方冬季有蛰眠习性，呈昏睡状态，代谢活动并不停止。蛰眠期从 11 月中旬至翌年 2 月上旬，如气候偏低，也可延续到 3 月初，如天气转暖，可提前出来觅食。每年 3 月交配，5～6 月产仔，每胎 4～8 只，哺乳期 50～55 天。幼兽生长到秋天即可独立生活，寿命 8～16 年。天敌有狼和猞猁等。

东亚特有动物，主产于中国、俄罗斯、朝鲜、日本、蒙古国等。在黑龙江省分布十分广泛。由于过度捕捉，保护区已不多见。

（4）黑熊（*Selenarctos thibetanus*）

分类地位：食肉目熊科。

别名：亚洲黑熊、狗熊、黑瞎子。

保护等级：国家二级重点保护野生动物；CITES 附录 I 物种；《中国濒危动物红皮书》等级为易危（VU）。

大型食肉兽，体躯粗胖，体型比棕熊小，体长 150～170cm，体重一般在 100～150kg，有的个体可达 200kg。头部宽而圆，吻部较短，鼻端裸出，眼小，耳长 10～12cm，尾短小。颈部两侧的毛较长。四肢粗壮，前后足均具 5 指（趾），指（趾）端具锐爪；前足腕垫宽大，与掌垫相连。全身毛色黑而富有光泽，鼻面部栗棕色，下颌白色；胸部自两肩内侧向胸后部中央有一大的“V”形白斑。

林栖动物，主要栖息于阔叶林和针阔混交林中，入秋常见于蒙古栎林和河谷沿岸林内。在早春出洞后和秋末入蛰前，有短途的迁移现象。除了冬眠期和繁殖期外，没有固定的巢穴，到处游荡寻食。入冬寻找适宜的树洞冬眠，也称蹲仓。冬眠大多数在树洞里，树种多为杨、椴，洞口开在树干高处的称为天仓，有时也在倒木和大树根下扒坑为仓，即所谓的明仓，如有适宜的山洞，也会进去冬眠。入眠时间取决于秋天食物的丰度和降雪的早晚，一般 11 月初入眠。带崽的母熊通常在降雪之前即入洞，成年的雄熊入洞较晚。冬眠期大致与当地的积雪日期相符，于翌年 3 月下旬至 4 月中旬陆续出洞，前后约 5 个月。成年雄熊出洞较早，携带新生幼崽的母熊出洞最晚。

杂食性动物，但以植物性食物为主，各种青草、嫩枝叶、苔藓、蘑菇、松子、橡子、榛子都食，也食鱼、蛙、鸟卵，喜挖蚂蚁窝和掏蜂巢，如附近有蜂场，则盗食蜂蜜。食物有明显的季节性变化，早春出洞后，往往先剥开桦皮舔食树液，有助排出粪栓，然后采食嫩枝芽、蘑菇等，入秋则以各种果实或浆果为食，或爬到蒙古栎上采食橡子，常把树枝折断垫在臀下，使树冠形成一个很大的坐巢。

广泛分布于亚洲大陆及邻近岛屿。黑龙江省分布于小兴安岭及东部山地，为黑熊东北亚种（*S. a. ussuricus*）。保护区有分布，多分布于乌苏里江沿岸，常有俄罗斯境内的黑熊渡江来到保护区。

（5）棕熊（*Ursus arctos*）

分类地位：食肉目熊科。

别名：黑瞎子。

保护等级：国家二级重点保护野生动物；CITES 附录 I 物种；《中国濒危动物红皮书》等级为濒危（EN）。

体型比黑熊大，体长 200cm 左右，体重一般在 200～300kg。头宽而圆，吻部较长，鼻端裸出，眼小，耳小而圆，尾短小。颈部的毛较长。四肢粗壮，前后足均具 5 指（趾），指（趾）端具侧扁而弯曲的锐爪；前足腕垫小，与掌垫不相连，掌垫与腕垫之间有毛相隔。肩部隆起。毛色多变，由棕褐色至棕黑色，腹毛颜色较淡；鼻面部及面部色浅，多为浅栗棕色，下颌暗棕栗色；四肢毛色较深，为黑褐色。

栖息于森林地带，多白天活动，能爬树，善游泳，能直立站起。嗅觉灵敏，动作笨拙，平时行走缓慢。杂食性，以植物嫩芽、野果、种子等为食，也食蚂蚁、昆虫和小型动物，喜食蜂蜜，秋季亦到农田觅食。冬季多在树洞或岩洞内蹲仓，在黑龙江省冬眠期为 11 月至翌年 3 月。每年 5～7 月发情交配，妊娠期 6～7 个月，冬季蹲仓时产仔，每胎可产仔 1～3 只。初生熊仔很小，体重约为 500g，1 个月后方睁眼，哺乳期半年，3 岁可达性成熟。

广泛分布于北半球的森林地带。黑龙江省林区都有分布，为棕熊东北亚种（*U. a. lasiotus*）。在保护区每年均有发现，因当地居民将黑熊和棕熊统称为黑瞎子，因而调查时未能将其分开。20 世纪六七十年代保护区的数量较多，90 年代初调查不超过 10 只，现数量有所减少。1996 年 5 月在保护区的别拉洪河口附近一次就发现 7 只棕熊，并“打伤了”放牛的农民。保护区Ⅱ区处于乌苏里江西岸，对岸是俄罗斯的锡霍特山脉，乌苏里江就在山下流过，对岸人烟稀少，森林保存完好，棕熊在中俄边境地区常来回游荡，每年夏秋季节都有棕熊泅水过江的事情发生。2002 年秋季有一只棕熊在渡江时被正在江中捕鱼的渔民捕获；2018 年 11 月一只棕熊在黑龙江抚远东侧外环路大摇大摆地踱步，随后走入丛林内消失。

（6）紫貂（*Martes zibellina*）

分类地位：食肉目鼬科。

别名：貂、黑貂。

保护等级：国家一级重点保护野生动物；《中国濒危动物红皮书》等级为濒危（EN）。

体躯细长，四肢短而健，尾蓬松粗大。鼻部中央有明显的纵沟，耳下缘具双层附耳。喉斑不显或杏黄色。冬季趾覆有密短的丝状绒毛。一般雄性比雌性体大而壮，通常雄比雌长 40～80mm。眼大有神，黑色。尾长为体长的 1/3。爪尖而弯曲，半伸缩性，趾间无蹼。

行动敏捷，善于爬树。多在夜间活动，有时也在白天猎食，活动往往与天气和食物多寡有关，当天气风雪酷寒时，可在洞内蛰伏几日，主要活动为在地面及雪层下寻食。多独居，一般没有固定洞穴，只有交配期雌雄才偶居在一起，筑巢于石缝、树洞及树根下。主要以小型哺乳动物和鸟类为食，如兔、鼠类、松鸡和雉鸡等，喜食雏鸟及鸟卵，秋季常吃稠李、山楂等果实，冬季食松果。每年夏季发情交配，第二年春季产仔。

广泛分布在北亚大陆及邻近岛屿。我国见于东北和新疆北部，现有紫貂分布在黑龙江大、小兴安岭和东部山地林区。保护区内曾有过分布，但由于生境破坏以及资源过度利用或偷猎，现在除一些未开发林区或人迹罕至的偏僻林区外，已经很少见到其足迹。

种群状态：保护区数量极少，20 世纪 80 年代在海青亮子里捕到一只，近年来再也没有发现。

（7）水獭（*Lutra lutra*）

分类地位：食肉目鼬科。

别名：獭猫、水狗。

保护等级：国家二级重点保护野生动物；CITES 附录 I 物种；《中国濒危动物红皮书》等级为易危（VU）。

一种半水栖的中型食肉兽。头宽而扁，吻短，鼻镜上缘呈“W”形，耳小而圆，鼻孔和耳生有瓣膜，潜水时能够关闭。四肢甚短，前后足指（趾）间有蹼，指（趾）端具短爪。身体细长，前后粗细均匀而呈筒状。尾粗长而有力，略圆扁，尾根至尾尖逐渐变细，尾长超过体长之半。毛被短而致密，背毛色深，为咖啡色，腹毛较淡，呈银灰褐色；身体被毛有油亮光泽。

栖息于江河湖泊及山间水溪，常在岸边岩缝或树根下营巢而居。常独居，不喜集群。视觉、听觉、嗅觉灵敏，善游泳与潜水。主要以鱼为食，也捕食蛙、蛇、水禽及各种小型动物。2 月发情，4～5 月产仔，每胎 2～4 仔，哺乳期约 8 周，2 岁性成熟。

广泛分布于北非和欧亚大陆及邻近岛屿。我国南北方都有分布，在黑龙江各水系都有，特别是在林区的江河支流数量较多。保护区有分布，主要分布在乌苏里江流域。

种群状态：20 世纪 90 年代初在保护区每年均有捕获，但近几年较少见到，在乌苏里江沿江偶尔会发现其踪迹。

（8）猞猁（*Lynx lynx*）

分类地位：食肉目猫科。

别名：马猞猁、羊猞猁、猞猁狲、林曳。

保护等级：国家二级重点保护野生动物；CITES 附录Ⅱ物种；《中国濒危动物红皮书》等级为易危（VU）。

中型食肉动物，体长 90～120cm，体重 25～35kg。尾短粗，尾尖钝圆，尾长 12～24cm，短于后足，后半段为黑色。耳直立，耳尖生有直立的簇毛，簇毛长 4～5cm，耳尖簇毛黑色。两颊生有长毛，并向左右斜下垂。四肢粗长，四足掌面长而宽，前足 5 指，后足 4 趾，前足第 1 指短而位高，不触及地面。被毛颜色多变，上体浅棕色、土黄棕色、粉棕色、浅灰褐色或麻褐色；腹毛长，浅白色、黄白色或沙黄色，有的有少量浅棕色斑点；背及四肢外侧有棕褐色斑点，背及四肢上部斑点不太明显；针毛毛尖青白色，导致毛被上似有一层浮霜。

栖息于林中，栖息生境极富多样性，从亚寒带针叶林、寒温带针阔混交林至高寒草甸、高寒草原、高寒灌丛草原及高寒荒漠与半荒漠等各种生境都有其活动。在岩洞或石缝居住，多晨昏活动，主要以野兔、啮齿类、狍等中小型哺乳动物及雉鸡、松鸡等大型鸟类为食。每年 3～4 月发情，妊娠期 2 个月左右，5～6 月产仔，每胎 2～3 仔，2～3 年性成熟，寿命可达 15 年。

广泛分布于欧洲和亚洲北部。我国分布于青藏高原和北方各省，黑龙江分布于大、小兴安岭及东部山地林区。保护区有分布。

种群状态：数量一直较少，近几年更少见。

（9）豹猫（*Felis bengalensis*）

分类地位：食肉目猫科。

别名：山狸子、野猫。

保护等级：国家二级重点保护野生动物；CITES 附录Ⅱ物种；《中国濒危动物红皮书》等级为易危（VU）。

体型较小的猫科动物，大小与家猫相似，略比家猫大。体重 2～3kg，体长 55～70cm，尾长 22～35cm，尾长超过体长之半。身形匀称、矫健，颈部粗短，四肢短粗，头圆吻短，眼睛大而圆，耳小、圆形、略尖。毛以黄棕色为基色，其上有纵行排列的褐色或棕褐色斑点，斑点大小不一，臀部斑点较大。胸腹部及四肢内侧近白色，也有不规则的黑色（棕褐色）斑点。尾的末端圆钝，尾背具褐色斑点或半环，尾尖棕色或褐色。从额至肩有 4 条黑褐色条纹，外侧 2 条较宽，内侧 2 条较细并有断续。内眼角向上至额后各有 1 条白（或浅黄色）纹，向上渐变加深。耳背黑色，中间有一白（或淡黄色）斑。

趾行性，前足 5 指，后足 4 趾，前足第 1 指短而位高，不触及地面；前掌能转动；趾端具爪，爪弯曲且锐利，具爪鞘；爪可伸缩，平时缩回爪鞘，只在猎捕时或需要时才伸出；足垫、趾垫发达。舌的表面覆有具角质的小刺，刺尖向后，舌和牙齿协同可舐刮骨上余肉。感觉器官发达，嗅觉、听觉、视觉都非常敏锐，瞳孔可根据光的强弱调整大小，在强光下可缩成近于直立的窄缝。

主要栖息于山地、郊野灌丛和林缘村寨附近。在半开阔的稀树灌丛生境中数量较多，独栖或成对活动。巢穴多在树洞、土洞、石块下或石缝。一般在地面活动，在树上也活动自如。夜行性，晨昏活动较多。善游水，也喜欢在水边活动和觅食，身上的斑点、条纹有利于隐蔽。喜欢潜伏或隐蔽接近猎物，通过短距离猛扑来猎杀猎物，主要以鼠类、兔类、蛙类、蜥蜴、蛇类、小型鸟类、昆虫等各种动物为食，也食浆果和部分嫩叶、嫩草，有时盗食鸡、鸭等家禽。一般春夏季繁殖，春季发情交配，孕期 60 天左右，一般 5 月产仔，每胎产 2～4 仔，以 2 仔居多，18 月龄达到性成熟，寿命约 13 年。

保护区有分布，但近些年少见。

（10）虎（*Panthera tigris*）

分类地位：食肉目猫科。

别名：东北虎、西伯利亚虎、阿穆尔虎。

保护等级：国家一级重点保护野生动物；CITES 附录Ⅰ物种；《中国濒危动物红皮书》等级为濒危（EN）。

现存最大的猫科动物。雄性体重平均 300kg，体长约 2.6m，尾长约 1m，最大体重达 350kg，体长达 2.8m；雌性平均体重 160kg，体长约 1.7m，尾长 0.8m。头大而圆，颈粗，吻短，犬齿粗大锋利。前额有数条黑色横纹，眼上方具一白色区。耳短圆，耳背黑色，耳背中央有一白斑。夏毛棕黄色，冬毛淡黄色。背部和体侧具多条横列的黑色窄条纹，腹面近白色。尾具 10 余个黑色环纹，末端圆钝，尾尖黑色。四肢粗壮有力，趾行性，前足 5 指，后足 4 趾，前足第 1 指短而位高，不触及地面，故足印只能看到 4 个指（趾）垫；前掌能转动；指（趾）端具爪，爪粗大、弯曲且锐利，具爪鞘；爪可伸缩，平时收缩回爪鞘，只在猎捕时或需要时才伸出；足垫、趾垫发达。

典型的山地林栖动物，栖息在北方的落叶阔叶林和针阔混交林，常出没于山脊、灌丛、林中山崖地域。无固定巢穴，多在山林中游荡寻食，领域性强，领域范围可达 100km$^2$ 以上。夜行性，白天潜伏休息，未受惊动很少出来。感觉器官发达，嗅觉、听觉、视觉非常敏锐，可根据光的强弱调整瞳孔大小。性凶猛，行动迅捷，善游泳，不善爬树。成年个体常单独活动。捕猎时静伏或潜行至一定距离突然袭击，咬住捕食对象的颈部杀死猎物，以野猪、马鹿、梅花鹿、狍、麝等有蹄类为主要捕食对象。多在冬季发情，孕期 103～105 天，一胎 2～4 仔，2～3 年繁殖一次，3～4 岁性成熟，寿命约 20 年。

分布于亚洲东北部，即俄罗斯西伯利亚地区、朝鲜半岛和中国东北地区。我国大兴安岭在 20 世纪 70 年代绝迹，小兴安岭在 80 年代绝迹，历史上，东北虎分布于我国各地，现今仅分布于黑龙江省和吉林省东部山区。在黑龙江省主要分布于完达山东部林区，老爷岭林区和张广才岭南部有为数不多的孤立游荡个体，由于这些分布区与俄罗斯交界，有些个体可能在我国黑龙江、吉林与俄罗斯境内之间流动。

20 世纪 50 年代以前黑龙江省数量较多，分布较广，1976 年报道全省数量为 81 只，80 年代全省数量为 20～30 只，近些年更少见，现主要分布于东部山地、老爷岭林区和张广才岭，近些年小兴安岭再现其踪迹，但主要分布于中俄边境地区。保护区乌苏里江对岸俄罗斯境内有一定数量，保护区邻近的饶河每年都有东北虎出现，保护区内在乌苏里江边偶见有游荡个体活动。早在 1994 年乌苏里江边的边防哨所就发现有东北虎尾随野猪来到中国一侧；2014 年 6 月 11 日黑龙江省抚远市渔民张明宇、张明凯哥俩在乌苏里江上记录下长达 10min 的野生东北虎渡江画面；2014 年 11 月东北虎“乌斯京”从俄罗斯来到保护区，在保护区及周边地区活动一段时间后又返回俄罗斯境内；2017 年 9 月在保护区海青乡亮子里村胖头河东岸发现雌性成年东北虎足迹；2018 年 10 月 26 日佳木斯边防支队鸭南边防派出所接到报警，10 月 25 日在镇西村附近发现一只野生东北虎。保护区近年来虎踪频现，进一步证实其为野生东北虎在中俄边境的生态廊道之一。

（11）雪兔（*Lepus timidus*）

分类地位：兔形目兔科。

保护等级：国家二级重点保护野生动物；《中国濒危动物红皮书》等级为易危（VU）。

体型较大的一种野兔，体长 450～520mm。耳相对较短，短于后足；尾极短，不达后足长的一半。冬季毛色纯白，仅耳尖为黑色，前后足底毛为污白色；夏毛头部、背部为棕褐色、棕黄色或青灰色，腹部白色，耳尖黑色。

喜栖居在林缘及疏林地带，也见于河岸灌丛。多在晨昏活动，白天隐居在巢穴中。以多汁的草本植物和嫩枝芽及树皮为食。巢区较为固定，一般不改变栖居地点；冬季降雪后有固定的活动路线，并踏出固定的“兔道”，是其外出觅食、活动的通道。5～6 月繁殖，每窝 4～6 只，多时可达 10 只，一般每年只繁殖一次。

分布于欧亚大陆北部及北美洲北部。我国分布于新疆、内蒙古及黑龙江，在黑龙江省分布于大兴安岭、小兴安岭北坡及完达山，并向东延伸至乌苏里江与黑龙江的汇合处。保护区有分布。

种群状态：数量较多，属常见种，每年均有一定的捕获量。在保护区乌苏里江沿岸常可见其踪迹，种群平均分布密度为 0.0031 只/$km^2$，估计种群数量为 30～40 只。

（12）马鹿（*Cervus elaphus*）

分类地位：偶蹄目鹿科。

别名：赤鹿、东北马鹿。

保护等级：国家二级重点保护野生动物；《中国濒危动物红皮书》等级为易危（VU）。

大型鹿类，体长约 200cm，体重约 200kg，大者可达 250kg，雄性个体大于雌性。雄鹿有角，眉叉从角基部伸出，第 2 叉紧靠眉叉之上，第 3 至 2 叉的距离及以后各叉之间的距离较大；6 叉。体健壮，腿细长，眶下腺大。夏毛短，赤褐色，冬毛厚密，棕灰色，臀部有一黄赭色臀斑。尾短小，黄赭色，无斑点。幼鹿身上有白色斑点，第一次换毛时消失。

喜栖居于大面积的林中，也在林间草地、稀疏灌丛或河谷沿岸活动；夏季迁到山的高处，冬季迁至山谷。以各种植物的嫩枝叶为食，冬春季节喜到盐碱地舔盐，秋冬季喜结群活动。每年 9～10 月发情，翌年 5～6 月产仔，每胎 1～2 仔，2～3 岁性成熟。

广泛分布于亚洲北部、欧洲及北美洲。我国分布于东北、内蒙古、西北、青藏及四川等地，黑龙江省的大、小兴安岭及东部山地都有分布。

种群状态：保护区数量较少，但每年冬季均有俄罗斯的马鹿越境来保护区觅食，夏秋季也常有马鹿泅水过江，2000 年 9 月渔民在江中捕获一只雄性马鹿。

（13）梅花鹿（*Cervus nippon*）

分类地位：偶蹄目鹿科。

别名：花鹿。

保护等级：国家一级重点保护野生动物；《中国濒危动物红皮书》等级为濒危（EN）。

中型鹿类，体长 125～145cm，尾长 12～13cm，体重 115～150kg。头部略圆，颜面部较长，鼻端裸露，眼大而圆，眶下腺呈裂缝状，泪窝明显，耳长且直立，颈部长。四肢细长，主蹄狭而尖，侧蹄小。尾较短。毛色随季节而改变，夏毛棕黄色或红棕色，背中央有深棕色脊纹，背脊两旁和体侧下缘镶嵌有许多排列有序的白色斑点，状似梅花；白色斑点成幼鹿都有，夏季清晰，冬季不显著。冬毛棕褐色或烟褐色，脊纹黑色，臀斑不明显。臀斑白色，边缘毛深褐色，形成黑褐色毛圈。尾短，尾背中央为纵行的黑褐色斑纹。眶下腺明显，裂缝状，受惊发怒时张开。雄鹿有角，共分 4 叉（有时 3 叉），眉叉和主干成钝角，在近基部向前伸出，第 2 叉与眉叉相距较远，位置较高，主干在末端再次分成 2 个小枝；主干一般向两侧弯曲，略呈半弧形，眉叉向前上方横抱，角尖稍向内弯曲，非常锐利，每年 4 月雄鹿的老鹿角脱落，新鹿角开始生长，新生的鹿角为茸角。进入 9 月，鹿角开始逐渐骨化，表皮彻底脱落，露出硬而光滑的鹿角。

喜栖居于针阔混交林、林间草地和林缘，白天多选择在向阳的山坡、茅草丛较为深密的地方栖息，夜间则栖息于山坡的中部或中上部，仍以向阳的山坡为多，栖息的地方茅草相对低矮稀少。以各种植物的嫩枝叶为食，春季喜到盐碱地舔盐。喜结群活动，一般 5～6 只，多时可达 20 余只。每年 9～10 月发情，翌年 5～6 月产仔，每胎 1 仔，少有 2 仔，2～3 岁性成熟，寿命约 20 年。

仅分布于亚洲东部及邻近岛屿。我国曾广泛分布于南北各地，黑龙江省分布的是东北梅花鹿（*C. n. hortulorum*）。保护区偶见。

种群状态：历史上数量较多。1976 年黑龙江省调查，全省数量为 438 只，而 1991 年调查，全省仅有 41 只，并且可能为饲养的逃逸个体。保护区数量极少，偶见个体也可能为家养逃逸者或俄罗斯境内的游荡个体。

（14）驼鹿（*Alces alces*）

分类地位：偶蹄目鹿科。

别名：犴达罕、犴。

保护等级：国家一级重点保护野生动物；《中国濒危动物红皮书》等级为易危（VU）。

体型最大的一种鹿科动物。一般体长 200～260cm，肩高 160～240cm，体重 400～600kg，但产于北美洲的体长可达 300cm，最高记录为 1000kg。体躯粗壮高大，四肢长而颈短，肩隆起，臀略低。头大，眼睛较小，脸部特别长，上唇与鼻特别膨大，鼻镜小而下移不显。雌雄喉部下面生有“肉柱”，上面长着很多下垂的毛，称为颌囊，雄兽的更为发达。全身毛都是棕褐色，冬季较深，背脊有深棕色鬣毛，夏季毛色略浅。躯体短而粗壮，尾短。仅雄性有角，角的叉数与年龄相关，除眉枝外，其他各枝与角干融合形成掌状角（年轻者不呈掌状），鹿角每年脱换一次。

典型的亚寒带针叶林动物，栖息于原始针叶林或针阔混交林，多在林缘一带活动，也喜欢在平坦低洼地带、林中旷地、林中沼泽活动，从不远离森林。栖息地的变化因季节和当地自然条件不同而异。最喜食木本植物的叶和嫩枝，以杨、桦的嫩枝条和其他植物的枝叶为主，10 月到翌年 3 月也啃食些树皮，一年中有 8～9 个月采食木本植物，只有 7～9 月大量采食草本植物。冬季主要在山地阳坡的杨桦林、沼泽地的柳林灌丛等地活动。有舔食盐碱的习性。每年 9 月上下发情，翌年 5～6 月产仔，每胎 1～2 仔，通常 3 年性成熟。

广泛分布于欧亚和北美洲大陆的北部。我国的分布区为其南缘。保护区有分布，为乌苏里亚种（*A. a. cameloides*），数量非常少，20 世纪 80 年代以前较为常见，之后偶在中俄边境地区见到。

### 12.2.2 “三有”保护哺乳动物

（1）东北刺猬（*Erinaceus amurensis*）

分类地位：食虫目猬科。

别名：远东刺猬、东北刺猬、黑龙江刺猬、刺球。

保护等级：列入《国家保护的有益的或者有重要经济、科学研究价值的陆生野生动物名录》。

体长 215～275mm，尾长 20～26mm，耳长 20～26mm，体重 360～750g。体型肥圆矮胖，体背和体侧满布粗硬的棘刺，头、尾和腹面被细而硬的毛。吻尖而长，嗅觉发达，眼小，耳小，尾短。四肢短小，前后足均具 5 指（趾），跖行性。遇到危险时蜷缩成团，头和 4 足藏在当中，浑身棘刺竖起，呈一刺球状，以防御敌人伤害。

棘刺有两种色型，一种纯白色，另一种基部和次端部白色或浅棕色、中间部和棘尖棕色或深棕色。两种棘刺的多少在不同个体中差异较大，使背部及体侧呈浅土棕色至浅沙黄色。硬毛污白色或浅棕黄色，面颊和四足背面棕褐色较显著。

异温动物，冬天要冬眠，秋末气温变凉（降到 7℃）时开始冬眠。在巢穴中冬眠时，体温下降到 6℃，呼吸频率 1～10 次/min，直到第二年春季气温回暖到一定程度（出眠温度为 6～9℃或以上）才醒来。在黑龙江省每年 5 月开始发情交配，妊娠期 35 天左右，一年一胎，每胎 3～5 仔。初生幼仔背上的刺毛柔软稀疏，但几天后逐渐硬化变为棘刺。母乳喂养 4～8 周后幼猬开始觅食，出生 2 个月后小刺猬独自生活。

夜间活动，以昆虫和蠕虫为主要食物，也捕捉小型动物（幼鸟、蛙、小蛇、蜥蜴等），也食一些植物性食物，一晚上能吃掉 200g 食物。主要天敌是鸮类和狐狸等食肉动物。一种性格孤僻的动物，胆小易惊、喜静厌闹，喜暗怕光、怕热怕冷。以洞穴为巢，行动迟缓，一般昼伏夜出，白天隐匿在巢内，黄昏后才出来活动，活动时常发出打呼噜的声响，一般情况下喜欢在灌木丛内活动，喜欢把窝做在郊野荒地的边缘、林缘、住宅园林或溪流边，会游泳。

保护区数量稀少。

（2）伶鼬（*Mustela nivalis*）

分类地位：食肉目鼬科。

别名：银鼠、白鼠。

保护等级：列入《国家保护的有益的或者有重要经济、科学研究价值的陆生野生动物名录》。

世界最小的食肉动物，体型甚小，身体细长，体长 14～18cm，尾长 2～5cm，体重约 50g，雄性体型较雌性大。耳小。被毛短而致密。四肢短小，跖行性，足掌被短毛，趾、掌垫隐于毛中；前后肢均具 5 指（趾），爪稍曲且纤细、尖锐；前肢腕部着生数根向外的白色长毛。尾极短，大约为体长的 1/5。

冬、夏毛异色。夏季，身体背面自上唇向后经体侧直至尾端及四肢外侧毛为咖啡色；腹面从喉、颈侧到腹部毛白色；背面和腹面之间分界线明显而整齐；足背杂生白毛；体躯的咖啡色毛或白毛从基部至尖端颜色相同。冬季全身被毛均为白色，只尾尖有少许褐色毛。

通常单个活动，白天出外觅食，有时也在夜晚活动，猎食区域一般比较固定。常侵占小型啮齿动物的巢，也利用倒木、岩洞、草丛和土穴等作为藏身场所。行动迅速、敏捷，视觉、听觉和嗅觉都很灵敏。一年换毛 2 次。一般在早春发情交配，每年繁殖一胎，每胎产仔 3～7 只，妊娠期 35～37 天，哺乳期约 50 天，寿命约 10 年。

栖息于森林、林缘灌丛、农田周边等地带。主要以小型啮齿动物为食，也食小鸟、蛙类及昆虫等。

保护区常可见到其活动痕迹。

（3）香鼬（*Mustela altaica*）

分类地位：食肉目鼬科。

别名：香鼠。

保护等级：列入《国家保护的有益的或者有重要经济、科学研究价值的陆生野生动物名录》；《IUCN 濒危物种红色名录》等级为近危（NT）。

体型较小而细长，体长 20～27cm，尾长 10～15cm，体重 100～230g。颈部较长，四肢较短，尾不甚粗，一般尾长不及体长之半。尾毛比体毛长，略蓬松。半跖行性，前、后肢均具 5 指（趾），爪微曲而稍纤细；前足趾垫卵圆形，掌垫 3 枚，略圆，腕垫 1 对；后足掌垫 4 枚；掌、趾垫均裸露。雌兽有乳头 4 对。

夏季体毛从枕部向后经脊背至尾背及四肢前面为浅棕褐色；颜面部毛色暗，栗棕色；腹部自喉向后直到鼠蹊及四肢内侧为姜黄白色，与体背形成明显的毛色分界；上唇缘、下唇缘、颊部及耳基黄白色；耳背棕色。冬毛背腹界限不清，几乎呈一致的黄褐色，尾近末端毛色偏暗。牙齿 34 枚；上颌门齿横列；犬齿较长，为裂齿高的 2 倍，略向后弯曲；裂齿甚发达，齿冠似刀状，前缘内侧小尖明显；臼齿窄而长，横列，内外叶小尖明显。

通常栖息在森林草原、灌丛及草甸，以草原地区更为常见。多单个活动，白天或夜间均活动，以晨昏时分更为活跃。栖居于洞穴内，喜欢穴居，常利用鼠类等其他动物的洞穴为巢，或者栖居于岩隙、乱石堆或树洞。产仔的洞穴附近常有避难洞穴、储食洞穴等。性情机警，行动迅速、敏捷，善于奔跑、游泳。每年 3～4 月发情交配，妊娠期 30～40 天，5～6 月生产，幼仔产在洞穴，每胎产 6～8 仔。幼崽 2 月龄时能独立生活，1 岁达到性成熟，寿命 8～10 年。觅食区域比较广泛，主要以小型啮齿动物为食，如鼠兔、黄鼠等，也上树捕捉小鸟，或猎食小鱼。

保护区偶见。

（4）黄鼬（*Mustela sibirica*）

分类地位：食肉目鼬科。

别名：黄鼠狼、黄皮子、黄大仙。

保护等级：列入《国家保护的有益的或者有重要经济、科学研究价值的陆生野生动物名录》；《IUCN 濒危物种红色名录》等级为无危（LC）。

小型食肉动物，体长 28～42cm，尾长 15～20cm，体重 330～750g，雌性体型小于雄性。体型细长，四肢短，颈长，头小，可以钻很狭窄的缝隙，尾长约为体长之半。

冬季尾毛长而蓬松，夏季毛绒稀薄而尾毛不散开。背部毛淡棕色或棕黄色，吻端和颜面部深褐色，鼻镜周围上下唇白色杂有棕黄色，腹面颜色略淡。夏毛颜色较深，冬毛颜色浅淡且带光泽。尾部、四肢与背部同色。

栖息生境多样，见于林缘、河谷、灌丛中，也常出没在城市和村庄。常在树洞、倒木下、柴草垛下、堤岸洞穴、墓地、石洞、乱石堆等隐蔽处筑巢。多夜间活动。食性很杂，主要以小型哺乳动物（啮齿类）为食，也捕食鸟类、鸟卵和两栖类、爬行类，还食鱼、昆虫，在山区村庄冬季常夜间偷袭家禽。身形修长，四肢短小，身体柔软，可以穿越狭窄的缝隙，因而能钻进鼠洞内捕食鼠类。动作十分敏捷，视觉和听觉极敏锐，有很强的猎捕能力，一旦发现猎物，就伸长脖子，全身贴近地面匍匐向前，伺机咬杀猎物，而且只要发现活的猎物，都要将其杀死。肛腺发达，当遇到危险时，以肛腺放出臭气来自卫。每年 3～4 月发情交配，妊娠期 4～5 周，通常 5 月产仔，每胎产 2～6 仔，9～10 月龄达到性成熟，寿命 10 年左右。

保护区平均密度为 0.2173 只/$km^2$，种群数量估计为 391 只。

（5）狗獾（*Meles meles*）

分类地位：食肉目鼬科。

别名：獾子。

保护等级：列入《国家保护的有益的或者有重要经济、科学研究价值的陆生野生动物名录》；《IUCN 濒危物种红色名录》等级为无危（LC）。

鼬科动物中体型较大的种类，体重 5～10kg，体长 50～65cm，尾长 15～20cm，不足体长 1/3。体型粗壮肥大，吻鼻较长，鼻端粗钝，具鼻垫，类似猪鼻，耳壳短圆，眼小，颈部粗短，四肢短健，前后足的指（趾）均具粗而长的棕黑色爪，前足的爪比后足的爪长，善于掘土。具肛腺。

毛为褐色与白色或乳黄色相杂；头部有 3 条白色条纹与 2 条黑褐色纵纹相间；面颊两侧各 1 条白色条纹，自口角经由眼下延伸至颈部，中央 1 条白色条纹由鼻镜后缘经头顶到达额顶；贯眼有 1 条黑褐色条纹过耳达颈部。脊背从头到尾及体侧长有长而粗的针毛，毛硬而密，基部为白色，近末端的一段为黑褐色，毛尖白色，体侧白色毛较多。下颌、喉、腹部以及四肢都呈棕黑色，尾部淡色色调增加而显乳白色，耳端边缘为白色。

夜行性动物，多栖息在山林、山坡灌丛、田野、溪流湖泊岸边各种生境中。杂食性，嗅觉灵敏，以各种植物的根、茎、果实及地下的昆虫幼虫和蚯蚓为食，也捕食青蛙、啮齿类和鸟卵，甚至捡食腐烂的动物尸体。有半冬眠习性，在秋季积累大量脂肪，11 月入洞蛰伏，第二年春暖出洞。喜群居，一个洞穴内常有几只甚至多只一起居住。秋末发情交配，翌年 4～5 月产仔，每胎 3～4 只。幼獾 35 日龄左右睁开眼睛，经过 5～6 个月的生长发育，秋末冬初时离开母兽独立生活，1 岁性成熟。

（6）东北兔（*Lepus mandshuricus*）

分类地位：兔形目兔科。

别名：野兔、满洲兔、跳猫。

保护等级：列入《国家保护的有益的或者有重要经济、科学研究价值的陆生野生动物名录》；《IUCN 濒危物种红色名录》等级为无危（LC）。

体型与家兔相似。体长 38～48cm，耳长 7.5～12cm，向前折不达鼻端，后足长 11～14cm，尾短于后足，尾长 5～7.5cm，体重 1.5～2.5kg。四肢强劲，腿肌发达而有力，前腿较短，具 5 指，后腿较长，具 4 趾；后足掌毛多而蓬松，适于在雪地跳跃、奔跑。善于奔跑、跳跃，在奔跑时能突然止步、急转弯或跑回头路以摆脱追击，在打斗时会跳起来用后足蹬踢对方。

体背毛被一般为浅棕黑色，背毛与腹毛接连处杏黄色，有白毛或黄色长毛零星地突出于毛被之外；头部、额部及眼间毛色较深，呈棕黑色，毛基灰黑色；耳尖黑色，颈背面有 1 个明显的浅棕色或艳橘黄色区；颊较体背面略淡，下颏与胸腹中央白色，毛基浅灰色；腹毛纯白色；尾上面黑灰色，下面污白色。夏毛色较深，体背、头部、体侧及两耳均呈深褐黑色。

平时无固定的巢穴，只有产仔时在凹地、灌丛、杂草丛、倒木下面筑巢穴。白天多栖居于灌木丛、杂草、倒木或树根下，晚上出来活动觅食。以各种树皮、嫩叶、枝芽及草本植物为食。4 月开始繁殖，孕期约 1 个月，5 月产仔，每窝 3～6 仔。哺乳期的母兔除觅食外，均卧于穴内哺育幼兔，幼兔在 1 月龄时即可独立生活。

在保护区与山林的交互地带偶有发现。

（7）花鼠（*Tamias sibiricus*）

分类地位：啮齿目松鼠科。

别名：五道眉、花狸棒、花鼠子、花栗鼠。

保护等级：列入《国家保护的有益的或者有重要经济、科学研究价值的陆生野生动物名录》。

因体背有数条明暗相间的纵纹而得名。个体较小，体长 13～16cm，尾长 10～12cm，体重 80～100g。有颊囊，可储存搬运食物。

头部至背部毛黄褐色，臀部毛橘黄色或土黄色；自肩部起到臀部有 5 条黑褐色纵纹：正中 1 条黑色，自头顶部后延至尾基部；外侧 2 条黑褐色。因背上这 5 条黑褐色纵纹，通常俗称“五道眉”。耳短但显著、无簇毛，耳壳为黑褐色，边缘为白色。尾呈帚状，尾毛长而蓬松，端毛较长，上部毛为黑褐色，下部毛为橙黄色。前足掌裸而无毛，掌垫、趾垫明显；后足掌被毛而无掌垫，具趾垫。栖息生境较广泛，平原、丘陵、山地针叶林、阔叶林、针阔混交林以及灌木丛较密的地区都有，一般栖息于林区及林缘灌丛和多低山丘陵的农区。多在树木和灌丛的根际挖洞，或利用天然石缝作为巢穴。

食性杂，喜食各种植物的种子，豆类、麦类、谷类等农作物种子及松子、橡子、桃核等是其大宗食物，也食瓜果、昆虫等；秋季则利用颊囊搬运大量食物储存在洞穴里，有时一个洞库可达 5kg。冬天即将来临之时会大量进食而积贮脂肪，为冬眠做准备；一到冬天即停止进食，进入冬眠，翌年 3 月下旬醒眠并开始摄食，直到 10 月底再次进入冬眠。主要在白天活动，晨昏之际最活跃，善爬树，但在树上活动时间少。行动敏捷，陡坡、峭壁、树干都能攀爬。半冬眠性，早春、晚秋也有少量活动。多数在地下掘洞栖息，也营巢于树洞。其洞可分为春洞、夏洞与越冬洞；春季、夏季洞穴无储粮室，巢室较浅，在此养育仔兽，越冬洞通常有一储粮室，洞道较深。每年繁殖 1～2 次，孕期 35 天，每胎产仔 4～5 只，哺乳期 1 个月，幼仔生长 3 个月可达性成熟。

保护区广泛分布，数量较多。

（8）松鼠（*Sciurus vulgaris*）

分类地位：啮齿目松鼠科。

别名：灰鼠、灰狗子。

保护等级：列入《国家保护的有益的或者有重要经济、科学研究价值的陆生野生动物名录》；《中国生物多样性红色名录》等级为近危（NT）。

身体细长，体长 22～27cm，尾长 17～24cm，体重 330～400g。眼大，耳朵长，

冬季耳尖有 1 束长的簇毛，夏季簇毛不显。夏毛黑褐色或棕褐色；冬毛灰褐色，腹毛白色。四肢稍短，指（趾）端有尖锐的钩爪。尾毛多而蓬松，常朝背部反卷，蓬松的长尾起平衡舵的作用。

典型的树栖动物。多栖息在寒温带的针叶林及针阔混交林。善于在树上攀爬、跳跃，跳跃时一跃可达几米，可以从一棵树跳到另一棵树上去。非常适应在树上生活，四肢非常灵活、敏捷，可以使用长钩的爪子倒吊在树枝上，用前肢抓住东西送进嘴里，也会离开树到地面上活动。在树洞或在自己搭建的巢里居住，巢常搭建在云杉、冷杉高处的枝杈间，极其隐蔽不易发现，洞口开向南或东南。不冬眠，白天出来觅食。主要以松子、榛子、橡子、核桃等坚果为食，也食松树的嫩球果、嫩枝叶、树皮、菌类、浆果等，还食昆虫及鸟卵。有储藏食物的习性，秋季各种植物的果实成熟后，便将收集到的松子、核桃等在其领域内埋藏储存，以备食物短缺的冬季食用。在储藏食物的过程中成为植物种子的传播者。繁殖能力强，发情时跳跃追逐，孕期 35 天左右，每胎 4～6 仔，一年 2 胎，8～9 个月性成熟，寿命 7 年左右。

保护区偶见。

（9）麝鼠（*Ondatra zibethica*）

分类地位：啮齿目仓鼠科。

别名：水耗子、青根貂、麝香鼠。

保护等级：列入《国家保护的有益的或者有重要经济、科学研究价值的陆生野生动物名录》；《IUCN 濒危物种红色名录》等级为无危（LC）。

原产于北美洲，20 世纪初引种到欧洲。1957 年我国开始从苏联引进，先后在黑龙江、青海等地饲养，逃逸的个体在野外逐渐形成小的种群，同时中俄边界地区不断有个体扩散从俄罗斯到我国一侧，经扩散迁徙，遍布我国江河湖沼周边的几乎所有地区。

个体较大的水栖啮齿动物，体长 29～33cm，尾长 21～25cm，体重可达 900～1200g。尾侧扁（小鼠尾巴侧扁不明显），尾长超过体长的 2/3，棕黑色，有鳞片和稀疏的棕黑色毛。头小，稍扁平。嘴钝圆，嘴周有长的胡须。颈短而粗，与躯干部没有明显界限。眼小。耳短，隐于长的被毛之中，耳孔有耳屏遮盖以利于潜水。上下颌各有 1 对锐利的门齿，呈浅黄色或深黄色，露于唇外。四肢短，前足 4 趾，爪锐利，趾间无蹼；后足略长于前足，趾间有半蹼，趾缘有栉毛，适于游泳。雄性有 1 对特殊的香腺，位于阴茎两侧，即处于腹肌与被皮之间，开口于阴茎包皮内侧，在繁殖季节可分泌乳黄色油性且具有浓郁香味的黏液，而在非繁殖季节香腺收缩变小不再分泌香液。

周身绒毛致密，背部毛为棕褐色或棕黄色，使体背呈暗棕色至栗棕色，有的个体呈深棕色。体侧稍浅。腹部浅棕灰色。毛基青灰色。四肢棕褐色。

常栖居在低洼地带的沼泽、湖泊、河流、池塘岸边，这些地方水草茂盛、环境清静。巢主要分布在岸边或浅水的芦苇和香蒲丛中，也有的在水上漂浮的物体上筑巢。活动范围比较小，也相对固定，区域性很强，而且活动时间、次数、路线也有一定的规律性。喜欢游泳，在水中活动自如，潜水能力很强，若遇敌害最长可潜水达 7min，游泳时每分钟可前进 20～35m。夏季多在浅水区，秋冬季在深水区。视觉和嗅觉迟钝，但听觉很灵敏。多以水生植物为食，幼芽、嫩枝、绿叶、果实及块根、块茎类都是上好的食物，许多陆生植物的幼嫩部分及果实也是其食物，有时食动物性食物，如河蚌、田螺、鱼类等。在黑龙江省一年产仔 2 窝，第一次在 5 月底，第二次在 8 月初，妊娠期 25～26 天，每胎可产仔 6～9 仔。幼崽 30 日龄可以独立生活，一般 6 月龄性成熟，寿命可达 6 年。

保护区平均密度为 0.4523 只/km$^2$，种群数量为 814 只左右。

（10）野猪（*Sus scrofa*）

分类地位：偶蹄目猪科。

别名：山猪。

保护等级：列入《国家保护的有益的或者有重要经济、科学研究价值的陆生野生动物名录》;《IUCN 濒危物种红色名录》等级为无危（LC）。

体躯健壮，外形与家猪相似，体长一般 1.5～2.2m，体重 90～200kg，不同地区大小不同，年龄也会影响身体量度与体重。四肢粗短，头较长，耳小且直立，吻部突出似圆锥体，吻端为一特有的吻盘。每足 4 趾，仅中间 2 趾着地。尾细短，一般为 20～28cm。犬齿发达，雄性上犬齿外露，并向上翻转，呈獠牙状，粗壮而锋利。耳被刚硬而稀疏的针毛，针毛末端分叉。背脊鬃毛较长而硬。体棕褐色或灰黑色，因地区不同而略有差异。

主要栖息于针阔混交林和以蒙古栎占优势的过熟阔叶林以及林缘次生林，也常出没于林缘耕地。杂食性动物，以植物性食物为主，喜食植物的地下根茎，亦食嫩枝、嫩叶、种子、果实、昆虫和动物尸体，还喜食玉米、花生和水稻等农作物。在黑龙江，春季以木贼和嫩草为食，4 月下旬至 5 月底以草本植物地上部分和少量木贼或草根等为食；夏季（6～8 月）主要以绿色植物的叶、茎、花和部分果实为食；秋季（9～10 月）主要以各种植物的种子和果实为食，如橡子、山核桃、松子等，还常食山葡萄、玉米和土豆等。10 月下旬发情，妊娠期 112～130 天，翌年 4～5 月产仔，每窝一般 6～8 只，最多达 13 只。雌性一般 18 月龄性成熟，雄性则要 3～4 年。幼仔出生后，身体颜色随年龄而变化：从出生到 6 个月，身体有土黄色条纹，称为花猪；1 岁以后便进入成年期，身体变成黑褐色。喜成群，通常由母猪与幼崽组成几只至十余只的群，有时亦集成数十只的大群。成年公猪则单独活动。善行走、奔跑，亦能泅水，适应性强。

保护区原有一定数量分布，但近年来由于栖息环境缩小，加上人为干扰和前些年过度猎捕，种群数量有所下降，在中俄边境的乌苏里江周边常可见到其活动痕迹，在夏季偶有野猪游过乌苏里江，在保护区的腹地活动痕迹较少，种群数量级不是很大，偶见。

（11）狍（*Capreolus pygargus*）

分类地位：偶蹄目鹿科。

别名：狍子、西伯利亚狍。

保护等级：列入《国家保护的有益的或者有重要经济、科学研究价值的陆生野生动物名录》。

一种中型鹿科动物，体长 100～140cm，尾长 2～3cm，隐于体毛内而不显，体重 25～45kg。鼻吻裸出无毛，眼大，有眶下腺，耳短宽而圆、内外均被毛，颈和四肢都较长，后肢略长于前肢，蹄狭长，有蹄腺。雄性具角，角短，仅有 3 叉，无眉叉，主干在离基部约 9cm 处分出前后 2 枝，前枝尖向上，后枝再分歧成 2 小枝，其中一枝尖向上，另一枝向后而偏内，角基部有 1 圈表面粗糙的节突，主干同样有许多小节突。冬毛为均一的灰棕色，吻部棕色，鼻端黑色，两颊黄棕色，耳基黄棕色，耳背灰棕色，耳内淡黄而近于白色，耳尖黑色，额、颈和体背暗棕色稍带棕黄色，下颌淡黄色，喉灰棕色，腹部淡黄色，四肢外侧沙黄色、内侧较淡。臀部有明显的白色块斑。夏毛短而薄，毛被黄棕色，背中线附近较深，腹面从胸部至四肢内侧均为淡黄色。

主要栖息于山地针阔混交林、阔叶林和林缘疏林等各种类型的森林中，在河谷、林中沼泽、草地、火烧迹地和灌丛地带也较常见。食物主要为杨、桦、榆等的嫩枝、树皮及大豆、谷物、白菜、萝卜等农作物，春季常到盐碱地舔食盐碱。性机警、善奔跑。8～9 月发情，翌年 4～5 月产仔，通常 2 仔。

一种重要的经济动物，由于人为干扰和过度猎捕，数量有所下降。在保护区内，其是大型哺乳动物中数量较多的种类之一，为野外常见物种，特别是在冬季降雪较大的乌苏里江流域，狍会由俄罗斯一侧的山区经封冻的江面过江来到我国一侧，由于我国一侧食物较为丰富（大片农田遗留下的粮食、秸秆等），狍整个冬季会在保护区及周边活动。我们在往年的调查中曾见到含 70～80 只个体的狍群在岛状林周边的农田中活动觅食。保护区的平均密度为 0.0925 只/km$^2$，种群数量为 166 只左右。

### 12.2.3 哺乳动物保护建议

保护区在以往的研究工作中，对国家级保护物种和大型动物关注比较多，而对一些小型哺乳动物（鼩鼱、啮齿类）调查研究较少，因而这些小型哺乳动物的资料少得可怜，如啮齿类中几种田鼠［蒙古田鼠（*Microtus mongolicus*）、莫氏田鼠（*Microtus maximowiczii*）］的分布问题，还有几种食虫目鼩鼱（*Sorex* spp.）的分布问题，因此建议今后在这方面投入力量进行研究，从而为保护区保护管理决策提供依据。

# 第 13 章　保护区鸟类多样性及栖息地分布

湿地鸟类是指在生态上依赖湿地，即某一生活史阶段依赖湿地，且在形态和行为上对湿地形成适应特征的鸟类。其以湿地为栖息空间，依水而居，或在水中游泳和潜水，或在浅水、滩地与岸边涉行，或在其上空飞行，以各种特化的喙和独特的方式在湿地觅食。无论在湿地停留的时间是长还是短，是日栖还是夜宿，是嬉戏还是觅食与筑巢，湿地水鸟在喙、腿、脚、羽毛、体型和行为方式等方面均会显示出相应的长期适应特征。湿地水鸟包括潜鸟目、䴙䴘目、鹳形目、雁形目和鸻形目（海雀除外）的所有种类，以及鹈形目、鹤形目和佛法僧目的部分种类。有学者认为湿地鸟类还应包括海鸟，但鹱形目、鹈形目的鹲、鲣鸟、军舰鸟和鸻形目的海雀、贼鸥等属远洋性海鸟，其生活史主要在海洋及远洋岛屿上完成，基本不依赖湿地，故也有学者认为远洋性海鸟不应列入湿地水鸟之范畴。此外，与湿地关系密切、经常栖息于湿地的鸟类还有隼形目、鹃形目、鸮形目、鸳形目和雀形目的许多种类。因此，将依赖湿地和经常栖息于湿地的鸟类一并统称为湿地鸟类。本研究所统计的鸟类物种多样性为保护区分布的所有鸟类物种，不仅包含湿地鸟类，也包括曾经分布的及文献记录的鸟类。

## 13.1　鸟 类 分 析

### 13.1.1　种类组成

保护区分布有鸟类 19 目 57 科 267 种，占黑龙江省鸟类总数（373 种）的 71.6%，见表 13-1。

**表 13-1　保护区鸟类种类组成**

| 目 | 科 | 属 | 种 |
|---|---|---|---|
| 鸡形目 | 1 | 6 | 6 |
| 雁形目 | 1 | 13 | 30 |
| 䴙䴘目 | 1 | 2 | 5 |
| 鸽形目 | 1 | 1 | 2 |
| 夜鹰目 | 2 | 2 | 2 |
| 鹃形目 | 1 | 2 | 4 |
| 鹤形目 | 2 | 5 | 7 |
| 鸻形目 | 6 | 20 | 37 |
| 潜鸟目 | 1 | 1 | 2 |
| 鹳形目 | 1 | 1 | 2 |
| 鲣鸟目 | 1 | 1 | 1 |

续表

| 目 | 科 | 属 | 种 |
| --- | --- | --- | --- |
| 鹈形目 | 2 | 7 | 10 |
| 鹰形目 | 2 | 10 | 18 |
| 鸮形目 | 1 | 6 | 10 |
| 犀鸟目 | 1 | 1 | 1 |
| 佛法僧目 | 2 | 2 | 2 |
| 啄木鸟目 | 1 | 5 | 9 |
| 隼形目 | 1 | 1 | 5 |
| 雀形目 | 29 | 64 | 114 |
| 合计 | 57 | 151 | 267 |

保护区分布的鸟类中，非雀形目共有 28 科 87 属 153 种，占总种数的 57.3%，其中游禽和涉禽有 8 目 15 科 49 属 94 种，占总种数的 35.2%；雀形目 29 科 64 属 114 种，占总种数的 42.7%。非雀形目鸟类种数高于雀形目，尤其是湿地鸟类多样性，充分体现出保护区湿地生态系统的特征。同时，由于保护区存在大面积的天然次生林和河岸带灌丛等，雀形目鸟类种类也较多，其中有些鸟类如毛脚燕（*Delichon urbicum*）、黑喉石䳭（*Saxicola maurus*）、灰头鹀（*Emberiza spodocephala*）、苇鹀（*Emberiza* pallasi）及芦鹀（*Emberiza schoeniclus*）等，其生境更接近草甸或沼泽，也可称作湿地鸟类。

### 13.1.2 生境类型组成

保护区分布的鸟类，按生境类型可分为水域鸟类、沼泽湿地鸟类、森林灌丛鸟类、居民区鸟类、农田的荒地鸟类，其中水域鸟类 48 种，沼泽湿地鸟类 77 种，森林灌丛鸟类 128 种，居民区鸟类 9 种，农田与荒地鸟类 5 种，见表 13-2。从鸟类生态型来看，水域、沼泽湿地、森林灌丛是主体类型，与保护区实际生境状况相符，反映了保护区鸟类组成与生境的一致性。

**表 13-2 保护区鸟类生境类型组成**

| 项目 | 水域 | 沼泽湿地 | 森林灌丛 | 居民区 | 农田与荒地 |
| --- | --- | --- | --- | --- | --- |
| 种数 | 48 | 77 | 128 | 9 | 5 |
| 百分比/% | 18.0 | 28.8 | 47.9 | 3.4 | 1.9 |

水域生境主要是保护区内的河流、湖泊和水泡等明水面，是水禽的理想栖息生境，其中分布最多的是雁鸭类，包括赤颈䴙䴘（*Podiceps grisegena*）、凤头䴙䴘（*Podiceps cristatus*）、针尾鸭（*Anas acuta*）、罗纹鸭（*Anas falcata*）、白眉鸭（*Spatula querquedula*）、琵嘴鸭（*Spatula clypeata*）、鹊鸭（*Bucephala clangula*）、绿翅鸭（*Anas crecca*）、凤头潜鸭（*Aythya fuligula*）、红头潜鸭（*Aythya ferina*）、白尾海雕（*Haliaeetus albicilla*）、红嘴鸥（*Chroicocephalus ridibundus*）、白骨顶（*Fulica atra*）、普通翠鸟（*Alcedo atthis*）等，其中凤头䴙䴘、绿翅鸭、红嘴鸥为优势种，白骨顶、凤头潜鸭、红头潜鸭等为常见种。

沼泽湿地生境湿润多水，是涉禽的主要栖息地，栖息于此的鸟类主要有鹳形目、鹤形目和鸻形目等。在雁鸭类中，繁殖的绿头鸭（*Anas platyrhynchos*）、斑嘴鸭（*Anas zonorhyncha*）等多数栖居在沼泽湿地生境，其他鸟类包括苍鹭（*Ardea cinerea*）、大白鹭（*Ardea alba*）、东方白鹳（*Ciconia boyciana*）、丹顶鹤（*Grus japonensis*）、白枕鹤（*Grus vipio*）、凤头麦鸡（*Vanellus vanellus*）、大杓鹬（*Numenius madagascariensis*）、红脚鹬（*Tringa totanus*）、斑胁田鸡（*Zapornia paykullii*）、白尾鹞（*Circus cyaneus*）、鹊鹞（*Circus melanoleucos*）、针尾沙锥（*Gallinago stenura*）、黄鹡鸰（*Motacilla tschutschensis*）、苇鹀（*Emberiza pallasi*）等也栖息于沼泽湿地生境，其中苍鹭、大白鹭、凤头麦鸡、大杓鹬等为优势种，东方白鹳、丹顶鹤、白枕鹤、红脚鹬、白尾鹞、鹊鹞等为常见种。

森林灌丛生境是许多鸟类的重要栖息地，是其觅食、休憩、繁殖的场所，栖息于此的鸟类主要有猛禽、攀禽、陆禽、鸣禽等，包括苍鹰（*Accipiter gentilis*）、松雀鹰（*Accipiter virgatus*）、毛脚鵟（*Buteo lagopus*）、长耳鸮（*Asio otus*）、长尾林鸮（*Strix uralensis*）、灰头绿啄木鸟（*Picus canus*）、大斑啄木鸟（*Dendrocopos major*）、普通䴓（*Sitta europaea*）、四声杜鹃（*Cuculus micropterus*）、山斑鸠（*Streptopelia orientalis*）、黑琴鸡（*Lyrurus tetrix*）、黄眉柳莺（*Phylloscopus inornatus*）、黄腰柳莺（*Phylloscopus proregulus*）、红喉歌鸲（*Calliope calliope*）、红胁蓝尾鸲（*Tarsiger cyanurus*）、北灰鹟（*Muscicapa dauurica*）、欧亚大山雀（*Parus major*）、沼泽山雀（*Poecile palustris*）、北长尾山雀（*Aegithalos caudatus*）、长尾雀（*Carpodacus sibiricus*）、北朱雀（*Carpodacus roseus*）、红腹灰雀（*Pyrrhula pyrrhula*）、雉鸡（*Phasianus colchicus*）、雪鸮（*Nyctea scandiaca*）、北椋鸟（*Agropsar sturninus*）、红尾斑鸫（*Turdus naumanni*）、矛斑蝗莺（*Locustella lanceolata*）、苍眉蝗莺（*Locustella fasciolata*）、黄喉鹀（*Emberiza elegans*）、三道眉草鹀（*Emberiza cioides*）、雪鹀（*Plectrophenax nivalis*）等，其中大斑啄木鸟、山斑鸠、红喉歌鸲、红胁蓝尾鸲、黄眉柳莺、普通䴓、欧亚大山雀、沼泽山雀、长尾雀等为优势种。

居民区、农田与荒地生境鸟类较少，居民区鸟类9种，其中家燕（*Hirundo rustica*）、金腰燕（*Cecropis daurica*）、毛脚燕、喜鹊（*Pica pica*）和麻雀（*Passer montanus*）均为伴人物种，红隼（*Falco tinnunculus*）、白鹡鸰（*Motacilla alba*）、灰椋鸟（*Spodiopsar cineraceus*）和红尾伯劳（*Lanius cristatus*）有很多也在居民区出现并筑巢繁殖，也归入居民区鸟类；农田与荒地鸟类5种，即棕眉山岩鹨（*Prunella montanella*）、燕雀（*Fringilla montifringilla*）、小嘴乌鸦（*Corvus corone*）、秃鼻乌鸦（*Corvus frugilegus*）和楔尾伯劳（*Lanius sphenocercus*）。农田中特别是水田，也经常见大白鹭、苍鹭等栖息觅食，迁徙期还常见小天鹅（*Cygnus columbianus*）停歇觅食，但未归入此类生境。

### 13.1.3 鸟类居留型

从鸟类居留型来看，保护区分布的267种鸟类，夏候鸟144种，占总种数的53.9%；冬候鸟12种，占总种数的4.5%；旅鸟57种，占总种数的21.3%；留鸟49种，占总种数的18.4%；迷鸟5种，占总种数的1.9%。

保护区夏候鸟种数较多，在鸟类组成中占绝对优势，主要代表种有东方白鹳、丹顶鹤、白枕鹤、苍鹭、大白鹭、大麻鳽（*Botaurus stellaris*）、绿头鸭、绿翅鸭、花脸鸭（*Sibirionetla formosa*）、鸳鸯（*Aix galericulata*）、普通秋沙鸭（*Mergus merganser*）、苍鹰、白尾海雕、鹊鹞、白腹鹞（*Circus spilonotus*）、普通鸬鹚（*Phalacrocorax carbo*）、燕隼（*Falco subbuteo*）、红脚隼（*Falco amurensis*）、斑胁田鸡、凤头麦鸡、大杓鹬、林鹬（*Tringa glareola*）、红嘴鸥、普通燕鸥（*Sterna hirundo*）、大杜鹃（*Cuculus canorus*）、长耳鸮、普通翠鸟、戴胜（*Upupa epops*）、蚁䴕（*Jynx torquilla*）、家燕、金腰燕、灰鹡鸰（*Motacilla cinerea*）、白鹡鸰、红尾伯劳、红喉歌鸲、蓝歌鸲（*Larvivora cyane*）、北红尾鸲（*Phoenicurus auroreus*）、白腹鸫（*Turdus pallidus*）、鳞头树莺（*Urosphena squameiceps*）、黄眉柳莺、暗绿柳莺（*Phylloscopus trochiloides*）、戴菊（*Regulus regulus*）、红喉姬鹟（*Ficedula albicilla*）、红胁绣眼鸟（*Zosterops erythropleurus*）、黑头蜡嘴雀（*Eophona personata*）、灰头鹀、红颈苇鹀（*Emberiza yessoensis*）、芦鹀等。保护区冬季寒冷，生境恶化，不利于鸟类生存，冬候鸟有 12 种，包括毛脚鵟、灰背隼（*Falco columbarius*）、雪鸮、太平鸟（*Bombycilla garrulus*）、灰伯劳（*Lanius excubitor*）、松雀（*Pinicola enucleator*）、北朱雀、白腰朱顶雀（*Acanthis flammea*）、红腹灰雀、苇鹀、铁爪鹀（*Calcarius lapponicus*）和雪鹀。保护区是许多迁徙鸟类南北迁飞的中转站，共有旅鸟 57 种，主要代表种有红喉潜鸟（*Gavia stellata*）、鸿雁（*Anser cygnoid*）、豆雁（*Anser fabalis*）、灰雁（*Anser anser*）、白额雁（*Anser albifrons*）、大天鹅（*Cygnus cygnus*）、花脸鸭、凤头潜鸭、青头潜鸭（*Aythya baeri*）、斑头秋沙鸭（*Mergellus albellus*）、针尾沙锥、丘鹬（*Scolopax rusticola*）、白眉姬鹟（*Ficedula zanthopygia*）、煤山雀（*Parus ater*）、栗鹀（*Emberiza rutila*）、田鹀（*Emberiza rustica*）、小鹀（*Emberiza pusilla*）等。保护区有留鸟 49 种，主要为鸡形目（Galliformes）、鸮形目（Strigiformes）、啄木鸟科（Picidae）、鸦科（Corvidae）等鸟类，如金雕（*Aquila chrysaetos*）、红隼、黑琴鸡、花尾榛鸡（*Tetrastes bonasia*）、雉鸡、长耳鸮、长尾林鸮、欧亚旋木雀（*Certhia familiaris*）、灰头绿啄木鸟、黑啄木鸟（*Dryocopus martius*）、大斑啄木鸟、白背啄木鸟（*Dendrocopos leucotos*）、小斑啄木鸟（*Dendrocopos minor*）、星头啄木鸟（*Dendrocopos canicapillus*）、三趾啄木鸟（*Picoides tridactylus*）、松鸦（*Garrulus glandarius*）、灰喜鹊（*Cyanopica cyanua*）、喜鹊、小嘴乌鸦、欧亚大山雀、沼泽山雀、麻雀等。

### 13.1.4　鸟类区系分析

保护区 267 种鸟类中，古北种占绝对优势，有 168 种，占总种数的 62.9%；广布种 91 种，占总种数的 34.1%；东洋种仅 8 种，占总种数的 3.0%。

古北种主要有凤头䴙䴘、大白鹭、东方白鹳、鸿雁、豆雁、绿翅鸭、花脸鸭、凤头潜鸭等；广布种最常见的有麻雀、绿头鸭、斑嘴鸭、普通红隼等；东洋种包括白喉针尾雨燕（*Hirundapus caudacutus*）、白鹭（*Egretta garzetta*）、北领角鸮（*Otus semitorques*）、星头啄木鸟、黑枕黄鹂（*Oriolus chinensis*）、灰山椒鸟（*Pericrocotus divaricatus*）、北椋鸟、灰椋鸟。

## 13.2 东方白鹳种群数量变化

保护区东方白鹳种群近 50 年的波动可概括为 4 个时期：繁盛期、低谷期、休养生息期、快速恢复期。

繁盛期为 20 世纪 70 年代以前，繁殖数量为 100～150 只。

低谷期为三江平原大面积利用沼泽湿地使湿地大面积减少后，东方白鹳生境面积锐减，繁殖数量急速下降，20 世纪 70 年代下降到 20～50 只，到 80 年代为 4～6 只，90 年代为 4～10 只（于孝臣等，2000）。1995～1999 年，保护区东方白鹳繁殖数量为 10 只（卢向东等，2001）。

2000～2015 年，随着保护区的建立并晋升为国家级自然保护区，加上各项管理措施的实施，人类与鸟类的矛盾得到解决，虽然保护区的生境条件在逐步改善，但东方白鹳繁殖数量仍延续低谷期，未有明显增加，进入休养生息期。2000 年繁殖数量仅 8 只，秋季迁徙记录到 137 只集群；2001 年繁殖数量也为 8 只，迁徙集群数量为 120 只（冯文义等，2002）；2004 年繁殖数量为 4 只，迁徙数量达到 131 只（李晓民和朱宝光，2010）；2008 年繁殖数量为 4 只（朱宝光等，2008）。2008 年冬季在鄱阳湖记录到的越冬东方白鹳数量为 3909 只，超出一直以来全球东方白鹳种群数量的估计值（约 3000 只）（吴建东等，2010）。李言阔等（2014）统计了东方白鹳的越冬种群数量，1984～2011 年鄱阳湖越冬数量年间差异较大，但总体呈上升趋势。虽然世界东方白鹳种群数量逐年增长，但保护区繁殖数量在这一时期没有出现明显增加，原因是未解决东方白鹳繁殖巢址的生境缺乏问题，这种现象在 2015 年后明显改善，随之迎来东方白鹳繁殖种群的快速恢复期。

2016～2020 年，保护区东方白鹳种群数量进入快速恢复期：2016 年繁殖数量为 30 只，监测到野外种群数量 118 只；2017 年繁殖数量为 44 只，春季监测记录到的野外种群数量为 75 只；2018 年繁殖数量为 78 只，记录到的种群数量为 479 只；2019 年繁殖数量为 112 只，种群数量为 300 只（2016～2019 年东方白鹳繁殖数量及种群数量数据来源于保护区鸟类监测报告）；2020 年调查的东方白鹳繁殖种群数量恢复到 20 世纪 70 年代前繁盛期的 150 只，监测到的最大迁徙集群数量超过 580 只。2020 年度的中国野生动物保护协会鹤类联合保护委员会统计数据显示，东方白鹳的全球数量已经超过 9000 只（国家林业和草原局政府网）。保护区东方白鹳繁殖种群数量的恢复与生境条件改善、管理措施到位、宣传力度加大以及湿地相关研究项目开展等息息相关，同时是世界东方白鹳种群恢复的一个缩影。

## 13.3 鸟类栖息地分布

### 13.3.1 湿地鸟类生态类型

由于湿地类型和适应方式存在差异，湿地水鸟在长期的进化过程中逐渐形成了不同的生态类型，主要有游禽和涉禽两种类型。

游禽是适应在水中游泳、潜水捕食生活的鸟类，包括潜鸟目、䴙䴘目、鹱形目、鹈形目和雁形目的所有种类，以及鸻形目鸥科的所有种类。游禽能在各种类型的水域活动，从海洋到内陆河流、湖泊都有游禽的身影，有的在浅水滩觅食，有的在一定深度的水域潜水觅食。游禽多喜群居，经常成群活动。游泳和潜水是游禽在水中的主要活动形式，其羽毛往往厚而致密、绒羽发达，构成有效的保暖层；多数种类的尾脂腺能分泌大量油脂，用喙涂抹在羽毛表面可用来防水。游禽的腿短而侧扁，并从身体中央后移，后移程度可反映其潜水能力，一般腿越偏向身体后部，潜水能力越强，潜水越深；反之则不善潜水。游禽趾间具蹼，在游泳或潜水时，双脚直伸至尾后划动，犹如船桨。游禽蹼的发达程度存在种间差异，如普通鸬鹚四趾间均有蹼相连，称全蹼足；鸭雁类是三趾间有蹼，称常态蹼足；鸥类的趾间蹼不是很发达，称凹蹼足；而各趾两侧均有莲花瓣状的皮褶，称瓣蹼足。

保护区内水域面积很大，主要为河流、湖泊、沼泽性河流、泡沼以及分布于农田内的季节性积水区域，有两条界河——黑龙江和乌苏里江，区内河流主要为这两大水系河流。黑龙江水系河流有 22 条流经保护区，包括鸭绿河、浓江、张立明亮子河、醉江河、黑鱼泡河、同心河、西河、西南岔河、大滩后河、清水河、尹大个子河、生德库西河、露水口子河、生德库河、大木河、小木河、雅罗洪河、二人班河、大泡子亮子河、吕春秋河、二〇三小河、南小河；乌苏里江水系河流有 16 条流经保护区，分别为别拉洪河、抓吉河、小黑鱼泡河、大黑鱼泡河、邱香圃亮子河、布先生（布振山）亮子河、高丽营小河、大岗河、李松有河、胖头亮子河、歪嘴亮子河、郭家亮子河、张福友亮子河、蒿通河、四合河、党家亮子河。

保护区内的湖泡共有 210 多个，水域面积较大的有大力加湖、三角泡、芦清河大泡子、瓦盆窑泡、荷花泡、鹿角泡、月牙泡、杏仁泡、木城泡、东南岔泡、黑鱼泡、莲花泡等。

涉禽是适应在浅水或岸边栖息生活的鸟类，包括鹳形目、鹤形目鹤科、秧鸡科和鸻形目（鸥科鸟类除外）的所有种类，均为湿地水鸟，多栖息于沼泽湿地生境。涉禽虽然在水边生活，但游泳能力一般，善于飞行，且姿态优美。为了适应涉水捕食的生活习性，涉禽的嘴、脚和颈部比其他生态类群的鸟类显著更长。腿长适于涉水，腿的长度与其能够涉水的深度直接相关。涉禽的胫部和跗跖部一般为角质鳞片所覆盖，且不具羽毛，以利其涉水行走；趾间有时具蹼，但与游禽不同，涉禽的足蹼仅存在于趾间基部，称半蹼或微蹼，主要作用是增加与地面的接触面积，利于在湿地上行走；有些种类（如秧鸡、水雉）的脚趾细长，能在莲叶或浮萍上疾走。

其中，鸻形目鸟类为中小型涉禽，是一群称为滨鸟的湿地水鸟，包括鸻、鹬、滨鹬、杓鹬、塍鹬、反嘴鹬、长脚鹬、蛎鹬、沙锥、翻石鹬和麦鸡等，在保护区多为迁徙过境鸟类。

涉禽一般在树上、草丛或岩缝、屋顶（如鹳类）或浅水地带草丛中（如鹤类）营巢，以树枝及草茎编巢；有些种类的巢十分简陋，一般是在水边地面挖一浅凹，不加巢材铺垫（如鸻鹬类），但其卵的颜色与环境相似，很难被发现。不少涉禽可以在距离湿地较远的树林中集群营巢，甚至可以混群集群营巢，形成极为壮观的湿地水鸟营巢地（如鹭类）。鹳形目的雏鸟为晚成鸟；鹤形目和鸻形目的雏鸟属于早成鸟。

涉禽是主要分布于沼泽湿地的鸟类，而保护区沼泽湿地分布面积较大，主要集中在黑龙江和乌苏里江沿岸的江漫滩，也有三江平原典型的内陆碟形洼地类沼泽湿地，依据植被类型主要分为湿薹草沼泽、灰脉薹草沼泽、乌拉薹草沼泽、毛果薹草沼泽、漂筏薹草沼泽、狭叶甜茅沼泽、芦苇沼泽、杂类草沼泽和泥炭藓沼泽等。湿薹草沼泽多见于低地、河滩、山间各地，土壤为潜育草甸沼泽土或草甸沼泽土，地表湿，有薄层积水。灰脉薹草沼泽多呈带状分布在沼泽区边缘和河漫滩，见于河滩地、阶地上洼地外缘、林间洼地、山间谷地。乌拉薹草沼泽多分布在山前台地、谷口冲积扇、山间谷内洼地、平原区域的碟形洼地或旧河道，地表常年积水，土壤为腐殖质沼泽土。毛果薹草沼泽面积很大，广泛分布在高低河漫滩和阶地上各种洼地、旧河道，常年积水 10～30cm，地表水停滞，土壤为泥炭沼泽土。漂筏薹草沼泽分布在沿河床或水线附近，常年积水，水深 20～40cm，水体微弱流动，多见于低河漫滩，土壤为泥炭沼泽土。狭叶甜茅沼泽分布在河漫滩、碟形洼地，见于各类洼地中部积水较深的区域，土壤为腐泥沼泽土、泥炭沼泽土。芦苇沼泽分布于河漫滩、湖滩、低洼地，地表常年积水，水体流动，土壤为腐泥沼泽土，保护区浓江沿岸河漫滩及四合村南 5km 处有近 3000$hm^2$ 的芦苇沼泽，是丹顶鹤和白枕鹤的重要栖息繁殖地。杂类草沼泽分布于河流、湖泡边缘或其他植被类型沼泽湿地边缘，面积较小，零星分布。泥炭藓沼泽分布面积一般较小，地表常年积水，土壤为厚层泥炭土，多与毛薹草沼泽相伴。

### 13.3.2 主要湿地鸟类概述及栖息地分布

本部分概述了保护区湿地鸟类的主要珍稀物种，内容包括形态特征、生态习性等，主要参考资料来源于《东北鸟类图鉴》《中国鸟类野外手册》《东亚鸟类野外手册》《中国鸟类分类与分布名录》（第三版）等。

（1）东方白鹳（*Ciconia boyciana*）

保护级别：国家一级重点保护野生动物；《中国濒危动物红皮书》列为濒危（EN）等级。

形态特征：全身大都白色；翅上大覆羽黑褐色；小翼羽外翈黑色，内翈黑褐色，翼缘缀有白色；初级飞羽黑色，基部白色，内侧初级飞羽和大部次级飞羽外翈除边缘和先端以外，均呈银灰色，向内渐转为黑色，内侧数枚外翈散布有银灰色；肩羽黑色且具紫铜色金属光泽；飞羽大都黑色且闪着铜绿色光泽。颈下羽呈长矛状。

生态习性：大型涉禽，多栖于僻静的河谷和沼泽地带，性机警，视觉敏锐，难以接近。每年 3 月初由越冬地迁至黑龙江省，迁来时常数只结成小群。3 月中旬、下旬开始营巢，巢多筑于老龄柞树、桦树上，亦选择杨树、柳树及榆树筑巢。多有沿用旧巢的习性，一巢可连用多年，每年均在原基础上修补，从产卵至雏鸟离巢修补不断。雏鸟晚成，初生雏鸟全身被白色羽绒。雏鸟生长迅速，50 日龄能在巢中振翅，60 日龄能飞离巢。

国内分布：繁殖于黑龙江省齐齐哈尔、哈尔滨、佳木斯、七台河、大庆、牡丹江、鸡西、双鸭山、宾县、方正、依兰、林口、宁安、杜尔伯特、富锦、同江、抚远、三江平原、松嫩平原、桃山湖、兴凯湖、镜泊湖、莲花湖、连环湖，吉林省向海、莫莫格；越冬于江西省鄱阳湖，湖南省洞庭湖，湖北省沉湖、洪湖、长湖，安徽省升金湖，江苏省沿海湿地，偶尔到四川省、贵州省、西藏自治区、福建省、广东省、澳门特别行政区、香港特别行政区和台湾省越冬；迁徙时经过辽宁省沈阳、朝阳、庄河、大连、营口、盖州、盘山，河北省唐山曹妃甸、秦皇岛北戴河、承德，天津市，北京市，山东省长岛，河南省商丘。

保护区内栖息地分布：黑龙江流域各主要支流的河漫滩、乌苏里江沿岸的江漫滩湿地为东方白鹳的主要繁殖生境；在清水河、鸭南等区域，农田边缘林带特别是附近有小块沼泽湿地分布或有河流经过的区域，也有少量东方白鹳选择电线杆或是孤树等作为营巢地；此外，两江（黑龙江和乌苏里江）及主要河流的岛屿上如果有较大的乔木或是已有搭建的人工巢，也会有东方白鹳选择在这些栖息地中繁殖，如大夹信子岛等。

（2）丹顶鹤（*Grus japonensis*）

保护级别：国家一级重点保护野生动物；《IUCN 濒危物种红色名录》列为濒危（EN）等级；CITES Ⅰ附录Ⅰ物种。

形态特征：大型涉禽，体长 120～160cm，颈、脚较长。通体大多白色，头顶鲜红色，喉和颈黑色，耳至头枕白色，脚黑色。站立时颈、尾部飞羽和脚黑色，头顶红色，其余全为白色。飞翔时仅次级和三级飞羽以及颈、脚黑色，其余全白色，特征极明显，极易识别。幼鸟头、颈棕褐色，体羽白色而缀栗色。

生态习性：每年 4 月由越冬地迁到东北地区栖息繁殖，生活于芦苇沼泽地带，夜间常栖息于四周环水的浅滩上。飞翔时，头、脚前后伸直，鼓翼缓慢，常排成“V”形。休息时，单脚站立，头转向后，嘴插在背羽间。鸣叫时，头颈向上直伸，声音洪亮可传到 1km 以外。繁殖期，每逢清晨和傍晚，雄鸟和雌鸟成对地在浅滩上把头颈向上直伸，纵立翅膀，发出嘹亮的鸣声。栖息于沼泽深处，属典型的涉禽，在繁殖地成对或带雏鸟活动，不结群。越冬时以小群或家族群活动。每年 3 月中旬迁至，4 月初开始筑巢，巢址多选择人迹罕至的苇塘，巢周围有遗留未收割的芦苇，附近有较大明水面以供取食。雏鸟早成，但刚出壳的幼鸟不能站立行走，2 日龄后离巢与亲鸟漫游取食，如遇惊扰则伏于草丛中隐蔽，9 月末开始集群，10 月中旬随亲鸟一起迁往长江以南越冬。雏鸟两年性成熟，第三年就繁殖。

杂食性，春秋两季以植食性食物为主，主要为芦苇、莎草嫩芽及野草籽粒，亦到农田中食农作物的种子及果实，动物性食物包括小鱼、甲壳类、螺类、昆虫及蛙类、鼠类等。

国内分布：繁殖于黑龙江省、吉林省西部、辽宁省盘锦、内蒙古自治区东部及中部；迁徙时见于吉林省图们江下游、辽宁省大部、河北省、山东省西部及西南部、山西省、河南省黄河故道；越冬于山东省沧海、黄河三角洲、江苏省、江西省、河南省卫辉、陕西省东部黄河湿地、安徽省及浙江省等地，偶见于台湾省及云南省。

保护区内栖息地分布：分布范围不大，因丹顶鹤主要的繁殖栖息地更偏向于芦苇湿地，因而主要分布在浓江河沿岸的河漫滩芦苇湿地中，迁徙期在其他河漫滩湿地或是林间湿地可见，繁殖数量 4～5 巢。

（3）白枕鹤（*Grus vipio*）

保护级别：国家一级重点保护野生动物，《IUCN 濒危物种红色名录》（2012 年）列为易危（VU）等级。

形态特征：又称为红脸鹤、红面鹤，属大型涉禽。虹膜暗褐色，嘴黄绿色，脚红色。前额、头顶前部、眼先、头侧部以及眼睛周围的皮肤裸出，均为鲜红色，其上着生有稀疏的黑色绒毛状羽。耳羽为烟灰色。头顶后部、枕部、后颈、颈侧和前颈上部形成 1 条暗灰色条纹，颊部和喉部为白色。颈侧和前颈下部以及下体呈暗石板灰色。上体为石板灰色。尾羽为暗灰色，末端具有宽阔的黑色横斑。翅上初级飞羽为黑褐色，具白色羽干纹，次级飞羽也是黑褐色，基部白色，三级飞羽为淡灰白色，延长成弓状；翅上覆羽为灰白色，初级覆羽为黑色，末端白色。

生态习性：主要栖息于芦苇沼泽、河边滩地和泡沼地带。在繁殖地多以家族群或成对活动。站立姿态似丹顶鹤，性机警。刚迁至时，活动范围较大，以便选择巢区，选好巢区后活动范围减小，主要在巢区内活动。未成熟个体集群活动。营巢于 4 月中旬开始，由两性共同筑巢，但以雌鹤为主。巢址多选择水深 15～25cm 的低洼地带，且隐蔽性较好。多有筑两巢的习性，一为孵卵巢，一为休息巢，两巢相距 50～100m。年产一窝，窝卵数 2 枚。卵椭圆形壳坚硬，灰绿色，随孵化颜色变浅，布有红褐色斑点，锐端较密。雌雄共同孵化，孵化期 29 天左右，每日换孵 2～3 次，不坐孵个体大多时间采食。雏鸟早成，出壳 24h 后即可随亲鸟觅食，2 个月后开始飞行，双亲便带雏鸟离开巢区，游荡觅食，90 日龄能随亲鸟飞行，10 月初开始迁离繁殖地。

杂食性，但不同季节食性变化较大。早春主要以植物的种子、根为食。夏季食动物性食物较多，主要食小鱼、虾、螺、蚌、蛙等，兼食植物的根、茎、叶等。秋季也到农田中啄食玉米、谷类等农作物。冬季则以水生植物的根、茎、果实等为食，亦到农田食稻谷。

国内分布：繁殖于黑龙江省、吉林省西部、内蒙古自治区东部；迁徙时见于内蒙古自治区中部、辽东半岛、河北省北戴河；越冬于天津市、山东省黄河三角洲、江西省、江苏省、河南省、湖南省、浙江省等地。

保护区内栖息地分布：繁殖生境与丹顶鹤相似，主要分布在浓江沿岸河漫滩的芦苇湿地，在迁徙季节会在机收农田或是退耕、休耕等农田停歇觅食，其他主要湿地分布区数量较少。

（4）白尾海雕（*Haliaeetus albicilla*）

保护级别：国家一级重点保护野生动物；《IUCN 濒危物种红色名录》（2016 年）列为无危（LC）等级。

形态特征：头、颈淡黄褐色或沙褐色，具暗褐色羽轴纹，前额基部尤浅；肩部羽色亦稍浅淡，多为土褐色，并杂有暗色斑点；后颈羽毛较长，为披针形；背以下上体暗褐色，腰及尾上覆羽暗棕褐色，具暗褐色羽轴纹和斑纹；尾上覆羽杂有白斑，尾较短，楔状，纯白色；翅上覆羽褐色，有淡黄褐色羽缘，飞羽黑褐色。下体颏、喉淡黄褐色，胸部羽毛呈披针形，淡褐色，具暗褐色羽轴纹和淡色羽缘；其余下体褐色，尾下覆羽淡棕色，具褐斑；翅下覆羽与腋羽暗褐色。幼鸟嘴黑色，尾和体羽褐色。不同年龄的亚成体，羽色深浅和斑纹数量亦有所不同。第一年幼鸟羽基多为皮黄色，以后逐渐变淡，尾由略杂有白色转变为完全白色，嘴为黄色，体羽接近成鸟羽色至少需要 5 年，而头要达到典型成鸟的淡黄褐色或沙褐色、蜡膜达到黄色则需要 8～10 年。虹膜黄色，幼鸟为褐色；嘴和蜡膜黄色，幼鸟为黑褐色至褐色；脚和趾黄色，爪黑色。上喙前端具弧形垂突，适于撕裂猎物吞食；基部具蜡膜或须状羽。翅强健，宽圆而钝，扇翅及翱翔飞行时扇翅节奏较隼科慢。跗跖部相对较长，约等于胫部长度。雌鸟显著大于雄鸟。

生态习性：常栖息于海滨、湖泊及江河附近地带，多单独活动。飞行缓慢，大多停留在岩石、乔木或地面上，体羽蓬松，迎风而立。繁殖期为 3 月中旬。多选择在林木较密的高大乔木上营巢，常沿用旧巢，进行简单的修补后开始繁殖。巢材为树枝及干草茎，内垫铺以软草草根、羽毛等。窝卵数 3 枚，卵白色。孵化任务由两性承担，每日换孵 4～5 次，间隔时间为 4h 左右，孵化时有补巢行为。每日晾卵数次，晾卵次数依天气情况而定。孵化期 30～31 天。

食肉性或食腐性。主要以大型鱼类为食，亦食麝鼠、兔、野鸡、雁鸭等。

国内分布：繁殖于东北北部；在东北南部、河北省、山东省至长江流域为旅鸟；在青海省、甘肃省、长江以南的沿海地区及台湾省等地为冬候鸟。

保护区内栖息地分布：主要分布于黑龙江及乌苏里江沿岸的林地、沼泽湿地，2019 年及 2020 年连续两年记录到，在抓吉管理站江漫滩湿地搭建的东方白鹳人工巢被白尾海雕利用。

（5）鹊鹞（*Circus melanoleucos*）

保护级别：国家二级重点保护野生动物；《IUCN 濒危物种红色名录》（2016 年）列为无危（LC）等级；CITES 附录Ⅱ物种。

形态特征：头、颈、背、肩、外侧 6 枚初级飞羽和中覆羽黑色，内侧初级飞羽、次级飞羽和大覆羽银灰色，内翈羽缘白色，翅上小覆羽白色；腰及尾上覆羽白色，具银灰色光泽，尾上覆羽具灰褐色斑，尾羽银灰色沾褐色，除中央 1 对尾羽外，外侧尾羽先端和内侧羽缘灰白色。下体颏、喉至上胸与头、颈、背为连成一体的黑色，下胸、腹、胁、覆腿羽、尾下覆羽、翅下覆羽和腋羽均为纯白色。雌鸟上体暗褐色，头缀以棕白色羽缘，背和肩具窄的棕色羽缘；尾羽灰褐色，具黑褐色横斑；翅外侧飞羽暗褐色，具黑褐色斑纹和内翈基部白色，内侧飞羽灰褐色，具暗褐色横斑纹；初级覆羽灰褐色，其余覆羽褐色，具棕色端缘。下体污白色，具黑褐色纵纹。幼鸟上体棕褐色，具黑色纵纹和棕色羽缘，头顶和头后黑褐色，羽缘棕黄色，后颈棕白色，具黑褐色纵纹；背、肩、腰和两翅覆羽暗褐色，具棕褐色或棕黄色羽缘；初级飞羽和次级飞羽黑褐色，具灰白色或淡棕色先端，尾上覆羽淡棕色或白色，具黑色横斑，中央尾羽灰褐色，外侧尾羽棕黄色，具 4～5 条黑褐色横斑；喉棕白色，具纤细的羽干纹，上喉具棕色领翎；胸棕褐色，羽缘棕黄色，腹、两胁和尾下覆羽及覆腿羽棕栗色，羽干纹栗色；虹膜黄色，嘴黑色或暗铅蓝灰色，下嘴基部黄绿色；蜡膜亦为黄绿色，脚和趾黄色或橙黄色。

生态习性：在东北地区为夏候鸟，在其他地区为冬候鸟和旅鸟。迁到我国东北繁殖地的时间在 4 月初至中旬，离开繁殖地的时间在 10 月末至 11 月初。常单独活动，多在林边草地和灌丛上空低空飞行，飞行时两翅上举呈“V”形，两翅不动，慢慢地飘浮在空中，时高时低地进行上下和向前的活动，并不时地抖动两翅和身体或者短暂地鼓动几下翅膀。

主要以小鸟、鼠类、林蛙、蜥蜴、蛇、昆虫等小型动物为食。常在林缘和疏林的灌丛、草地上捕食。寻食方式主要是低空飞翔或长时间地飘浮在草地上空缓慢地移动，注视和搜寻地面的猎物，发现后则突然降下捕食。

国内分布：广东、澳门、陕西、河南、江西、上海、吉林、安徽、天津、河北、重庆、甘肃、山西、江苏、四川、福建、湖南、浙江、贵州、台湾、辽宁、山东、北京、内蒙古、香港、广西、湖北、黑龙江和云南均有分布。

保护区内栖息地分布：主要分布于浓江湿地，黑龙江及乌苏里江沿岸主要江漫滩湿地也有分布，还见于林缘的农田及休耕地。

（6）大天鹅（*Cygnus cygnus*）

保护级别：国家二级重点保护野生动物；《IUCN 濒危物种红色名录》（2016 年）列为无危（LC）等级；《中国濒危动物红皮书》列为无危等级。

形态特征：全身羽毛雪白，雌雄同色，雌较雄略小。全身洁白，仅头稍沾棕黄色。虹膜暗褐色，嘴黑色，上嘴基部黄色，此黄斑沿两侧向前延伸至鼻孔之下，形成一喇叭形，嘴端黑色。跗跖、蹼、爪亦为黑色。幼鸟全身灰褐色，头和颈部较暗，下体、尾和飞羽较淡，嘴基部粉红色，嘴端黑色，嘴呈暗肉色，一年后才完全长出和成鸟相同的白色羽毛。

生态习性：栖息于沼泽湿地、河流三角洲、山间积水盆地，喜栖于水草茂密的浅水湖泊和流动缓慢的河流中。栖息地植被主要有芦苇、薹草、沉水或浮水藻类等。3 月中旬迁至黑龙江省，4 月初开始筑巢。多选择在人迹罕至的沼泽深处筑巢，巢多筑在开阔的水面中心，呈圆台状，浮在水中，由香蒲、芦苇根茎、菰及草炭土堆积而成。4 月下旬开始产卵，每窝 4～8 枚。卵淡棕黄色，无斑点，近椭圆形。产完最后 1 枚卵后立即孵化，由雌鸟单独承担，雄鸟则在附近警戒，孵化期 31 天左右。雏鸟早成，通体被灰白色绒羽，2 月龄开始飞行，3 月龄已能进行长距离活动，3～4 年性成熟。9 月末开始集群，但仍以家族为单位活动，10 月末以十几只或几十只小群向南迁飞，迁飞队伍呈“人”或“一”字形，每队 10～30 只。

食物主要为薹草、眼子菜、马尾草等水生植物的茎、叶、种子和藻类植物，夏季则多以动物性食物为主。

分布：繁殖于黑龙江省齐齐哈尔附近地区、三江平原地区，内蒙古自治区鄂尔多斯、呼伦贝尔达赉湖及绰尔河，青海省柴达木盆地、青海湖，新疆维吾尔自治区天山中部的巴音布鲁克天鹅湖、西部的赛里木湖、艾比湖、伊犁河、乌伦古河等地。

国内分布：迁徙的大天鹅几乎遍布北方各省，包括黑龙江省三江平原，吉林省莫莫格、向海国家级自然保护区、长白山区，辽宁省双台河口自然保护区、鸭绿江、瓦房店、本溪，内蒙古自治区辉河流域、赤峰达里诺尔国家级自然保护区和乌拉盖沼泽区，山西省长治、河津黄河流域，陕西省榆林、道关、西安、汉中，宁夏回族自治区青铜峡、银川，甘肃省兰州，河南省三门峡、宿鸭湖、花园口黄河滩、丹江口水库、郑州，山东半岛，湖北省洪湖、沉湖，河北省，天津市及北京市郊区密云水库。主要越冬地有山东省荣成海滩、黄河三角洲、埕口，河南省黄河流域、新乡，青海湖，新疆维吾尔自治区南部及石河子等地；也见于四川省北部、湖北省江汉湖群、湖南省洞庭湖、安徽省升金湖；偶见于福建省、台湾省及云南省等。

保护区内栖息地分布：见于浓江河漫滩湿地、乌苏里江沿岸江漫滩湿地等，迁徙期利用保护区内已经泡田的水田停歇，多为 10 只左右的小群，也有 30～50 只的大群。

（7）鸳鸯（*Aix galericulata*）

保护级别：国家二级重点保护野生动物；《IUCN 濒危物种红色名录》（2016 年）列为无危（LC）等级。

形态特征：雌雄异色。雄鸟羽色绚丽，背面褐色，腹面白色；枕冠由铜、赤、绿及白色等长羽组成；翼上有 1 对栗黄色的扇状直立羽。雌鸟头灰色，腹面纯白色。

生态习性：栖息于山间溪流、湖泊、沼泽、水塘，常漂浮于水面打盹或立于岸边树枝或石头上休息。在水面活动时，常将颈部前伸，以两翅击水，有时全身潜入水下，有时仅头部潜入水中，性机警，受惊后立即起飞，边飞边鸣，叫声短促响亮。夜晚多独栖于河边柳丛或土坑中。4～6 月为繁殖期。营巢于树洞中，洞口距地面 10～15m，多选择大青杨作为营巢树，巢内垫以木屑和羽绒。窝卵数 7～12 枚。卵白色，圆而无瑕，大小为（47～52）mm×（37～40）mm。雌性孵卵，孵化期 30 天。雏鸟早成，在河边柳丛下跟随亲鸟活动，亦到湖泡中游泳，8 月中旬具飞行能力，9 月中旬开始集群，并向南迁。

杂食性，春秋季节以植物性食物为主，如草籽、玉米、水稻及河中青苔等。繁殖季节则以动物性食物为主，如蛙类、鱼类、昆虫及其幼虫、蜗牛等，兼食草籽、果实等。

国内分布：繁殖于东北北部，向南至图们江、松花江、鸭绿江上游、长白山、内蒙古呼伦贝尔，河北兴隆及贵州遵义也有过繁殖记录。迁徙时见于东北南部和西南部、甘肃、山东等省地。越冬于长江以南大部分地区，向西至云南北部及昆明，在贵州中部有部分为留鸟。

保护区内栖息地分布：多数湿地分布区可见，特别是乌苏里江沿岸江漫滩湿地的小型河流及泡沼，迁徙期在部分泡沼可见超过百只的群体，圈河、泥鳅河等河流附近湿地为繁殖区，抓吉管理站附近河流岸边有小乔木生长的区域也是繁殖区，总体繁殖数量不大，为常见种。

（8）黑琴鸡（*Lyrurus tetrix*）

保护级别：国家一级重点保护野生动物；《IUCN 濒危物种红色名录》（2016 年）列为无危（LC）等级；《中国濒危动物红皮书》列为易危（VU）等级。

形态特征：雄性成鸟（冬羽）：全身几为黑色，头、颈和下背具淡蓝色金属光泽；大覆羽和中覆羽白色，形成翼镜，尾呈叉状，外侧 3 对尾羽向外弯曲，呈镰刀状；尾羽除外侧 4 对外具白色端部；覆腿羽白色，具褐色横斑，翼下覆羽和腋羽均白色。

雌性成鸟（冬羽）：全身几为黄褐色，满布黑色和赭褐色横斑；颏白色；喉具稀疏的暗横斑；胸、上腹和体侧具淡棕色、黑褐色及宽阔的白色端斑；次级飞羽、尾下覆羽白色，后者具稀疏的赭色横斑；尾叉状，但外侧尾羽不向外弯曲。

生态习性：林栖鸟类，栖息环境多样，在林间旷地和沼泽草甸的针叶林、针阔混交林、次生白桦山杨林、幼林灌丛草甸或山地灌丛草甸及森林沟谷等处均可见到。栖息地因四季食物不同而发生变化，春季常活动于疏林地、林缘及草甸、灌丛的地面上；夏季多在阔叶林内活动，有时也飞到树上；秋季雏鸟长大后，多游荡于山荆子、越橘等浆果丰盛的地方，多集群活动，亦见于秋后的麦田中；冬季多栖息于阳光直射，温度较高，又有丰富杨、柳、桦芽及嫩枝等食物的林内，主要在树上活动，夜晚则在雪下过夜。3 月末至 4 月初开始发情，持续 6～7 周，发情场为林中开阔地。雄鸟发情时尾羽垂直立成扇形，两翅下垂，颈部伸长，迈小步跑圈。雄鸟之间常因配偶而打斗，一雄多雌。交配后雌鸟寻找林中僻静的树丛或草丛筑巢，巢呈凹窝状，由枯枝、草茎等组成，内垫铺以羽毛、树叶、苔藓等。窝卵数 8～10 枚。卵褐色，密布大小不等的褐色或棕色斑点。有补卵的习性，产完后孵卵。雌鸟单独孵化，孵化期 26～27 天。雏鸟早成，1～2 天后可随亲鸟活动，1 个月后可做短距离飞翔。多以家族群活动。

四季食性不同，春季以杨、柳芽为主，兼吃浆果及杂草种子；夏季以植物绿色部分和动物性食物为主，动物性食物主要为昆虫；初秋以浆果为主，晚秋则以柳、榛嫩芽和枝条为食；冬季全部以植物为食。

国内分布：大兴安岭的布特哈、乌尔其汗、红花尔基、根河，小兴安岭的逊克、孙吴、萝北、抚远、完达山、张广才岭，长白山区的黄松蒲、漫江、前川，新疆天山山脉西部的塔城、喀什及北部的阿尔泰，河北围场等地均有分布，均为留鸟。

保护区内生境分布：主要分布于保护区的天然林地、人工林和湿地边缘灌丛。冬季较易见，数量较少。

（9）雪鸮（*Nyctea scandiaca*）

保护级别：国家二级重点保护野生动物。

形态特征：脸盘不显著，面部羽毛发达，眼先尤甚，几乎遮全嘴。通体大都白色；眼先和脸盘稍染浅褐色，头顶杂有少数黑褐色斑点，颈基具不明显浅褐色（或污白色）环斑，并缀以褐色斑点，腰部个别羽毛有褐色斑点或斑块；下体几乎纯白，仅腹部具有窄的褐色横斑，跗跖和趾密被白色发达似发状的绒羽，几乎遮盖全部趾和爪。

生态习性：多栖息于山地森林、冻土带和苔原地带，白天多潜伏于树林中，夜间出来觅食。在极地冻土带与西伯利亚地区繁殖，无真正的巢，在地面凹处或岩石基部低洼处产卵。窝卵数 3～11 枚。

主要以鼠类、昆虫、鸟类为食，偶食野兔。

国内分布：在新疆西部喀什及天山偶见；在东北北部、中部为冬候鸟，亦见于辽宁本溪、河北秦皇岛及陕西南部；在黑龙江省为冬候鸟，分布于大兴安岭、小兴安岭、松嫩平原及三江平原、东部山地等。

保护区内生境分布：主要分布于林地和湿草甸生境，为冬候鸟、偶见种，数量较少。

（10）白鹭（*Egretta garzetta*）

保护级别：《IUCN 濒危物种红色名录》（2016 年）列为无危（LC）等级；CITES 附录Ⅲ物种；列入《国家保护的有益的或者有重要经济、科学研究价值的陆生野生动物名录》。

形态特征：中型涉禽体长 52～68cm，全身体羽颇似大、中白鹭。体型纤瘦，全身白色。夏羽枕部有 2 根细长饰羽，前颈和背着生蓑羽。冬季饰羽及蓑羽脱落。眼先裸皮，夏季粉红色，冬季黄绿色。生殖期枕部有 2 枚长羽，如双辫状。胸前亦簇生矛状长羽，但没有枕部冠翎长。背上蓑羽先端均微向上卷曲。生殖期后冠翎和蓑羽均脱落。眼黄色，嘴黑色，下嘴基部带苍白色，面部裸皮灰色，脚、腿黑色，趾上常杂有黄色。

生态习性：喜稻田、河岸、沙滩、泥滩及沿海小溪流，常栖息于河川、海滨、沼泽或水田中，通常出现于平地至低海拔之溪流、水田、鱼塘、沼泽、河口、沙洲地带，部分于冬季会南迁。喜集群，常集成 3～5 只或 10 余只的小群活动于水边浅水处。成散群进食，常与其他种类混群，有时飞越沿海浅水追捕猎物。晚上在栖息地集成数十、数百甚至上千只的大群，白天则分散成小群活动。常一脚站立于水中，另一脚曲缩于腹下，头缩至背上呈“S”状，长时间呆立不动，或漫步走动，不时伸长颈部，昂头环顾四周，一有危险，立即飞走。行走时步履轻盈、稳健，显得从容不迫。飞行时头往回缩至肩背处，颈向下曲成袋状，两脚向后伸直，远远突出于尾后，两翅缓慢地鼓动飞翔。每日天亮后即成群由栖息地飞往觅食地，傍晚又结群呈“V”队形飞至栖息地附近的水田和山坡小树上休息，待结成大群后一起进入树林和竹林中，晚上成群栖息在小块密林中高大树木的顶部，也常在宅旁或庭院树林与竹林内栖息，有时也同夜鹭和牛背鹭一起栖息。性较大胆，不怕人。喜群栖，觅食时常以脚探入水中搅动后捕食受惊吓的鱼。繁殖前期有飞向较远湖泊、河川觅食的习性。

以各种小鱼、黄鳝、泥鳅、蛙、虾、水蛭、蜻蜓幼虫、蝼蛄、蟋蟀、蚂蚁、蛴螬、鞘翅目及鳞翅目幼虫、水生昆虫等动物性食物为食，也食少量谷物等植物性食物。

国内分布：长江以南各省份均有分布，西至四川中部峨眉、雅安、西昌及贵州，北达陕西南部、河南南部，南至云南西双版纳、广西、广东、福建、海南岛和台湾，偶见于甘肃兰州、山东威海和北京。《中国鸟类分类与分布名录》（第三版）列出吉林、辽宁及天津等地也有分布，但黑龙江没有分布记录（郑光美，2017），本次调查记录到的白鹭可能为迷鸟或其分布区已经扩展到黑龙江省抚远市，有待进一步研究确认。

保护区内生境分布：仅见于海青管理站圈河湿地附近居民区的鱼池内，其他区域调查时未见。

（11）中华攀雀（*Remiz consobrinus*）

保护级别：《IUCN 濒危物种红色名录》（2017 年）列为无危（LC）等级。

形态特征：虹膜暗褐色，上嘴黑褐色或灰黑色，下嘴灰色或灰黑色，脚铅灰黑色或铅蓝色。雄鸟：前额黑色，头顶灰色，具褐色羽干纹。眼先黑色，前部与额部黑色相融，后部沿眼中部和颊上部一直向后延伸到耳羽均为黑色，形成 1 条宽阔的黑色带斑，其上有一窄的白色眉纹，其下为白色的颊下部，黑色带斑处于白色包围中极为醒目。后颈和颈侧暗栗色，形成一半圆形领圈。上背棕褐色，下背、腰和尾下覆羽沙褐色或沙棕色，尾羽暗褐色，内外翈均具窄的淡皮黄色羽缘；翅上小覆羽、中覆羽棕褐色，大覆羽栗褐色，羽缘淡皮黄色，飞羽暗褐色，外翈棕黄色或皮黄色，内侧三级飞羽羽缘浅栗色。颏、喉、胸、腹至尾下覆羽等整个下体几为皮黄色，颏、喉稍淡，有时近白色。

雌鸟：额、眼先、眼下部和颊上部到耳羽均为暗棕栗色，上体沙褐色，头顶灰色稍深，具淡褐色羽干纹，其余与雄鸟相似，但羽色略淡而少光泽。

生态习性：主要栖息于开阔平原、半荒漠地区的疏林内，尤以临近河流、湖泊等水域的杨树林、榆树林和柳树林等阔叶林中较常见，迁徙期也见于芦苇丛。除繁殖期单独或成对活动外，其他季节多成群。性活泼，行动敏捷，常在树丛间飞来飞去，或在枝间跳跃，有时喜欢倒悬在枝端荡来荡去。冬季成群，特喜芦苇地的栖息环境。鸣声细小而单调，如柔细而动人的哨音“tsee”，较圆润的“piu”及一连串快速的“siu”声。繁殖期5～7月，5月初雄鸟即开始占区，并不断地在树冠枝叶间鸣叫来招引雌鸟。营巢在杨树、榆树、柳树等阔叶树上，由雌雄亲鸟共同承担。巢呈囊袋状，主要由树皮纤维、羊毛、蒲绒、杨絮、柳絮等编织而成，结构相当精巧，悬吊于乔木柔软的细枝末梢，很像一个悬挂的葫芦，顶端侧面有一管状开口，供亲鸟出入。营巢基本完成后，仍不断用杨絮和柳絮加厚内壁，直到产卵期间亦不停止。巢筑好后即开始产卵，一年繁殖1窝，一天产1枚卵，通常每巢产3～9枚，多为7～8枚。卵白色，光滑无斑。卵产齐后即开始孵化，孵化期13～15天，雏鸟晚成性。孵卵和育雏均以雌鸟为主，留巢期17～20天。

主要以昆虫为食，尤其是繁殖期几乎全食昆虫。

国内分布：内蒙古、黑龙江、香港、清凉峰国家级自然保护区、六盘山、天目山、怒山有分布。

保护区内生境分布：2020年记录到繁殖中华攀雀的三巢，均分布在浓江芦苇湿地，筑巢于湿地边缘的桦树上，在芦苇湿地中觅食。

# 第 14 章　保护区生态旅游

湿地是世界上面积最大、分布地域最广、生产力最高的自然景观类型之一，其结构和功能十分独特。在世界自然保护联盟（IUCN）、联合国环境规划署（UNEP）和世界自然基金会（WWF）等保护大纲中，湿地与森林、海洋一起并称为全球三大生态系统。湿地是地球上水陆相互作用形成的独特生态系统，是自然界最富生物多样性的自然景观和人类最重要的生存环境之一。湿地生态系统有别于其他生态系统，不稳定性和敏感性及生境多样性使其具有资源丰富但脆弱等特点，而这些特点要求湿地发展必须服从“经济效益从属于生态效益”的原则。以可持续发展为指导的生态旅游开发及产业发展符合湿地地区经济发展的现实和要求，成为近年来发展湿地的最佳选择。

## 14.1　湿地生态旅游概念

我国的湿地资源丰富，类型多、面积大、分布广，但并不是所有的湿地都可作为“湿地旅游资源”。所谓“旅游资源”，最重要的是要具有游赏的价值和可能性，即湿地景观要具有视觉美感，能让人感到身心愉悦。所以，湿地旅游应该是在保护湿地生态环境的前提下，围绕湿地景观、生物、文化等资源开展湿地观赏和游憩活动。从科学的角度来讲，湿地旅游应该是一种“生态旅游”，而不仅仅是一种“自然旅游”。“生态旅游”是 1983 年由世界自然保护联盟顾问谢贝洛斯・拉斯喀瑞提出的。国际生态旅游协会将其定义为：具有保护自然环境和维系当地社区居民生活双重责任的自然旅游活动。因此，生态旅游的标准至少包括三个方面：①生态旅游的对象是原生、和谐的自然生态系统；②生态旅游的对象在活动过程中不应该受到损害；③强调社区居民的参与性。因此，湿地生态旅游是生态旅游的重要组成部分，是立足于湿地资源、吸引旅游者产生旅游动机、具有强烈的生态环境保护意识的旅游开发模式，应特别关注旅游活动的生态合理性，强调人类和湿地的伙伴关系。

国内学者对湿地生态旅游开发进行了大量研究。赵红艳（1998）提出了湿地的生态旅游功能；李敏（2002）从景观规划的角度对生态旅游开发提出了建议；赵煌庚（2002）分析了东洞庭湖湿地的生态旅游价值；董明辉等（2001）对洞庭湖湿地生态旅游资源的保护提出了建议；庄大昌等（2003）对中国湿地生态旅游资源的保护提出了建议；徐菲菲等（2005）对湿地生态旅游的可持续性做了定量评价；Xu 和 Wall（2007）对湿地生态旅游的可持续性进行了定性评价。目前，国内的湿地生态旅游研究基本上停留在浅层次的湿地资源开发的论述方面，系统的、理论性的研究非常缺乏。因此，在发展湿地生态旅游的过程中出现了一系列的问题，如湿地旅游区的特色不突出、过度开发造成湿地生态环境恶化、人类的游憩活动对野生动植物生境造成干扰等，这些都需要进一步研究和探讨。

## 14.2 湿地生态旅游特征

作为一类生态系统，湿地是介于陆地生态系统和水生生态系统之间的一种过渡类型，因而兼具陆地和水生两种生态系统的特点，与全球变化、生物多样性保护及环境质量关系密切，决定了湿地生态旅游资源具有保护性、多样性和脆弱性的特点。

### 14.2.1 生态保护性

湿地生态旅游资源的保护性与传统的旅游资源相比，不同之处主要表现在：对外界干扰如旅游开发和旅游活动的承受能力有限，若不顾湿地的生态承载力，过度地开发和利用，将会破坏湿地生态，导致湿地生态旅游资源退化。因此，为了实现湿地生态旅游资源的可持续发展，应坚持保护性开发原则，旅游开发者必须遵循自然资源的生态学规律，旅游产品的设计应体现人与自然的和谐统一，杜绝短期经济行为，谋求可持续发展。

### 14.2.2 生物多样性

湿地生态环境的复杂多样性使其包含了绝大部分的自然类型及其区域，从而造就了复杂多样的湿地生态旅游景观，还形成了复杂的生物群落与生物物种多样性，由于独特的环境条件为生物群落提供了复杂而完备的特殊生境，辽阔的湿地成为许多珍稀动植物资源的栖息地和避难所。据统计，在我国湿地生活、繁殖的鸟类有 300 种，几乎占全国总数的 1/3，50%的国家一级重点保护野生鸟类生活在湿地；美国 43%的濒危物种依赖湿地；亚洲 57 种处于濒危状态的鸟类中，在中国湿地发现 31 种；全世界有鹤类 15 种，中国湿地鹤类占 9 种。很多湿地被誉为珍禽王国、候鸟“天堂”。同时，湿地生态系统为植物提供了适宜的气候和生境，构建成壮丽的植物景观，如我国黄河三角洲分布有东部平原面积最大的刺槐林景观、罕见的天然实生柳林景观，大面积连片分布的柽柳林景观及芦苇荡景观，长江中下游分布有湖泊湿地景观等。

### 14.2.3 生态脆弱性

湿地景观系统是极不稳定的系统，极易受到自然因子和人为活动的干扰，生态平衡易遭到破坏，且很难恢复。据有关资料统计，20 世纪 50 年代洞庭湖有过珍贵鸟类，如斑嘴鹈鹕、红胸黑雁、鸳鸯、大天鹅等，但近年考察均未发现，主要由人类对湿地资源不合理开发利用所致。因此，发展湿地生态旅游的同时，一定要注意保护湿地生态系统的完整性。

# 14.3　湿地生态旅游模式

## 14.3.1　不同湿地类型的生态旅游模式

（1）海滨湿地生态旅游模式

海滨湿地生态旅游模式是以海滨湿地生态系统为依托，以海滨湿地旅游资源为基础的旅游活动。海滨湿地地处海陆交界地带，海岸地貌复杂多样，主要为平原海岸、基岩海岸和生物海岸三大类。海滨湿地的自然生境和独特的文化内涵给湿地生态旅游带来了巨大的吸引力，如澳大利亚东部的大堡礁、中国天津古海岸与湿地保护区内的牡蛎礁和贝壳堤景观等最为典型。

（2）河流和湖泊湿地生态旅游模式

河流和湖泊不仅是内陆居民赖以生存的水资源来源地，也是旅游业发展较为完备的地区，如长江三峡、黄河壶口瀑布、桂林漓江都是闻名遐迩的风景名胜。湖泊湿地生态旅游在国际旅游中占有一定的地位，如美国和加拿大边界著名的“世界五大淡水湖”、中国内陆湖泊（洞庭湖、五大连池、西湖、千岛湖、滇池、天山天池、青海湖等）都开展了形式各异的旅游活动。

（3）河口湿地生态旅游模式

河口湿地是指河流流入大海处所形成的湿地，是一类较特殊的湿地，处于河流与海洋连接部位，普遍被认为是世界上天然生态系统中最具有生产力的区域。我国河流众多，海岸线漫长，因而河口湿地的大小、类型各不相同。但河口湿地凭借其优越的地理环境和资源优势，促进了当地的经济发展并保持了独特的景观，成为新的旅游亮点。典型代表有中国黄河三角洲、辽河三角洲、钱塘江入海口，越南湄公河入海口等。

（4）沼泽湿地旅游生态模式

沼泽湿地包括草本沼泽湿地、泥炭湿地、草甸湿地等，是重要的野生动物栖息地和蓄洪区。我国一些著名的自然保护区，如青海的若尔盖、贵州的草海、黑龙江的扎龙、吉林的向海、内蒙古的科尔沁等湿地类型保护区，其境内的湿地主要由沼泽湿地构成。沼泽、草甸、泥炭湿地生态旅游是一个新兴的项目，其旅游价值在于宣传沼泽、草甸、泥炭湿地的生态及防洪功能，让游客身临其境，感受旅游带来的欢愉的同时，接受湿地知识的再教育。

（5）人工湿地生态旅游模式

人工湿地主要包括水田、水渠和湿地公园等。近几年，人工湿地生态旅游开发处于探索阶段，其旅游价值主要体现在农业观光旅游、湿地公园等方面。湿地公园是以具有一定规模的湿地景观为主体，在对湿地生态系统及生态功能进行充分保护的基础上，通过对湿地进行适度开发，为人们提供开展科学研究、科普教育以及适度生态旅游场地的湿地区域，是一种基于生态保护的可持续的湿地管理和利用方式。湿地公园作为湿地保护管理体系中的重要方式，受到各国政府和社会各界的高度重视，已成为国家湿地保护体系的重要组成部分。

### 14.3.2　不同湿地功能的生态旅游模式

（1）景观观赏型生态旅游模式

湿地是清新美丽的自然宝库，可带给人优美的视觉享受。以湖光水色和野生动物观赏为主的湿地景观观赏，是开发湿地生态旅游的一种重要模式。根据观赏的主题可以分为湿地水体观赏、湿地植物观赏和湿地动物观赏等不同的生态观赏旅游模式。

（2）休闲游憩型生态旅游模式

除了静态的湿地景观观赏，还可以在科学规划的指导下，在合适的区域设立一些休闲设施和游憩项目，以满足游客游赏、康体和度假的需要，但要远离生态保护核心区，并坚持低密度和低强度开发的原则。同时，加强生活污水处理等环境保护措施建设，维护湿地生态平衡。例如，为游客设计亲水嬉戏的平台，举办一些节庆活动，以及提供绿野漫步、夜幕垂钓等一些低体能消耗的健身类项目。

（3）趣味体验型生态旅游模式

现代旅游不仅仅强调视觉美感，更要获得全方位的感受和满足。湿地生态旅游可以充分利用丰富的动植物资源开展农家乐、渔家乐等特色活动，游客在满足好奇心和获得新鲜感的同时，也可以更加亲近自然、了解自然。另外，也可以调动当地社区居民参与的积极性，使其主动保护湿地、合理利用湿地资源。

（4）科普科考型生态旅游模式

湿地丰富的动植物资源是开展科普教育的大课堂，可以规划一些生态教育类的游憩项目，如湿地生态博物馆、生态实景讲解等，通过寓教于乐普及湿地生态知识，提高游客的环境保护意识。同时，针对科考工作者和科学爱好者，可以设计一些与生态环境研究相关的活动，如“湿地环境保护研讨会”“湿地水系循环利用研究”“湿地生物多样性保护”等相关会议和论坛，为其进行湿地生态环境的实地考察提供条件，提高其对湿地研究的积极性，从而为湿地环境的改善献计献策。

### 14.3.3　不同湿地文化的生态旅游模式

湿地是人类赖以生存的重要区域之一，千百年来，湿地和人类协调发展并创造了光辉灿烂的文化。湿地文化具有多样性、独特性、科考性等特征，进行旅游开发应该从多样性着手来探讨湿地的文化旅游价值。

（1）湿地历史文化旅游模式

湿地历史文化旅游模式是以人类历史和地理环境变迁留下的物质与精神文化遗产为依托，使旅游者通过对湿地历史回顾和艺术审美实现精神与文化享受的一种旅游活动。外在表现为人的体验和游览活动，内在本质却是历史和现实及古今文化的交流。例如，在游览黄河大观、赞美大禹治水之时，联系到中国五千年文明史：农业文明对游牧文明一直处于守势，与江河灌溉造成两岸居民耕作的稳定性和游牧打猎造成草原居民的粗犷性格有关。

（2）湿地民俗文化旅游模式

民俗文化是一个民族世世代代传承下来的大众民间文化，具有旺盛的生命力和吸引力。在湿地居住的劳动者创造并继承了独具特色的湿地民俗文化，对旅游者具有很大的吸引力，可以根据湿地的民俗特点开发新颖独特的旅游项目。例如，中国端午节一年一度的荆州国际龙舟赛等就是湿地民俗旅游开发的成功典范。

（3）湿地饮食文化旅游模式

湿地饮食文化旅游模式是指将湿地的饮食文化与湿地旅游活动相结合，以品尝美食、了解湿地饮食文化为主要内容，以游览湿地的自然景观与人文景观为辅助内容的特色旅游。饮食是游客旅游过程中的一个要素，湿地饮食文化对游客具有特殊的吸引力。目前比较独特的项目有烤羊肉、烤鱼肉、涮羊肉及自助烧烤等，不仅仅能激发旅游者的乐趣，更让旅游者从中感受文化的内涵，在自己动手的过程中得到精神的陶冶及心灵的放松。

（4）湿地商品文化旅游模式

文化旅游商品就是依托某种特定的旅游文化，强调商品自身文化内涵的一种旅游商品。湿地旅游商品是旅游商品的一个重要组成部分，具有文化性、艺术性、时代性、纪念性、实用性等特征。湿地文化旅游商品突出商品的湿地文化特色、民族特色，或是以其独特的造型、具有特殊意义的包装来增加其文化内涵，如湿地动植物标本和化石。

### 14.3.4　复合型湿地生态旅游模式

复合型湿地生态旅游模式是把湿地资源与其他资源结合起来的生态旅游模式，如佳木斯湿地旅游与界江界河边境旅游结合起来；在三江平原内充分利用残存的湿地、荒地、自然保护区缀块，在整个区域营造一个人工的农业景观背景（基底），在各缀块之间营造物种流动和休闲娱乐的景观廊道；上海的湿地旅游与城市旅游结合起来等。把湿地旅游与其他类型旅游结合起来，把人文景观与自然景观结合起来，多种旅游方式叠加，可使区域的旅游资源更具有吸引力和整体优势，从而大大增强湿地旅游的吸引力和感染力。

## 14.4　保护区生态旅游模式

### 14.4.1　生态旅游原则

目前，国际公认的生态旅游应符合以下三个要求。

1）以自然景观、自然生物和自然社会为基本对象的旅游。

2）将自然保护贯穿于整个活动中的旅游。在保护所观光对象的自然完整性的同时，保护自然的知识、思想和行动应通过旅游获得及实现。

3）对当地人民经济和社会发展产生帮助的旅游。通过旅游促进当地的发展，并最终达到保护自然的目的。

按照上述要求，保护区生态旅游的原则确定如下。

1）保护与开发相结合的原则。以积极保护为主，开发建设服从于保护，旅游项目限制在实验区内，定点、定线、定内容、定规模，严格控制旅游人数。

2）资源与市场相结合的原则。在开发旅游资源、倡导生态旅游的同时，更注重旅游市场的动态，架构多元化旅游项目，满足不同游客的要求。

3）功能与特色相结合的原则。注重生态化、民族化，体现独特的地方、民族特色。

4）旅游与科普相结合的原则。通过开展以湿地生态系统为主要内容的科普旅游，使游客充分了解和认识人与自然相互依存的关系，强化人类的生存危机感，增强其保护生态环境的意识，使保护区成为集科普考察、宣传教育、观光旅游于一体的生态旅游示范区。

5）在保护自然资源和生态环境、历史自然遗址景观完整性的同时，强化主体功能，突出重点，讲究特色，合理布局，分期建设。

6）旅游与扶贫相结合的原则。鼓励民众参与投资和旅游建设，指导有条件的当地居民从事旅游经营活动。

7）注重安全旅游。

### 14.4.2 生态旅游资源

黑龙江省是全国湿地资源最为丰富的省份之一，湿地广袤壮美，是美丽龙江的重要组成部分。保护区湿地生态系统完整，植被类型多样，野生动植物资源富集，因此自然风光秀丽、溪流纵横、沼泽迷人、野花争艳，秀丽而粗犷的北国风光尽显眼前，也孕育了赫哲族等丰富的人文精神和文化内涵。

保护区的自然景观对游客有着不可抗拒的感染力，是旅游者向往的热点旅游区域。为充分发挥保护区的资源优势，在保护好自然资源，不对生态环境造成破坏的前提下，可在实验区开辟一定区域发展生态旅游，在供游客参观游览的同时，宣传保护区。保护区旅游资源丰富，特色突出，体现在如下几个方面。

1）保护区位于三江平原最东北端，是黑龙江与乌苏里江的交汇处，隔江与俄罗斯相望，和闻名于世的“东方第一哨”相邻。保护区的北部隔黑龙江是俄罗斯的共青自然保护区，东北部隔乌苏里江是俄罗斯的大赫黑契尔自然保护区，东南部俄罗斯边境内还有锡霍特-阿林自然保护区，是隔岸观赏俄罗斯自然保护区风光的优质旅游点。

2）保护区隔江相望峰峦叠嶂、峭壁耸云、林木葱郁、松涛阵阵、花香飘溢、雀噪蝉鸣。山前江水滔滔，碧波浩渺，湖光山色，十分宜人。

3）保护区内的 50 余条大小河流及 210 余个大小湖泡形成面积不同的许多水域。黑龙江流经保护区 30km，乌苏里江流经保护区 115km，在这两个江段，形成大小 20 余个岛屿。游人至此，可乘坐游艇，溯水而上观览山川秀色，江水碧波荡漾、波光粼粼、鱼翔浅底，湖光山色相映成趣。保护区内各种水禽翩翩起舞，奇鸟争鸣，使山川变得更加妩媚多姿。

4）受独特的地质、地貌、植被、气候等因素影响，保护区内生物种类繁多，动物、植物珍稀奇特，形成多层次、多类型的生物旅游资源。开拓定位保护区的旅游客源市场，通过旅游品牌、旅游体验、旅游网络、旅游整合、旅游互动等营销策略，开辟黑龙江省内旅游线路，并逐步延伸至整个东北地区乃至京津冀地区，增强保护区的自养能力和造血功能，促进保护区社会经济协调发展。

按照有关指标，经综合测算，保护区允许开展生态旅游区域的日环境容量为 17 234 人次。按全年可游览天数 180 天计，则年环境容量为 310 万人次。

### 14.4.3　生态旅游模式

保护区主要发展复合型湿地生态旅游模式，将历史、饮食、民俗及自然风光等资源结合到一起，同时与自然生态教育相融合在保护区实验区综合开展生态旅游。保护区生态旅游要以不破坏生态环境为前提，不能影响对资源的保护，要妥善处理生态旅游与保护之间、游览与服务及生活等诸多方面之间的关系。从生态旅游区的全局出发，统一安排，充分合理地利用地域空间，因地制宜地满足生态旅游区多种功能的需要。保护区发展生态旅游具有得天独厚的优势，也将产生较大的经济效益及显著的社会效益。

根据保护区生态旅游区现状、生态旅游资源分布及景观特点，遵循功能分区原则，将生态旅游区划分为湿地生态体验区、湿地生态游憩区两大区域，总面积 3735.68hm$^2$，其中湿地生态体验区 366.49hm$^2$，主要以体验民俗、饮食及观赏自然风光形式开展生态旅游；湿地生态游憩区 3369.19hm$^2$，主要以观赏自然风光、科普教育等形式宣传生态保护，提升公众生态保护意识。

（1）湿地生态体验区

位于抓吉镇以南的实验区，是服务设施、游览设施集中建设区域，也是游客集中活动区域。主要为游客提供旅游咨询、设备租赁、湿地观光、湿地体验、文化体验、环境教育、边境（水上）观光等服务。占地面积 366.49hm$^2$，占实验区面积的 0.35%。

（2）湿地生态游憩区

位于抓吉河西岸的实验区，是游客休闲度假、健身养生、专项科考、户外运动的主要区域，但并不进行人工开发，以保持原始湿地景观为主。占地面积 3369.19hm$^2$，占实验区面积的 3.24%。

### 14.4.4　环境容量控制

为保护好生态旅游资源，保证游客的人身安全和生态旅游的质量，生态旅游区应严格按照环境容量控制游客规模，遇到游客规模超过环境容量时，一定要采取限制性措施，如适当提高旅游费用、在景区入口地段设置限流设施、限制或停止游人进入等。

# 参 考 文 献


蔡琨, 张杰, 徐兆安, 等. 2014. 应用底栖动物完整性指数评价太湖生态健康. 湖泊科学, 26(1): 74-82.

常家传, 桂千惠子, 刘伯文, 等. 1995. 东北鸟类图鉴. 哈尔滨: 黑龙江科学技术出版社: 16-211.

常家传, 马金生, 鲁长虎. 1998. 鸟类学. 哈尔滨: 东北林业大学出版社: 88-94.

陈化鹏, 高中信. 1992. 野生动物生态学. 哈尔滨: 东北林业大学出版社: 310-354.

崔保山, 杨志峰. 2002. 湿地生态系统健康评价指标体系 I 理论. 生态学报, 22(7): 1005-1011.

董明辉, 朱有志, 庄大昌. 2001. 洞庭湖区湿地生态旅游资源保护与开发研究. 资源科学, 23(5): 82-86.

方精云, 郭兆迪, 朴世龙, 等. 2007. 1981—2000 年中国陆地植被碳汇的估算. 中国科学(D 辑: 地球科学), 37: 804-812.

冯文义, 刘尊显, 张喜祥, 等. 2002. 三江自然保护区鹤类、鹳类数量分布及保护研究//中国鸟类学会, 国际鹤类基金会. 国际鹤类学术研讨会论文摘要集. 北京: 国际鹤类学术研讨会, 45-46 (未正式发表资料).

傅沛云, 曹伟. 2003. 中国东北部种子植物种的分布区类型. 沈阳: 东北大学出版社.

胡鸿钧, 魏印心. 2006. 中国淡水藻类: 系统、分类及生态. 北京: 科学出版社.

金翠霞, 吴亚. 1981. 群落多样性测定及其应用的探讨. 昆虫学报, 24(1): 28-33.

李娣, 李旭文, 牛志春, 等. 2014. 太湖浮游植物群落结构及其与水质指标间的关系. 生态环境学报, 23(11): 1814-1820.

李海兴, 赵琬婧, 武逸峰, 等. 2018. 黑龙江三江自然保护区天然湿地土壤重金属含量及污染评价. 湿地科学与管理, 14(2): 38-41.

李海燕, 张弘强, 曾星雨, 等. 2018. 三江平原土地利用动态变化分析. 国土与自然资源研究, (6): 27-29.

李建波. 2021. 基于遥感监测的玉龙湿地资源调查与保护研究. 绿色科技, 23(10): 49-50, 53.

李敏. 2002. 自然保护区生态旅游景观规划研究: 以目平湖湿地自然保护区为例. 旅游学刊, 17(5): 62-65.

李晓民, 朱宝光. 2010. 东方白鹳的建园大业. 生命世界, (5): 20-23.

李言阔, 单继红, 马建章, 等. 2014. 气候因子和水位变化对鄱阳湖东方白鹳越冬种群数量的影响. 生态学杂志, 33(4): 1061-1067.

刘波, 佟守正, 吕宪国. 2012. 东北地区湿地野生种子植物区系. 生态学杂志, 31(7): 1646-1652.

刘会玉, 林振山. 2007. 物种多样性对栖息地毁坏时间异质性的响应. 生态学杂志, 26(5): 765-770.

刘丽燕, 蔡新斌, 江晓珩, 等. 2015. 新疆湿地野生维管植物组成与植物区系的研究. 干旱区资源与环境, 29(9): 83-88.

刘瑞清, 李加林, 孙超, 等. 2021. 基于 Sentinel-2 遥感时间序列植被物候特征的盐城滨海湿地植被分类. 地理学报, 76(7): 1680-1692.

刘新洪. 2014. 洪湖水面积缩小的原因及影响. 南方农业, 8(30): 108-109.

刘子刚, 王琦, 彭爱珺, 等. 2019. 基于 PSM 和 DID 法的湿地自然保护区保护效果分析: 以黑龙江省三江和挠力河国家级自然保护区为例. 西北大学学报(自然科学版), 49(1): 54-61.

卢向东, 杨新庭, 刘海, 等. 2001. 黑龙江省东方白鹳种群的现状. 特种经济动植物, 4(5): 17-18.

芦康乐, 武海涛, 吕宪国, 等. 2017. 基于水生无脊椎动物完整性指数的三江平原沼泽湿地健康评价. 湿地科学, 15(5): 670-679.

鲁如坤. 2000. 土壤农业化学分析方法. 北京: 中国农业科技出版社.

骆剑承, 胡晓东, 吴田军, 等. 2021. 高分遥感驱动的精准土地利用与土地覆盖变化信息智能计算模型与方法研究. 遥感学报, 25(7): 1351-1373.
马慧婷. 2017. 三江平原区耕地质量评价及时空演变规律研究. 沈阳: 沈阳农业大学硕士学位论文.
马建章, 李守先. 2002. 中国野生动物保护实用手册. 北京: 科学技术文献出版社: 385-560.
马克明, 孔红梅, 关文彬, 等. 2001. 生态系统健康评价：方法与方向. 生态学报, 21(12): 2107-2116.
马克平, 钱迎倩. 1998. 生物多样性保护及其研究进展. 应用与环境生物学报, 4(1): 95-99.
倪红伟, 吴海一, 曾绍文, 等. 2004. 三江平原湿地植物多样性研究//陈宜瑜. 第五届全国生物多样性保护与持续利用研讨会论文集. 北京: 气象出版社.
潘海峰. 2019. 三江自然保护区浮游生物功能群研究. 哈尔滨: 东北林业大学硕士学位论文.
潘涛. 2015. 水田扩张中三江平原北部耕地景观演化规律及驱动因素分析. 哈尔滨: 东北农业大学硕士学位论文.
三江国家级自然保护区. 2020. 最美湿地: 三江国家级自然保护区. 湿地科学与管理, 16(3): 74.
孙继旭, 项凤影, 马云, 等. 2017. 黑龙江小北湖保护区春季鸟类多样性研究. 国土与自然资源研究, (4): 93-96.
覃海宁, 杨永, 董仕勇, 等. 2017. 中国高等植物受威胁物种名录. 生物多样性, 25(7): 696-744.
王备新, 杨莲芳, 胡本进, 等. 2005. 应用底栖动物完整性指数 B-IBI 评价溪流健康. 生态学报, 25(6): 1481-1490.
王伯荪, 胡玉佳, 缪汝槐, 等. 1984. 九龙半岛城门大围森林群落分析: 物种多样性. 中山大学学报(自然科学版), 23(3): 6-9.
王璐, 鹿宝莲, 田晓波, 等. 2014. 山西省自然保护区中的湿地种子植物区系组成特征. 湿地科学, 12(3): 299-305.
魏胜利. 2017. 黑龙江省三江保护区国家重点生态林监测资源现状. 林业勘查设计, (1): 100-104.
吴迪, 李冰, 杨爱玲. 2017. 景观格局在地理国情综合统计分析中的应用: 以三江自然保护区为例. 测绘与空间地理信息, (4): 12-20.
吴建东, 纪伟涛, 刘观华, 等. 2010. 航空调查越冬水鸟在鄱阳湖的数量与分布. 江西林业科技, (1): 23-28.
武海涛, 吕宪国, 姜明, 等. 2008. 三江平原典型湿地土壤动物群落结构及季节变化. 湿地科学, 6(4): 459-465.
徐菲菲, 杨达源, 黄震方. 2005. 基于层次熵分析法的湿地生态旅游定量评价研究. 经济地理, 25(5): 707-711.
严靖, 戚维隆, 陆俊安, 等. 2015. 呼伦贝尔市湿地野生种子植物区系. 湿地科学, 13(1): 66-73.
尤慧, 邓艳君, 高华东, 等. 2021. 洪湖湿地土地利用/土地覆盖变化遥感监测. 江苏农业科学, 49(2): 162-166.
游佩佩, 刘振波, 谢嘉伟, 等. 2021. 基于 GF-2 的江苏滨海湿地遥感深度学习分类算法研究. 长江流域资源与环境, 30(7): 1659-1669.
于孝臣, 张梦利, 梅庆明, 等. 2000. 中国东方白鹳种群现状及保护对策. 野生动物, (3): 12-13.
约翰・马敬能, 卡伦・菲利普斯, 何芬奇. 2000. 中国鸟类野外手册. 长沙: 湖南教育出版社.
张博, 陆垂裕, 孙青言, 等. 2017. 三江平原植被覆盖度对气候和土地利用变化的响应. 水电能源科学, 35(8): 18-22.
张觉民. 1995. 黑龙江省鱼类志. 哈尔滨: 黑龙江科学技术出版社.
张明海, 萧前柱, 高中信. 1990. 多样性指数公式在鸟类群落中应用的探讨. 生态学杂志, 9(5): 50-55.
张庆利, 史学正, 潘贤章, 等. 2004. 江苏省金坛市土壤肥力的时空变化特征. 土壤学报, 41(2): 315-319.
赵光影, 刘景双, 王洋, 等. 2009. 三江平原主要河流氮、磷营养元素时空变化规律研究. 干旱区资源与环境, 23(2): 144-149.
赵红艳. 1998. 开展湿地生态旅游的探讨//陆健健. 中国湿地研究与保护. 上海: 华东师范大学出版社: 120-123.
赵煌庚. 2002. 试论东洞庭湖湿地生态旅游开发. 湖南商学院学报, 9(5): 45-46.
赵琬婧, 王清波, 王瑜, 等. 2018. 黑龙江三江自然保护区天然湿地植物物种多样性研究. 湿地科学与管理, 14(3): 58-61.
赵文阁, 等. 2018. 黑龙江省鱼类原色图鉴. 北京: 科学出版社.
赵欣胜, 崔丽娟, 李伟, 等. 2016. 吉林省湿地生态系统水质净化功能分析及其价值评价. 水生态学杂志, 37(1): 31-38.
赵英杰, 王迪, 原卉. 2017. 黑龙江三江国家级自然保护区保护状况调查与分析. 东北林业大学学报, 45(6): 89-92.
郑光美. 2017. 中国鸟类分类与分布名录. 3 版. 北京: 科学出版社.
郑光美, 王岐山. 1998. 中国濒危动物红皮书: 鸟类. 北京: 科学出版社: 23-338.
中国土壤学会农业化学专业委员会. 1983. 土壤农业化学常规分析方法. 北京: 科学出版社.
周成新, 孟磊, 宋永超. 2021. 盘锦湿地专题地图的制作及动态变化分析. 测绘与空间地理信息, 44(Z1): 300-304.
周凤霞, 陈剑虹. 2011. 淡水微型生物与底栖动物图谱. 北京: 化学工业出版社.
朱宝光, 刘化金, 李晓民, 等. 2008. 三江平原东方白鹳种群现状与人工招引研究. 湿地科学与管理, 4(4): 21-23.
朱江涛, 艾金泉, 陈晓勇, 等. 2021. 基于多源光学遥感数据的湖泊湿地分类结果一致性分析. 地理与地理信息科学, 37(4): 45-50.
朱倩, 李路云, 刘振生, 等. 2021. 黑龙江三江国家级自然保护区赤狐的生境选择. 野生动物学报, 42(1): 215-227.
朱正宁. 2006. 湖北网湖湿地植物多样性研究. 武汉: 华中农业大学硕士学位论文.
庄大昌, 丁登山, 任湘沙. 2003. 我国湿地生态旅游资源保护与开发利用. 经济地理, 23(4): 554 - 557.
Batzer D P, Cooper R, Wissinger S A. 2006. Wetland Animal Ecology. California: University of California Press.
Clarke K R, Gorley R N. 2006. Primer v6: User Manual /Tutorial. https://www.researchgate.net/publication/235425881_Primer_v6_User_ManualTutorial [2021-10-20].
Cody M L, Diamond J M. 1975. Ecology and Evolution of Communities. Cambridge: Harvard University Press: 214-257.
Dani V, Mirjana R, Stefanija S, et al. 2021. Reviewing the potential of sentinel-2 in assessing the drought. Remote Sensing, 13(17): 3355.
Dufrene M, Legendre P. 1997. Species assemblages and indicator species: The need for a flexible asymmetrical approach. Ecological Monographs, 67(3): 345-366.
Durance I, Ormerod S J. 2007. Climate change effects on upland stream macroinvertebrates over a 25-year period. Global Change Biology, 13(5): 942-957.
Griffitth M B, Hill B H, McCormick F H. 2005. Comparative application of indices of biotic integrity based on periphyton, macroinvertebrates, and fish to southern Rocky Mountain streams. Ecological Indicators, 5(2): 117-136.
Heino J. 2000. Lentic macroinvertebrate assemblage structure along gradients in spatial heterogeneity. habitat size and water chemistry. Hydrobiologia, 418: 229-242.
Ibrahim E S, Ruffin P, Nill L, et al. 2021. Mapping crop types and cropping systems in nigeria with sentinel-2 imagery. Remote Sensing, 13(17): 3523.
Kaenel B R, Matthaei C D, Uehlinger U. 1998. Disturbance by aquatic plant management in streams: Effects on benthic invertebrates. Regulated Rivers Research and Management, 14: 341-356.
Kane D D, Gordon S I, Munawar M. 2009. The planktonic index of biotic integrity (P-IBI): An approach for assessing lake health. Ecological Indicators, 9(6): 1234-1247.
Karr J R. 1981. Assessment of biotic integrity using fish communities. Fisheries, 6(6): 21-27.
Karr J R, Dudley D R. 1981. Ecological perspectives on water quality goals. Environmental Management, 5(4): 55-68.
Lampitt R S, Wishner K F, Turley C M, et al. 1993. Marine snow studies in the northeast Atlantic Ocean: Distribution, composition and roles as a food source for migrating plankton. Marine Biology, 116(3): 689-702.

Liu Y, Liu H X, Wang L, et al. 2021. Derivation of spatially detailed lentic habitat map and inventory at a basin scale by integrating multispectral Sentinel-2 satellite imagery and USGS Digital Elevation Models. Journal of Hydrology, 603(PA): 126876.

MacArthur R H. 1955. Fluctuation of animal population and a measure of community stability. Ecology, 36(3): 533-536.

Masto R E, Chhonkar P K, Singh D, et al. 2008. Alternative soil quality indices for evaluating the effect of intensive cropping, fertilisation and manuring for 31 years in the semi-arid soils of India. Environmental Monitoring and Assessment, 136(1-3): 419-435.

Ngo-Mbogba M, Yemefack M, Nyeck B. 2015. Assessing soil quality under different land cover types within shifting agriculture in South Cameroon. Soil and Tillage Research, 150: 124-131.

Pal M. 2005. Random forest classifier for remote sensing classification. International Journal of Remote Sensing, 26(1): 217-222.

Tian H Q, Chen G S, Zhang C, et al. 2010. Pattern and variation of C: N: P ratios in China's soils: A synthesis of observational data. Biogeochemistry, 98(1-3): 139-151.

Tulbure M G, Broich M, Stehman S V, et al. 2016. Surface water extent dynamics from three decades of seasonally continuous Landsat time series at subcontinental scale in a semi-arid region. Remote Sensing of Environment, 178: 142-157.

Whittaker R H. 1972. Evolution and the measurement of species diversity. Taxon, 21(2-3): 213-251.

Wu H T, Batzer D P, Yan X, et al. 2013. Contributions of ant mounds to soil carbon and nitrogen pools in a marsh wetland of Northeastern China. Applied Soil Ecology, 70: 9-15.

Wu H T, Guan Q, Lu X G, et al. 2017. Snail (Mollusca: Gastropoda) assemblages as indicators of ecological condition in freshwater wetlands of Northeastern China. Ecological Indicators, 75: 203-209.

Xu F, Wall G. 2007. Ecotourism in Yancheng Wetland, China. *In*: Proceeding of 35 Travel and Tourism Research Annual Conference, 24-39.

Yang X C, Qin Q M, Yésou H, et al. 2021a. Monthly estimation of the surface water extent in France at a 10-m resolution using Sentinel-2 data. Remote Sensing of Environment, 244: 111803.

Yang Y, Chen Y P, Yang K Z, et al. 2021b. High-resolution aerosol retrieval over urban areas using sentinel-2 data. Atmospheric Research, 264: 105829.

Zhang X M, He G J, Zhang Z M, et al. 2017. Spectral-spatial multi-feature classification of remote sensing big data based on a random forest classifier for land cover mapping. Cluster Computing, 20(2): 1-11.

# 附录Ⅰ　保护区湿地维管束植物名录

| 科名 | 属名 | 中文名 | 拉丁名 |
|---|---|---|---|
| 木贼科 | 木贼属 | 问荆 | *Equisetum arvense* |
| 木贼科 | 木贼属 | 水问荆 | *Equisetum fluviatile* |
| 金星蕨科 | 沼泽蕨属 | 毛叶沼泽蕨 | *Thelypteris palustris* var. *pubescens* |
| 百合科 | 百合属 | 大花百合 | *Lilium concolor* var. *megalanthum* |
| 百合科 | 葱属 | 球序韭 | *Allium thunbergii* |
| 百合科 | 萱草属 | 小黄花菜 | *Hemerocallis minor* |
| 败酱科 | 败酱属 | 败酱 | *Patrinia scabiosifolia* |
| 败酱科 | 缬草属 | 缬草 | *Valeriana officinalis* |
| 报春花科 | 报春花属 | 樱草 | *Primula sieboldii* |
| 报春花科 | 点地梅属 | 东北点地梅 | *Androsace filiformis* |
| 报春花科 | 珍珠菜属 | 黄连花 | *Lysimachia davurica* |
| 报春花科 | 珍珠菜属 | 球尾花 | *Lysimachia thyrsiflora* |
| 菖蒲科 | 菖蒲属 | 菖蒲 | *Acorus calamus* |
| 车前科 | 车前属 | 车前 | *Plantago asiatica* |
| 车前科 | 婆婆纳属 | 蚊母草 | *Veronica peregrina* |
| 车前科 | 水八角属 | 水八角 | *Gratiola japonica* |
| 唇形科 | 薄荷属 | 兴安薄荷 | *Mentha dahurica* |
| 唇形科 | 地笋属 | 小花地笋 | *Lycopus parviflorus* |
| 唇形科 | 地笋属 | 地笋 | *Lycopus lucidus* |
| 唇形科 | 黄芩属 | 狭叶黄芩 | *Scutellaria regeliana* |
| 唇形科 | 水棘针属 | 水棘针 | *Amethystea caerulea* |
| 唇形科 | 水苏属 | 毛水苏 | *Stachys baicalensis* |
| 茨藻科 | 茨藻属 | 草茨藻 | *Najas graminea* |
| 茨藻科 | 茨藻属 | 大茨藻 | *Najas marina* |
| 灯芯草科 | 地杨梅属 | 淡花地杨梅 | *Luzula pallescens* |
| 灯芯草科 | 灯芯草属 | 短柱灯芯草 | *Juncus brachyspathus* |
| 灯芯草科 | 灯芯草属 | 小灯芯草 | *Juncus bufonius* |
| 灯芯草科 | 灯芯草属 | 灯芯草 | *Juncus effusus* |
| 灯芯草科 | 灯芯草属 | 扁茎灯芯草 | *Juncus gracillimus* |
| 灯芯草科 | 灯芯草属 | 乳头灯芯草 | *Juncus papillosus* |
| 灯芯草科 | 灯芯草属 | 洮南灯芯草 | *Juncus taonanensis* |
| 灯芯草科 | 灯芯草属 | 针灯芯草 | *Juncus wallichianus* |
| 豆科 | 车轴草属 | 野火球 | *Trifolium lupinaster* |
| 豆科 | 大豆属 | 野大豆 | *Glycine soja* |

续表

| 科名 | 属名 | 中文名 | 拉丁名 |
|---|---|---|---|
| 豆科 | 黄芪属 | 湿地黄芪 | *Astragalus uliginosus* |
| 豆科 | 山黧豆属 | 三脉山黧豆 | *Lathyrus komarovii* |
| 豆科 | 山黧豆属 | 山黧豆 | *Lathyrus quinquenervius* |
| 浮萍科 | 浮萍属 | 浮萍 | *Lemna minor* |
| 浮萍科 | 浮萍属 | 品藻 | *Lemna trisulca* |
| 浮萍科 | 紫萍属 | 紫萍 | *Spirodela polyrhiza* |
| 谷精草科 | 谷精草属 | 乌苏里谷精草 | *Eriocaulon ussuriense* |
| 禾本科 | 稗属 | 稗 | *Echinochloa crusgalli* |
| 禾本科 | 拂子茅属 | 拂子茅 | *Calamagrostis epigejos* |
| 禾本科 | 狗尾草属 | 狗尾草 | *Setaria viridis* |
| 禾本科 | 菰属 | 菰 | *Zizania latifolia* |
| 禾本科 | 剪股颖属 | 华北剪股颖 | *Agrostis clavata* |
| 禾本科 | 剪股颖属 | 歧序剪股颖 | *Agrostis divaricatissima* |
| 禾本科 | 剪股颖属 | 巨药剪股颖 | *Agrostis macranthera* |
| 禾本科 | 剪股颖属 | 西伯利亚剪股颖 | *Agrostis stolonifera* |
| 禾本科 | 剪股颖属 | 芒剪股颖 | *Agrostis vinealis* |
| 禾本科 | 看麦娘属 | 看麦娘 | *Alopecurus aequalis* |
| 禾本科 | 看麦娘属 | 短穗看麦娘 | *Alopecurus brachystachyus* |
| 禾本科 | 芦苇属 | 芦苇 | *Phragmites australis* |
| 禾本科 | 芒属 | 荻 | *Miscanthus sacchariflorus* |
| 禾本科 | 牛鞭草属 | 大牛鞭草 | *Hemarthria altissima* |
| 禾本科 | 甜茅属 | 狭叶甜茅 | *Glyceria spiculosa* |
| 禾本科 | 甜茅属 | 东北甜茅 | *Glyceria triflora* |
| 禾本科 | 菵草属 | 菵草 | *Beckmannia syzigachne* |
| 禾本科 | 野青茅属 | 大叶章 | *Deyeuxia purpurea* |
| 禾本科 | 虉草属 | 虉草 | *Phalaris arundinacea* |
| 禾本科 | 早熟禾属 | 早熟禾 | *Poa annua* |
| 禾本科 | 早熟禾属 | 泽地早熟禾 | *Poa palustris* |
| 黑三棱科 | 黑三棱属 | 狭叶黑三棱 | *Sparganium subglobosum* |
| 黑三棱科 | 黑三棱属 | 黑三棱 | *Sparganium stoloniferum* |
| 葫芦科 | 盒子草属 | 盒子草 | *Actinostemma tenerum* |
| 虎耳草科 | 梅花草属 | 梅花草 | *Parnassia palustris* |
| 花蔺科 | 花蔺属 | 花蔺 | *Butomus umbellatus* |
| 花荵科 | 花荵属 | 中华花荵 | *Polemonium chinense* |
| 桦木科 | 桦木属 | 柴桦 | *Betula fruticosa* |
| 桦木科 | 桦木属 | 白桦 | *Betula platyphylla* |
| 桦木科 | 桤木属 | 辽东桤木 | *Alnus hirsuta* |
| 桦木科 | 桤木属 | 东北桤木 | *Alnus mandshurica* |

续表

| 科名 | 属名 | 中文名 | 拉丁名 |
| --- | --- | --- | --- |
| 堇菜科 | 堇菜属 | 鸡腿堇菜 | *Viola acuminata* |
| 堇菜科 | 堇菜属 | 白花地丁 | *Viola patrinii* |
| 景天科 | 费菜属 | 费菜 | *Phedimus aizoon* |
| 桔梗科 | 半边莲属 | 山梗菜 | *Lobelia sessilifolia* |
| 桔梗科 | 风铃草属 | 紫斑风铃草 | *Campanula punctata* |
| 桔梗科 | 沙参属 | 沼沙参 | *Adenophora palustris* |
| 菊科 | 风毛菊属 | 齿叶风毛菊 | *Saussurea neoserrata* |
| 菊科 | 狗舌草属 | 狗舌草 | *Tephroseris kirilowii* |
| 菊科 | 鬼针草属 | 柳叶鬼针草 | *Bidens cernua* |
| 菊科 | 鬼针草属 | 羽叶鬼针草 | *Bidens maximowicziana* |
| 菊科 | 鬼针草属 | 狼耙草 | *Bidens tripartita* |
| 菊科 | 蒿属 | 柳叶蒿 | *Artemisia integrifolia* |
| 菊科 | 蒿属 | 蒌蒿 | *Artemisia selengensis* |
| 菊科 | 蓟属 | 野蓟 | *Cirsium maackii* |
| 菊科 | 疆千里光属 | 麻叶千里光 | *Jacobaea cannabifolia* |
| 菊科 | 苦苣菜属 | 苣荬菜 | *Sonchus wightianus* |
| 菊科 | 女菀属 | 女菀 | *Turczaninovia fastigiata* |
| 菊科 | 蒲公英属 | 蒲公英 | *Taraxacum mongolicum* |
| 菊科 | 蒲公英属 | 东北蒲公英 | *Taraxacum ohwianum* |
| 菊科 | 全光菊属 | 全光菊 | *Hololeion maximowiczii* |
| 菊科 | 山莴苣属 | 山莴苣 | *Lactuca sibirica* |
| 菊科 | 蓍属 | 齿叶蓍 | *Achillea acuminata* |
| 菊科 | 蓍属 | 短瓣蓍 | *Achillea ptarmicoides* |
| 菊科 | 石胡荽属 | 石胡荽 | *Centipeda minima* |
| 菊科 | 橐吾属 | 蹄叶橐吾 | *Ligularia fischeri* |
| 菊科 | 旋覆花属 | 欧亚旋覆花 | *Inula britannica* |
| 菊科 | 旋覆花属 | 线叶旋覆花 | *Inula linariifolia* |
| 菊科 | 旋覆花属 | 柳叶旋覆花 | *Inula salicina* |
| 菊科 | 泽兰属 | 林泽兰 | *Eupatorium lindleyanum* |
| 菊科 | 紫菀属 | 圆苞紫菀 | *Aster maackii* |
| 兰科 | 舌唇兰属 | 密花舌唇兰 | *Platanthera hologlottis* |
| 兰科 | 朱兰属 | 朱兰 | *Pogonia japonica* |
| 兰科 | 绶草属 | 绶草 | *Spiranthes sinensis* |
| 兰科 | 玉凤花属 | 十字兰 | *Habenaria schindleri* |
| 狸藻科 | 狸藻属 | 异枝狸藻 | *Utricularia intermedia* |
| 狸藻科 | 狸藻属 | 狸藻 | *Utricularia vulgaris* |
| 藜芦科 | 藜芦属 | 兴安藜芦 | *Veratrum dahuricum* |
| 蓼科 | 萹蓄属 | 萹蓄 | *Polygonum aviculare* |
| 蓼科 | 蓼属 | 两栖蓼 | *Persicaria amphibia* |

续表

| 科名 | 属名 | 中文名 | 拉丁名 |
|---|---|---|---|
| 蓼科 | 蓼属 | 长箭叶蓼 | *Persicaria hastatosagittata* |
| 蓼科 | 蓼属 | 水蓼 | *Persicaria hydropiper* |
| 蓼科 | 蓼属 | 酸模叶蓼 | *Persicaria lapathifolia* |
| 蓼科 | 蓼属 | 长戟叶蓼 | *Persicaria maackiana* |
| 蓼科 | 蓼属 | 红蓼 | *Persicaria orientalis* |
| 蓼科 | 蓼属 | 扛板归 | *Persicaria perfoliata* |
| 蓼科 | 蓼属 | 春蓼 | *Persicaria maculosa* |
| 蓼科 | 蓼属 | 箭头蓼 | *Persicaria sagittata* |
| 蓼科 | 蓼属 | 戟叶蓼 | *Persicaria thunbergii* |
| 蓼科 | 酸模属 | 酸模 | *Rumex acetosa* |
| 蓼科 | 酸模属 | 长刺酸模 | *Rumex trisetifer* |
| 柳叶菜科 | 柳兰属 | 柳兰 | *Chamerion angustifolium* |
| 柳叶菜科 | 柳叶菜属 | 多枝柳叶菜 | *Epilobium fastigiatoramosum* |
| 柳叶菜科 | 柳叶菜属 | 沼生柳叶菜 | *Epilobium palustre* |
| 龙胆科 | 龙胆属 | 条叶龙胆 | *Gentiana manshurica* |
| 牻牛儿苗科 | 老鹳草属 | 灰背老鹳草 | *Geranium wlassovianum* |
| 毛茛科 | 金莲花属 | 短瓣金莲花 | *Trollius ledebourii* |
| 毛茛科 | 金莲花属 | 长瓣金莲花 | *Trollius macropetalus* |
| 毛茛科 | 驴蹄草属 | 驴蹄草 | *Caltha palustris* |
| 毛茛科 | 毛茛属 | 披针毛茛 | *Ranunculus amurensis* |
| 毛茛科 | 毛茛属 | 茴茴蒜 | *Ranunculus chinensis* |
| 毛茛科 | 毛茛属 | 毛茛 | *Ranunculus japonicus* |
| 毛茛科 | 唐松草属 | 箭头唐松草 | *Thalictrum simplex* |
| 毛茛科 | 银莲花属 | 二歧银莲花 | *Anemone dichotoma* |
| 毛茛科 | 银莲花属 | 阴地银莲花 | *Anemone umbrosa* |
| 茅膏菜科 | 茅膏菜属 | 圆叶茅膏菜 | *Drosera rotundifolia* |
| 茅膏菜科 | 貉藻属 | 貉藻 | *Aldrovanda vesiculosa* |
| 千屈菜科 | 菱属 | 细果野菱 | *Trapa incisa* |
| 千屈菜科 | 菱属 | 欧菱 | *Trapa natans* |
| 千屈菜科 | 千屈菜属 | 千屈菜 | *Lythrum salicaria* |
| 茜草科 | 拉拉藤属 | 大叶猪殃殃 | *Galium dahuricum* |
| 茜草科 | 拉拉藤属 | 东北猪殃殃 | *Galium dahuricum* var. *lasiocarpum* |
| 茜草科 | 拉拉藤属 | 小叶猪殃殃 | *Galium trifidum* |
| 茜草科 | 拉拉藤属 | 蓬子菜 | *Galium verum* |
| 蔷薇科 | 草莓属 | 东方草莓 | *Fragaria orientalis* |
| 蔷薇科 | 地榆属 | 小白花地榆 | *Sanguisorba tenuifolia* var. *alba* |
| 蔷薇科 | 委陵菜属 | 莓叶委陵菜 | *Potentilla fragarioides* |
| 蔷薇科 | 绣线菊属 | 绣线菊 | *Spiraea salicifolia* |
| 蔷薇科 | 沼委陵菜属 | 沼委陵菜 | *Comarum palustre* |

续表

| 科名 | 属名 | 中文名 | 拉丁名 |
|---|---|---|---|
| 伞形科 | 毒芹属 | 毒芹 | *Cicuta virosa* |
| 伞形科 | 独活属 | 独活 | *Heracleum hemsleyanum* |
| 伞形科 | 山芹属 | 全叶山芹 | *Ostericum maximowiczii* |
| 伞形科 | 泽芹属 | 泽芹 | *Sium suave* |
| 莎草科 | 荸荠属 | 沼泽荸荠 | *Eleocharis intersita* |
| 莎草科 | 荸荠属 | 羽毛荸荠 | *Eleocharis wichurae* |
| 莎草科 | 荸荠属 | 具刚毛荸荠 | *Eleocharis valleculosa* var. *setosa* |
| 莎草科 | 荸荠属 | 乳头基荸荠 | *Eleocharis mamillata* |
| 莎草科 | 扁莎属 | 球穗扁莎 | *Pycreus flavidus* |
| 莎草科 | 藨草属 | 东方藨草 | *Scirpus orientalis* |
| 莎草科 | 藨草属 | 东北藨草 | *Scirpus radicans* |
| 莎草科 | 三棱草属 | 荆三棱 | *Bolboschoenus yagara* |
| 莎草科 | 莎草属 | 褐穗莎草 | *Cyperus fuscus* |
| 莎草科 | 莎草属 | 头状穗莎草 | *Cyperus glomeratus* |
| 莎草科 | 莎草属 | 三轮草 | *Cyperus orthostachyus* |
| 莎草科 | 水葱属 | 吉林水葱 | *Schoenoplectus komarovii* |
| 莎草科 | 水葱属 | 水葱 | *Schoenoplectus tabernaemontani* |
| 莎草科 | 薹草属 | 灰脉薹草 | *Carex appendiculata* |
| 莎草科 | 薹草属 | 丛薹草 | *Carex caespitosa* |
| 莎草科 | 薹草属 | 发秆薹草 | *Carex capillacea* |
| 莎草科 | 薹草属 | 弓喙薹草 | *Carex capricornis* |
| 莎草科 | 薹草属 | 灰化薹草 | *Carex cinerascens* |
| 莎草科 | 薹草属 | 莎薹草 | *Carex cyperoides* |
| 莎草科 | 薹草属 | 米柱薹草 | *Carex glauciformis* |
| 莎草科 | 薹草属 | 湿薹草 | *Carex humida* |
| 莎草科 | 薹草属 | 鸭绿薹草 | *Carex jaluensis* |
| 莎草科 | 薹草属 | 锥囊薹草 | *Carex raddei* |
| 莎草科 | 薹草属 | 显脉薹草 | *Carex kirganica* |
| 莎草科 | 薹草属 | 毛薹草 | *Carex lasiocarpa* |
| 莎草科 | 薹草属 | 尖嘴薹草 | *Carex leiorhyncha* |
| 莎草科 | 薹草属 | 湿生薹草 | *Carex limosa* |
| 莎草科 | 薹草属 | 二柱薹草 | *Carex lithophila* |
| 莎草科 | 薹草属 | 乌拉草 | *Carex meyeriana* |
| 莎草科 | 薹草属 | 翼果薹草 | *Carex neurocarpa* |
| 莎草科 | 薹草属 | 直穗薹草 | *Carex orthostachys* |
| 莎草科 | 薹草属 | 漂筏薹草 | *Carex pseudocuraica* |
| 莎草科 | 薹草属 | 丝引薹草 | *Carex remotiuscula* |
| 莎草科 | 薹草属 | 大穗薹草 | *Carex rhynchophysa* |
| 莎草科 | 薹草属 | 灰株薹草 | *Carex rostrata* |

续表

| 科名 | 属名 | 中文名 | 拉丁名 |
| --- | --- | --- | --- |
| 莎草科 | 薹草属 | 瘤囊薹草 | *Carex schmidtii* |
| 莎草科 | 薹草属 | 三穗薹草 | *Carex tristachya* |
| 莎草科 | 薹草属 | 胀囊薹草 | *Carex vesicaria* |
| 莎草科 | 羊胡子草属 | 东方羊胡子草 | *Eriophorum angustifolium* |
| 莎草科 | 羊胡子草属 | 细秆羊胡子草 | *Eriophorum gracile* |
| 莎草科 | 羊胡子草属 | 宽叶羊胡子草 | *Eriophorum latifolium* |
| 莎草科 | 羊胡子草属 | 红毛羊胡子草 | *Eriophorum russeolum* |
| 莎草科 | 羊胡子草属 | 白毛羊胡子草 | *Eriophorum vaginatum* |
| 杉叶藻科 | 杉叶藻属 | 杉叶藻 | *Hippuris vulgaris* |
| 十字花科 | 蔊菜属 | 风花菜 | *Rorippa globosa* |
| 石竹科 | 繁缕属 | 细叶繁缕 | *Stellaria filicaulis* |
| 石竹科 | 繁缕属 | 长叶繁缕 | *stellaria longifolia* |
| 石竹科 | 繁缕属 | 繸瓣繁缕 | *Stellaria radians* |
| 石竹科 | 卷耳属 | 毛蕊卷耳 | *Cerastium pauciflorum* var. *oxalidiflorum* |
| 石竹科 | 石竹属 | 簇茎石竹 | *Dianthus repens* |
| 石竹科 | 蝇子草属 | 蔓茎蝇子草 | *Silene repens* |
| 石竹科 | 种阜草属 | 种阜草 | *Moehringia lateriflora* |
| 水鳖科 | 黑藻属 | 黑藻 | *Hydrilla verticillata* |
| 水鳖科 | 水车前属 | 龙舌草 | *Ottelia alismoides* |
| 睡菜科 | 睡菜属 | 睡菜 | *Menyanthes trifoliata* |
| 睡菜科 | 荇菜属 | 荇菜 | *Nymphoides peltata* |
| 睡莲科 | 萍蓬草属 | 萍蓬草 | *Nuphar pumilum* |
| 睡莲科 | 睡莲属 | 睡莲 | *Nymphaea tetragona* |
| 莲科 | 莲属 | 莲 | *Nelumbo nucifera* |
| 藤黄科 | 金丝桃属 | 长柱金丝桃 | *Hypericum longistylum* |
| 藤黄科 | 三腺金丝桃属 | 红花金丝桃 | *Triadenum japonicum* |
| 天南星科 | 水芋属 | 水芋 | *Calla palustris* |
| 苋科 | 红叶藜属 | 灰绿藜 | *Oxybasis glauca* |
| 苋科 | 藜属 | 藜 | *Chenopodium album* |
| 香蒲科 | 香蒲属 | 水烛 | *Typha angustifolia* |
| 香蒲科 | 香蒲属 | 宽叶香蒲 | *Typha latifolia* |
| 香蒲科 | 香蒲属 | 无苞香蒲 | *Typha laxmannii* |
| 香蒲科 | 香蒲属 | 香蒲 | *Typha orientalis* |
| 小二仙草科 | 狐尾藻属 | 乌苏里狐尾藻 | *Myriophyllum ussuriense* |
| 小二仙草科 | 狐尾藻属 | 狐尾藻 | *Myriophyllum verticillatum* |
| 玄参科 | 腹水草属 | 草本威灵仙 | *Veronicastrum sibiricum* |
| 玄参科 | 腹水草属 | 管花腹水草 | *Veronicastrum tubiflorum* |
| 玄参科 | 马先蒿属 | 野苏子 | *Pedicularis grandiflora* |
| 玄参科 | 马先蒿属 | 返顾马先蒿 | *Pedicularis resupinata* |

续表

| 科名 | 属名 | 中文名 | 拉丁名 |
|---|---|---|---|
| 玄参科 | 马先蒿属 | 穗花马先蒿 | *Pedicularis spicata* |
| 玄参科 | 水茫草属 | 水茫草 | *Limosella aquatica* |
| 旋花科 | 打碗花属 | 打碗花 | *Calystegia hederacea* |
| 鸭跖草科 | 鸭跖草属 | 鸭跖草 | *Commelina communis* |
| 眼子菜科 | 篦齿眼子菜属 | 篦齿眼子菜 | *Stuckenia pectinata* |
| 眼子菜科 | 眼子菜属 | 光叶眼子菜 | *Potamogeton lucens* |
| 眼子菜科 | 眼子菜属 | 东北眼子菜 | *Potamogeton mandschuriensis* |
| 眼子菜科 | 眼子菜属 | 小浮叶眼子菜 | *Potamogeton vaseyi* |
| 眼子菜科 | 眼子菜属 | 八蕊眼子菜 | *Potamogeton octandrus* |
| 眼子菜科 | 眼子菜属 | 穿叶眼子菜 | *Potamogeton perfoliatus* |
| 眼子菜科 | 眼子菜属 | 竹叶眼子菜 | *Potamogeton wrightii* |
| 杨柳科 | 柳属 | 崖柳 | *Salix floderusii* |
| 杨柳科 | 柳属 | 越橘柳 | *Salix myrtilloides* |
| 杨柳科 | 柳属 | 三蕊柳 | *Salix nipponica* |
| 杨柳科 | 柳属 | 五蕊柳 | *Salix pentandra* |
| 杨柳科 | 柳属 | 细叶沼柳 | *Salix rosmarinifolia* |
| 杨柳科 | 柳属 | 蒿柳 | *Salix schwerinii* |
| 雨久花科 | 梭鱼草属 | 雨久花 | *Pontederia korsakowii* |
| 雨久花科 | 梭鱼草属 | 鸭舌草 | *Pontederia vaginalis* |
| 鸢尾科 | 鸢尾属 | 玉蝉花 | *Iris ensata* |
| 鸢尾科 | 鸢尾属 | 燕子花 | *Iris laevigata* |
| 鸢尾科 | 鸢尾属 | 溪荪 | *Iris sanguinea* |
| 泽泻科 | 慈姑属 | 小慈姑 | *Sagittaria potamogetonifolia* |
| 泽泻科 | 慈姑属 | 野慈姑 | *Sagittaria trifolia* |
| 泽泻科 | 泽泻属 | 泽泻 | *Alisma plantago-aquatica* |
| 紫草科 | 附地菜属 | 水甸附地菜 | *Trigonotis myosotidea* |

# 附录II　保护区浮游植物名录

| 门 | 属 | 种 | 拉丁名 |
|---|---|---|---|
| 蓝藻门 Cyanophyta | 平裂藻属 | 细小平裂藻 | *Merismopedia minima* |
| | | 马氏平裂藻 | *Merismopedia marssonii* |
| | 集胞藻属 | 极小集胞藻 | *Synechocystis minuscula* |
| | 色球藻属 | 微小色球藻 | *Chroococcus minutus* |
| | 席藻属 | 阿氏席藻 | *Phormidium allorgei* |
| | | 奥克席藻 | *Phormidium okenii* |
| | 尖头藻属 | 弯形小尖头藻 | *Raphidiopsis curvata* |
| | 节旋藻属 | 简氏节旋藻 | *Arthrospira jenneri* |
| | 螺旋藻属 | 极大螺旋藻 | *Spirulina maxima* |
| | 鱼腥藻属 | 卷曲鱼腥藻 | *Anabaena circinalis* |
| | | 固氮鱼腥藻 | *Anabaena azotica* |
| | | 湖南鱼腥藻 | *Raphidiopsis curvata* |
| | 束丝藻属 | 水华束丝藻 | *Aphanizomenon flosaquae* |
| | 腔球藻属 | 腔球藻属 | *Coelosphaerium* sp. |
| | 微囊藻属 | 水华微囊藻 | *Microcystis flos-aguae* |
| | | 铜绿微囊藻 | *Microcystis aeruginosa* |
| 硅藻门 Bacillariophyta | 脆杆藻属 | 短线脆杆藻 | *Fragilaria brevistriata* |
| | | 变绿脆杆藻 | *Fragilaria virescens* |
| | | 钝脆杆藻 | *Fragilaria capucina* |
| | 直链藻属 | 颗粒直链藻 | *Melosira granulata* |
| | | 颗粒直链藻极狭变种 | *Melosira granulata* var. *angustissima* |
| | 针杆藻属 | 尖针杆藻 | *Synedra acusvar* |
| | | 双头针杆藻 | *Synedra amphicephala* |
| | | 肘状针杆藻 | *Synedra ulna* |
| | 星杆藻属 | 华丽星杆藻 | *Asterionella formosa* |
| | 小环藻属 | 梅尼小环藻 | *Cyclotella meneghiniana* |
| | 舟形藻属 | 短小舟形藻 | *Navicula exigua* |
| | | 小双头舟形藻 | *Navicula bicapitellata* |
| | 扇形藻属 | 环状扇形藻 | *Meridion circulare* |
| | 异极藻属 | 缢缩异极藻 | *Gomphonema constrictum* |
| | | 缢缩异极藻头状变种 | *Gomphonema constrictum* var. *capitata* |
| | 卵形藻属 | 扁圆卵形藻 | *Cocconeis placentula* |
| | 桥弯藻属 | 偏肿桥弯藻 | *Cymbella ventricosa* |
| | 布纹藻属 | 尖布纹藻 | *Gyrosigma acuminatum* |

续表

| 门 | 属 | 种 | 拉丁名 |
|---|---|---|---|
| 硅藻门 Bacillariophyta | 双菱藻属 | 粗壮双菱藻 | *Surirella robusta* |
| | | 窄双菱藻 | *Surirella angustata* |
| | 双眉藻属 | 卵圆双眉藻 | *Amphora ovalis* |
| | 羽纹藻属 | 大羽纹藻 | *Pinnularia major* |
| | | 弯羽纹藻 | *Pinnularia gibba* |
| | 等片藻属 | 普通等片藻 | *Diatom vulgare* |
| | | 长等片藻 | *Diatom aelongaturn* |
| 金藻门 Chrysophyta | 色金藻属 | 华美色金藻 | *Chromulina elegans* |
| | 金杯藻属 | 浮游金杯藻 | *Kephyrion planctonicum* |
| | 黄群藻属 | 黄群藻 | *Synura* sp. |
| | 双角藻属 | 肾形双角藻 | *Diceras phaseolus* |
| | 锥囊藻属 | 分歧锥囊藻 | *Dinobryon divergens* |
| | 鱼鳞藻属 | 鱼鳞藻 | *Mallomonas* sp. |
| | 鞭藻属 | 棕鞭藻 | *Ochromonas* sp. |
| 隐藻门 Cryptophyta | 隐藻属 | 卵形隐藻 | *Cryptomons ovata* |
| | 蓝隐藻属 | 尖尾蓝隐藻 | *Chroomonas acuta* |
| 裸藻门 Euglenophyta | 裸藻属 | 尖尾裸藻 | *Euglena oxyuris* |
| | 鳞孔藻属 | 椭圆鳞孔藻 | *Lepocinclis steinii* |
| | 囊裸藻属 | 细粒囊裸藻 | *Trachelomonas granulosa* |
| | | 圆柱囊裸藻 | *Trachelomonas cylindrica* |
| | 陀螺藻属 | 糙膜陀螺藻 | *Strombomonas schauinslandii* |
| 甲藻门 Pyrrophyta | 甲藻属 | 薄甲藻 | *Glenodinium pulvisculus* |
| 绿藻门 Chlorophyta | 衣藻属 | 卵形衣藻 | *Chlamydomonas ovalis* |
| | | 球衣藻 | *Chlamydomonas globosa* |
| | 纤维藻属 | 狭形纤维藻 | *Ankistrodesmus angustus* |
| | | 针形纤维藻 | *Ankistrodesmus acicularis* |
| | | 镰型纤维藻 | *Ankistrodesmus falcatus* |
| | | 镰型纤维藻奇异变种 | *Ankistrodesmus falcatus* var. *mirabilis* |
| | 顶棘藻属 | 四刺顶棘藻 | *Chodatella quadriseta* |
| | | 十字顶棘藻 | *Chodatella wratislaviensis* |
| | 四星藻属 | 华丽四星藻 | *Tetrastrum elegans* |
| | | 短刺四星藻 | *Tetrastrum staurogeniaforme* |
| | 四角藻属 | 三角四角藻 | *Tetraedron trigonum* |
| | | 三叶四角藻 | *Tetraedron trilobulatum* |
| | | 微小四角藻 | *Tetraedron minimum* |
| | 韦斯藻属 | 丛球韦斯藻 | *Westella botryoides* |
| | 栅藻属 | 双对栅藻 | *Scenedesmus bijuba* |
| | | 二形栅藻 | *Scenedesmus dimorphus* |

续表

| 门 | 属 | 种 | 拉丁名 |
| --- | --- | --- | --- |
| 绿藻门 Chlorophyta | 栅藻属 | 四尾栅藻 | *Scenedesmus quadricauda* |
| | | 椭圆栅藻 | *Scenedesmus ovalternus* |
| | | 尖细栅藻 | *Scenedesmus acuminatus* |
| | | 被甲栅藻 | *Scenedesmus armatus* |
| | | 多棘栅藻 | *Scenedesmus spinosus* |
| | | 弯曲栅藻 | *Scenedesmus arcuatus* |
| | | 扁盘栅藻 | *Scenedesmus platydiscus* |
| | | 齿牙栅藻 | *Scenedesmus denticulatus* |
| | 空星藻属 | 小空星藻 | *Coelastrum microporum* |
| | 空球藻属 | 空球藻 | *Eudorina elegans* |
| | 实球藻属 | 实球藻 | *Pandorina morum* |
| | 弓形藻属 | 螺旋弓形藻 | *Schroederia spiralis* |
| | | 弓形藻 | *Schroederia* sp. |
| | | 拟菱形弓形藻 | *Schroederia nitzschioides* |
| | 盘星藻属 | 盘星藻 | *Pediastrum birtadiatum* |
| | | 四角盘星藻 | *Pediastrum tetras* |
| | | 单角盘星藻 | *Pediatrum simplex* |
| | | 单角盘星藻具孔变种 | *Pediastrum simplex* var. *duodenaarium* |
| | | 二角盘星藻纤细变种 | *Pediastrum duplex* var. *gracillimum* |
| | 月牙藻属 | 纤细月牙藻 | *Selenastrum gracile* |
| | | 小型月牙藻 | *Selenastrum minutum* |
| | 蹄形藻属 | 蹄形藻 | *Kirchneriella lunaris* |
| | 并联藻属 | 柯氏并联藻 | *Quadrigula chodatii* |
| | 网球藻属 | 美丽网球藻 | *Dictyosphaerium pulchellum* |
| | 丝藻属 | 多形丝藻 | *Ulothrix variabilis* |
| | 十字藻属 | 四角十字藻 | *Crucigenia quadrata* |
| | | 四足十字藻 | *Crucigenia tetrapedia* |
| | | 顶锥十字藻 | *Crucigenia apiculata* |
| | 集星藻属 | 河生集星藻 | *Actinastrum fluviatile* |
| | 卵囊藻属 | 椭圆卵囊藻 | *Oocystis elliptica* |
| | 新月藻属 | 微小新月藻 | *Closterium parvulum* |
| | | 纤细新月藻 | *Closterium gracile* |
| | | 锐新月藻 | *Closterium acerosum* |
| | 鼓藻属 | 钝鼓藻 | *Cosmarium obtusatum* |
| | | 扁鼓藻 | *Cosmarium depressum* |
| | | 纤细角星鼓藻 | *Staurastrum gracile* |
| | 转板藻属 | 转板藻 | *Mougeotia* sp. |
| | 双星藻属 | 双星藻 | *Zygnema* sp. |

# 附录III　保护区浮游动物名录

| 门类 | 属名 | 种名 | 拉丁名 |
|---|---|---|---|
| 原生动物 Protozoa | 砂壳虫属 | 球形砂壳虫 | *Difflugia globulosa* |
| | | 冠砂壳虫 | *Difflugia corona* |
| | | 叉口砂壳虫 | *Difflugia gramen* |
| | 匣壳虫属 | 针棘匣壳虫 | *Centropyxis aculeata* |
| | 表壳虫属 | 大口表壳虫 | *Arcella megastoma* |
| | | 圆壳表壳虫 | *Cyclopyxis arcelloides* |
| | | 盘状微衣表壳虫 | *Microchlamys patella* |
| | 梨壳虫属 | 胡梨壳虫 | *Nebela barbata* |
| | 似铃壳属 | 王氏似铃壳虫 | *Tintinnopsis wangi* |
| | 瓶口虫属 | 锥形瓶口虫 | *Lagynophrya conifera* |
| | 四鞭虫属 | 梨形四鞭虫 | *Tetramitus pyriformis* |
| | 肾形虫属 | 盘状肾形虫 | *Colpoda patella* |
| 轮虫 Rotifers | 腹尾轮虫属 | 腹足腹尾轮虫 | *Gastropus hyptopus* |
| | 泡轮虫属 | 沟痕泡轮虫 | *Pompholyx sulcata* |
| | | 扁平泡轮虫 | *Pompholyx complanta* |
| | 无柄轮虫属 | 卵形无柄轮虫 | *Ascomorpha ovalis* |
| | 狭甲轮虫属 | 爱德里亚狭甲轮虫 | *Colurella adriatica* |
| | | 钩状狭甲轮虫 | *Colurella uncinata* |
| | 须足轮虫属 | 透明须足轮虫 | *Euchlanis pellucida* |
| | | 竖琴须足轮虫 | *Euchlanis lyra* |
| | 彩胃轮虫属 | 卵形彩胃轮虫 | *Chromogaster ovalis* |
| | 多肢轮虫属 | 针簇多肢轮虫 | *Polyarthra trigla* |
| | | 小多肢轮虫 | *Polyarthra minor* |
| | 单趾轮虫属 | 囊形单趾轮虫 | *Monostyla bulla* |
| | | 月形单趾轮虫 | *Monostyla lunaris* |
| | 臂尾轮虫属 | 萼花臂尾轮虫 | *Brachionus calyciflorus* |
| | | 裂足臂尾轮虫 | *Brachionus diversicornis* |
| | | 方形臂尾轮虫 | *Brachionus quadridentatus* |
| | | 角突臂尾轮虫 | *Brachionus angularis* |
| | 晶囊轮虫属 | 卜氏晶囊轮虫 | *Asplanchna brightwelli* |
| | | 西氏晶囊轮虫 | *Asplanchna sieboldi* |
| | | 前节晶囊轮虫 | *Asplanchna priodonta* |
| | 三肢轮虫属 | 长三肢轮虫 | *Filinia longiseta* |

续表

| 门类 | 属名 | 种名 | 拉丁名 |
| --- | --- | --- | --- |
| 轮虫 Rotifers | 宿轮虫属 | 实心宿轮虫 | *Habrotrocha solida* |
| | 异尾轮虫属 | 冠饰异尾轮虫 | *Trichocerca lophoessa* |
| | | 韦氏异尾轮虫 | *Trichocerca weberi* |
| | | 等刺异尾轮虫 | *Trichocerca similis* |
| | 腔轮虫属 | 蹄形腔轮虫 | *Lecane ungulata* |
| | | 月形腔轮虫 | *Lecane luna* |
| | 龟甲轮虫属 | 螺形龟甲轮虫 | *Keratella cochlearis* |
| | 胶鞘轮虫属 | 敞水胶鞘轮虫 | *Collotheca pelagica* |
| 枝角类 Cladocerans | 象鼻溞属 | 长额象鼻溞 | *Bosmina longirostris* |
| | | 柯氏象鼻溞 | *Bosmina coregoni* |
| | 伪盘肠溞属 | 球形伪盘肠溞 | *Pseudochydorus globosus* |
| | 锐额溞属 | 吻状锐额溞 | *Alonella rostrata* |
| | 盘肠溞属 | 锯唇盘肠溞 | *Chydorus barroisi* |
| | | 卵形盘肠溞 | *Chydorus ovalis* |
| | 独特溞属 | 大眼独特溞 | *Dadaya macrops* |
| | 溞属 | 大型溞 | *Daphnia magna* |
| | 弯尾溞属 | 直额弯尾溞 | *Camptocercus rectirostris* |
| | 尖额溞属 | 点滴尖额溞 | *Alona guttata* |
| | | 方形尖额溞 | *Alona quadrangularis* |
| | 秀体溞属 | 长肢秀体溞 | *Diaphanosoma leuchtenbergianum* |
| | 低额溞属 | 老年低额溞 | *Simocephalus vetulus* |
| | 网纹溞属 | 方形网纹溞 | *Ceriodaphnia quadrangula* |
| | 裸腹溞属 | 微型裸腹溞 | *Moina micrura* |
| | 平直溞属 | 光滑平直溞 | *Pleuroxus laevis* |
| | | 短腹平直溞 | *Pleuroxus aduncus* |
| 桡足类 Copepods | 中剑水蚤属 | 广布中剑水蚤 | *Mesocyclops leuckarti* |
| | 温剑水蚤属 | 等刺温剑水蚤 | *Thermocyclops kawamurai* |
| | | 透明温剑水蚤 | *Thermocyclops hyalinus* |
| | 小剑水蚤属 | 爪哇小剑水蚤 | *Microcyclops javanus* |
| | | 跨立小剑水蚤 | *Microcyclops varicans* |
| | 近剑水蚤属 | 长腹近剑水蚤 | *Tropocyclops longiabdominalis* |
| | | 短刺近剑水蚤 | *Tropocyclops bfevispinus* |
| | 剑水蚤属 | 近邻剑水蚤 | *Cyclops vicinus* |
| | | 英勇剑水蚤 | *Cyclops strenuns* |
| | 华哲水蚤属 | 汤匙华哲水蚤 | *Sinoca lanus dorrii* |
| | 中镖水蚤属 | 大型中镖水蚤 | *Sinodiaptomus sarsi* |
| | 棘猛水蚤属 | 黑龙江棘猛水蚤 | *Attheyella amurensis* |

# 附录Ⅳ　保护区湿地水生无脊椎动物名录

| 门 | 纲 | 目 | 科 | 属/种 |
|---|---|---|---|---|
| 环节动物门 Annelida | 寡毛纲 Oligochaeta | 颤蚓目 Tubificida | 颤蚓科 Tubificidae | Tubificidae sp. |
| | | | 带丝蚓科 Lumbriculidae | *Lumbriculus* sp. |
| | 蛭纲 Hirudinea | 吻蛭目 Rhynchobdellida | 扁蛭科 Glossiphonidae | Glossiphonidae sp. |
| | | 咽蛭目 Pharyngobdellida | 石蛭科 Erpobdellidae | Erpobdellidae sp. |
| 节肢动物门 Arthropoda | 软甲亚纲 Malacostraca | 十足目 Decapoda | 长臂虾科 Palaemonidae | 秀丽白虾 *Exopalaemon mosestus* |
| | 蛛形纲 Arachnida | 蜱螨目 Acarina | 湿螨科 Hygrobatidae | Hygrobatidae sp. |
| | 软甲纲 Malacostraca | 等足目 Isopoda | 栉水虱科 Asellidae | Asellidae sp. |
| | 甲壳亚门 Crustacea | 枝角目 Cladocera | 仙达溞科 Sididae | Sididae sp. |
| | 昆虫纲 Insecta | 蜉蝣目 Ephemeroptera | 细蜉科 Caenidae | *Caenis* sp. |
| | | | 小蜉科 Ephemerellidae | *Danella* sp. |
| | | 蜻蜓目 Odonata | 伪蜓科 Corduliidae | *Epitheca* sp. |
| | | | 蜓科 Aeshnidae | *Anax* sp. |
| | | | 蜻科 Libellulidae | *Leucorrhinia* sp. |
| | | | 春蜓科 Gomphidae | *Gomphus* sp. |
| | | | 蟌科 Coenagrionidae | *Coenagrion* sp. |
| | | | | *Enallagma* sp. |
| | | 鞘翅目 Coleoptera | 水龟甲科 Hydrophilidae | *Hydraena* sp. |
| | | | | *Berosus* sp. |
| | | | | *Hydrobiu* sp. |
| | | | 龙虱科 Dytiscidae | 幼虫体 |
| | | | | *Draphoderus* sp. |
| | | | | *Potamonectes* sp. |
| | | | | *Agabus* sp. |
| | | | | *Hybius* sp. |
| | | | 沼梭科 Haliplidae | *Haliplus* sp. |
| | | | | 幼虫体 |
| | | | 溪泥甲科 Elmidae | *Dubiraphia* sp. |
| | | | 叶甲科 Chrysomelidae | Chrysomelidae sp. |
| | | | 象甲科 Curculionidae | *Bagous* sp. |
| | | 半翅目 Hemiptera | 划蝽科 Corixidae | 幼虫体 |
| | | | | *Sigara* sp. |
| | | | 黾蝽科 Gerridae | 小黾蝽 *Gerris lacustris* |
| | | | 蝎蝽科 Nepidae | *Ranatra* sp. |
| | | | 负子蝽科 Belostomatidae | *Belostoma* sp. |

续表

| 门 | 纲 | 目 | 科 | 属/种 |
|---|---|---|---|---|
| 节肢动物门 Arthropoda | 昆虫纲 Insecta | 双翅目 Diptera | 蚊科 Culicidae | *Aedes* sp. |
| | | | | 半成虫 |
| | | | 大蚊科 Tipulidae | *Tipula* sp. |
| | | | 摇蚊科 Chironomidae | Chironomidae sp. |
| | | | 毛蠓科 Psychodidae | *Simulium* sp. |
| | | | 蠓科 Ceratopogonidae | *Bezzia* sp. |
| | | 毛翅目 Trichoptera | 沼石蛾科 Limnephilidae | *Asynarchus* sp. |
| | | | | *Limnephilus* sp. |
| 软体动物门 Mollusca | 腹足纲 Gastropoda | 中腹足目 Mesogastropoda | 田螺科 Viviparidae | 东北田螺 *Amuropaludia pachya* |
| | | | | 乌苏里圆田螺 *Cipangopaludina ussuriensis* |
| | | | 豆螺科 Bithyniidae | 乌苏里豆螺 *Bithynia ussuriensis* |
| | | | | *Kolhymamnicola kolhymensis* |
| | | | | 纹沼螺 *Parafossarulus striatulus* |
| | | | 蛹螺科 Pupillidae | *Pupilla hebes* |
| | | 吸螺目 Sorbeoconcha | 肋蜷科 Semisulcospiridae | 黑龙江短沟蜷 *Semisulcospira amurensis* |
| | | 基眼目 Basommatophora | 椎实螺科 Lymnaeidae | *Radix auricularia* |
| | | | | *Radix parapsilia* |
| | | | | *Kamtschaticana kamtschatica* |
| | | | 膀胱螺科 Physidae | *Aplexa amurensis* |
| | | | 扁卷科 Planorbidae | *Anisus spirorbis* |
| | | | | *Physa streletzkajae* |
| | | | | *Culmenella lindholmi* |
| | | | | *Gyraulus amuricus* |
| | | | | 离心旋螺 *Gyraulus centrifugops* |
| | | | | *Gyraulus khabarovskiensis* |
| | | | | *Helicorbis shilkaensis* |
| | | | | *Kolhymorbis shadini* |
| | | | | *Kolhymorbis maacki* |
| | | | | 光亮隔扁螺 *Segmentina nitida* |
| | | 柄眼目 Stylommatophora | 盘螺科 Valvatidae | 西伯利亚盘螺 *Valvata sibirica* |
| | | | | 平盘螺 *Valvata cristata* |
| | | | | 鱼盘螺 *Valvata piscinalis* |
| | | | | 圆顶珠蚌 *Unio douglasiae* |
| | | | 琥珀螺科 Succineidae | *Succinea arundinetorum* |
| | | | 粟蜗牛科 Punctidae | *Punctum atomus* |
| | 双壳纲 Bivalvia | 真瓣鳃目 Eulamellibranchia | 球蚬科 Sphaeriidae | 湖球蚬 *Sphaerium lacustre* |

# 附录Ⅴ 保护区昆虫名录

| 目 | 科名 | 种名 | 拉丁名 |
|---|---|---|---|
| 半翅目 Hemiptera | 叶蝉科 Cicadellidae | 宽突二叉叶蝉 | *Macrosteles cristatus* |
| | | 沙叶蝉属 | *Psammotettix* sp. |
| | | 稻叶蝉 | *Maiestas oryzae* |
| | | 黑尾叉茎叶蝉 | *Laburrus impictifrons* |
| | | 大青叶蝉 | *Cicadella viridis* |
| | | 扁头叶蝉属 | *Glossocratus* sp. |
| | | 东方隆脊叶蝉 | *Paralimmus majon* |
| | | 帽儿山间叶蝉 | *Metalimnus maoershanensis* |
| | 跷蝽科 Berytidae | 跷蝽科-1 | Berytidae sp.1 |
| | 猎蝽科 Reduriidae | 猎蝽科-1 | Reduriidae sp.1 |
| | 姬蝽科 Nabidae | 姬蝽科-1 | Nabidae sp.1 |
| | | 姬蝽科-2 | Nabidae sp.2 |
| | 花蝽科 Anthocoridae | 花蝽科-1 | Anthocoridae sp.1 |
| | | 花蝽科-2 | Anthocoridae sp.2 |
| | 蝽科 Pentatomidae | 北二星蝽 | *Eysarcoris aeneus* |
| 鳞翅目 Lepidoptera | 螟蛾科 Pyralididae | 螟蛾科-1 | Pyralididae sp.1 |
| | | 螟蛾科-2 | Pyralididae sp.2 |
| 毛翅目 Trichoptera | 石蛾科 Phryganeidae | 石蛾科-1 | Phryganeidae sp.1 |
| 膜翅目 Hymenoptera | 方头泥蜂科 Crabronidae | 泥蜂科-1 | Crabronidae sp.1 |
| | 窄腹细蜂科 Roproniidae | 窄腹细蜂科-1 | Roproniidae sp.1 |
| | 姬蜂科 Ichneumonidae | 姬蜂科-1 | Ichneumonidae sp.1 |
| | | 姬蜂科-2 | Ichneumonidae sp.2 |
| | | 姬蜂科-3 | Ichneumonidae sp.3 |
| | | 姬蜂科-4 | Ichneumonidae sp.4 |
| | | 姬蜂科-5 | Ichneumonidae sp.5 |
| | 茧蜂科 Braconidae | 茧蜂科-1 | Braconidae sp.1 |
| | | 茧蜂科-2 | Braconidae sp.2 |
| | 金小蜂科 Pteromalidae | 金小蜂科-1 | Pteromalidae sp.1 |
| | 切叶蜂科 Megachilidae | 切叶蜂科-1 | Megachilidae sp.1 |
| | | 切叶蜂科-2 | Megachilidae sp.2 |
| | 青蜂科 Chrysididae | 青蜂科-1 | Chrysididae sp.1 |
| | 隧蜂科 Halictidae | 隧蜂科-1 | Halictidae sp.1 |

续表

| 目 | 科名 | 种名 | 拉丁名 |
| --- | --- | --- | --- |
| 膜翅目 Hymenoptera | 小蜂科 Chalcididae | 小蜂科-1 | Chalcididae sp.1 |
| | 旋小蜂科 Eupelmidae | 旋小蜂科-1 | Eupelmidae sp.1 |
| | 叶蜂科 Tenthredinidae | 叶蜂科-1 | Tenthredinidae sp.1 |
| | 蚁科 Formicidae | 蚁科-1 | Formicidae sp.1 |
| | | 蚁科-2 | Formicidae sp.2 |
| | 蛛蜂科 Pompilidae | 蛛蜂科-1 | Pompilidae sp.1 |
| 鞘翅目 Coleoptera | 拟步甲科 Tenebrionidae | 拟步甲科-1 | Tenebrionidae sp.1 |
| | 瓢甲科 Coccinellidae | 异色瓢虫 | *Harmonia axyridis* |
| | | 龟纹瓢虫 | *Propylaea japonica* |
| | | 十三星瓢虫 | *Hippodamia tredecimpunctata* |
| | | 展缘异点瓢虫 | *Anisosticta kobensis* |
| | 跳甲科 Alticinae | 细角长跗跳甲 | *Longitarsus succineus* |
| | | 跳甲科-1 | Alticinae sp.1 |
| | 出尾扁甲科 Monotomidae | 出尾扁甲科-1 | Monotomidae sp.1 |
| | 象甲科 Curculionidae | 象甲科-1 | Curculionidae sp.1 |
| | | 象甲科-2 | Curculionidae sp.2 |
| | 蚁形甲科 Anthicidae | 三斑一角甲 | *Notoxus trinotatus* |
| | 叶甲科 Chrysomelidae | 双斑长跗萤叶甲 | *Monolepta signata* |
| | | 黑足黑守瓜 | *Aulacophora nigripennis* |
| | | 榆黄叶甲 | *Pyrrhalta maculicollis* |
| | | 酸枣隐头叶甲 | *Cryptocephalus japanus* |
| | 隐翅虫科 Staphilinidae | 大隐翅虫 | *Creophilus maxillosus* |
| 蜻蜓目 Odonata | 蟌科 Coenagrionidae | 长叶异痣蟌 | *Ischnura elegans* |
| 双翅目 Diptera | 秆蝇科 Chloropidae | 普通瘤秆蝇 | *Elachiptera sibirica* |
| | | 黄须秆蝇 | *Chlorops flavipalpus* |
| | | 秆蝇科-1 | Chloropidae sp.1 |
| | | 秆蝇科-2 | Chloropidae sp.2 |
| | 寄蝇科 Tachinidae | 寄蝇科-1 | Tachinidae sp.1 |
| | | 寄蝇科-2 | Tachinidae sp.2 |
| | | 寄蝇科-3 | Tachinidae sp.3 |
| | 花蝇科 Anthomyiidae | 花蝇科-1 | Anthomyiidae sp.1 |
| | 丽蝇科 Calliphoridae | 丽蝇科-1 | Calliphoridae sp.1 |
| | | 丽蝇科-2 | Calliphoridae sp.2 |
| | 虻科 Tabanidae | 虻科-1 | Tabanidae sp.1 |
| | | 虻科-2 | Tabanidae sp.2 |
| | 实蝇科 Trypetidae | 实蝇科-1 | Trypetidae sp.1 |
| | | 实蝇科-2 | Trypetidae sp.2 |

续表

| 目 | 科名 | 种名 | 拉丁名 |
|---|---|---|---|
| 双翅目 Diptera | 实蝇科 Trypetidae | 实蝇科-3 | Trypetidae sp.3 |
| | | 实蝇科-4 | Trypetidae sp.4 |
| | 食蚜蝇科 Syrphidae | 宽带细腹食蚜蝇 | *Sphaerophoria macrogaster* |
| | | 方斑墨蚜蝇 | *Melanostoma mellinum* |
| | 水虻科 Stratiomyidae | 日本指突水虻 | *Ptecticus japonicus* |
| | | 长角水虻 | *Stratiomys longicornis* |
| | 水蝇科 | 水蝇科-1 | Ephydridae sp.1 |
| | 头蝇科 Pipunculidae | 头蝇科-1 | Pipunculidae sp.1 |
| | 蚊科 Culicidae | 蚊科-1 | Culicidae sp.1 |
| | | 蚊科-2 | Culicidae sp.2 |
| | 摇蚊科 Chironomidae | 摇蚊科-1 | Chironomidae sp.1 |
| | | 摇蚊科-2 | Chironomidae sp.2 |
| | 蝇科 Muscidae | 蝇科-1 | Muscidae sp.1 |
| | | 蝇科-2 | Muscidae sp.2 |
| | 大蚊科 Tipulidae | 大蚊科-1 | Tipulidae sp.1 |
| 直翅目 Orthoptera | 螽斯科 Tettigoniidae | 螽斯科-1 | Tettigoniidae sp.1 |
| | | 螽斯科-2 | Tettigoniidae sp.2 |
| | 斑腿蝗科 Catantopidae | 中华稻蝗 | *Oxya chinensis* |

# 附录Ⅵ　保护区鱼类名录

| 纲 | 目 | 科 | 属 | 种 | 学名 | 备注 |
| --- | --- | --- | --- | --- | --- | --- |
| 圆口纲 | 七鳃鳗目 | 七鳃鳗科 | 七鳃鳗属 | 雷氏七鳃鳗 | *Lampetra reissneri* | ++ |
| | | | | 日本七鳃鳗 | *Lampetra japonica* | ++ |
| 硬骨鱼纲 | 鲟形目 | 鲟科 | 鲟属 | 史氏鲟 | *Acipenser schrenckii* | ++ |
| | | | 鳇属 | 鳇 | *Huso dauricus* | ++ |
| | 鲑形目 | 鲑科 | 大麻哈鱼属 | 大麻哈鱼 | *Oncorhynchus keta* | ++ |
| | | | 哲罗鱼属 | 哲罗鲑 | *Hucho taimen* | ++ |
| | | | 细鳞鲑属 | 细鳞鲑 | *Branchymystax lenok* subsp. *lenok* | ++ |
| | | | 白鲑属 | 乌苏里白鲑 | *Coregonus ussuriensis* | ++ |
| | | | | 卡达白鲑 | *Coregonus chadary* | ++ |
| | | 茴鱼科 | 茴鱼属 | 黑龙江茴鱼 | *Thymallus arcticus* subsp. *grubei* | ++ |
| | | 胡瓜鱼科 | 公鱼属 | 池沼公鱼 | *Hypomesus olidus* | ++ |
| | | | | 亚洲公鱼 | *Hypomesus transpacificus* | ++ |
| | | 狗鱼科 | 狗鱼属 | 黑斑狗鱼 | *Esox reicherti* | + |
| | | 银鱼科 | 大银鱼属 | 大银鱼 | *Protosalanx hyalocranius* | ++ |
| | 鲤形目 | 鲤科 | 鲫属 | 银鲫 | *Carassius auratus gibelio* | + |
| | | | 鲤属 | 鲤 | *Cyprinus carpio* | + |
| | | | 青鱼属 | 青鱼 | *Mylopharyngodon piceus* | ++ |
| | | | 草鱼属 | 草鱼 | *Ctenopharyngodon idellus* | ++ |
| | | | 似白鮈属 | 条纹似白鮈 | *Paraleucogobio strigatus* | +++ |
| | | | 平口鮈属 | 平口鮈 | *Ladislavia taczanowskii* | +++ |
| | | | 麦穗鱼属 | 麦穗鱼 | *Pseudorasbora parva* | + |
| | | | 鲅属 | 湖鲅 | *Phoxinus percnurus* | + |
| | | | | 花江鲅 | *Phoxinus czekanowskii* | + |
| | | | | 洛氏鲅 | *Phoxinus lagowskii* | + |
| | | | | 真鲅 | *Phoxinus phoxinus* | ++ |
| | | | 鳑鲏属 | 黑龙江鳑鲏 | *Rhodeus sericeus* | + |
| | | | 鱊属 | 大鳍鱊 | *Acheilognathus macropterus* | + |
| | | | | 兴凯鱊 | *Acheilognathus chankaensis* | ++ |
| | | | 鲳属 | 唇鲳 | *Hemibarbus labeo* | ++ |
| | | | | 花鲳 | *Hemibarbus maculatus* | ++ |
| | | | 䱗属 | 䱗 | *Hemiculter leucisculus* | + |
| | | | | 兴凯䱗 | *Hemiculter lucidus* | ++ |
| | | | 鳊属 | 鳊 | *Parabramis pekinensis* | ++ |
| | | | 鳅鮀属 | 潘氏鳅鮀 | *Gobiobotia pappenheimi* | +++ |
| | | | 鳙属 | 鳙 | *Aristichthys nobilis* | ++ |
| | | | 鲢属 | 鲢 | *Hypophthalmichthys molitrix* | ++ |
| | | | 鮈属 | 凌源鮈 | *Gobio lingyuanensis* | ++ |
| | | | | 高体鮈 | *Gobio soldatovi* | + |

续表

| 纲 | 目 | 科 | 属 | 种 | 学名 | 备注 |
|---|---|---|---|---|---|---|
| 硬骨鱼纲 | 鲤形目 | 鲤科 | 鮈属 | 细体鮈 | *Gobio tenuicorpus* | + |
| | | | | 犬首鮈 | *Gobio cynocephalus* | + |
| | | | 棒花鱼属 | 棒花鱼 | *Abbottina rivularis* | + |
| | | | 银鮈属 | 银鮈 | *Squalidus argentatus* | + |
| | | | | 兴凯银鮈 | *Squalidus chankaensis* | + |
| | | | 颌须鮈属 | 东北颌须鮈 | *Gnathopogon mantschuricus* | +++ |
| | | | 突吻鮈属 | 突吻鮈 | *Rostrogobio amurensis* | + |
| | | | 蛇鮈属 | 蛇鮈 | *Saurogobio dabryi* | + |
| | | | 鲴属 | 细鳞鲴 | *Xenocypris microlepis* | + |
| | | | | 银鲴 | *Xenocypris argentea* | ++ |
| | | | 鲌属 | 蒙古鲌 | *Culter mongolicus* | ++ |
| | | | | 翘嘴鲌 | *Culter alburnus* | ++ |
| | | | | 红鳍原鲌 | *Culter erythropterus* | ++ |
| | | | 鲂属 | 鲂 | *Megalobrama terminalis* | ++ |
| | | | 马口鱼属 | 马口鱼 | *Opsariichthys bidens* | + |
| | | | 鳡属 | 鳡鱼 | *Elopichthys bambusa* | ++ |
| | | | 雅罗鱼属 | 瓦氏雅罗鱼 | *Leuciscus waleckii* | ++ |
| | | | 拟赤梢鱼属 | 拟赤梢鱼 | *Pseudaspius leptocephalus* | ++ |
| | | | 赤眼鳟属 | 赤眼鳟 | *Squaliobarbus curriculus* | +++ |
| | | | 鳈属 | 东北鳈 | *Sarcocheilichthys lacustris* | + |
| | | | | 克氏鳈 | *Sarcocheilichthys czerskii* | ++ |
| | | 鳅科 | 花鳅属 | 黑龙江花鳅 | *Cobitis lutheri* | + |
| | | | | 北方花鳅 | *Cobitis granoei* | + |
| | | | 须鳅属 | 北方须鳅 | *Nemachilus nuda* | ++ |
| | | | 泥鳅属 | 北方泥鳅 | *Misgurnus bipartitus* | + |
| | | | | 黑龙江泥鳅 | *Misgurnus mohoity* | + |
| | | | 副泥鳅属 | 大鳞副泥鳅 | *Paramisgurnus dabryanus* | ++ |
| | 鲇形目 | 鲇科 | 鲇属 | 鲇 | *Silurus asotus* | + |
| | | | | 怀头鲇 | *Silurus soldatovi* | ++ |
| | | 鲿科 | 黄颡鱼属 | 黄颡鱼 | *Pelteobagrus fulvidraco* | + |
| | | | | 光泽黄颡鱼 | *Pelteobagrus nitidus* | + |
| | | | 鮠属 | 纵带鮠 | *Leiocassis argentivittatus* | ++ |
| | | | 拟鲿属 | 乌苏里拟鲿 | *Pseudobagrus ussuriensis* | + |
| | 鳕形目 | 鳕科 | 江鳕属 | 江鳕 | *Lota lota* | ++ |
| | 鲈形目 | 塘鳢科 | 鲈塘鳢属 | 葛氏鲈塘鳢 | *Perccottus glenii* | + |
| | | | 黄黝鱼属 | 黄黝鱼 | *Hypseleotris swinhonis* | + |
| | | 鲈科 | 梭鲈属 | 梭鲈 | *Lucioperca lucioperca* | ++ |
| | | | | 河鲈 | *Perca fluviatilis* | ++ |
| | | 鮨科 | 鳜属 | 鳜 | *Siniperca chuatsi* | ++ |
| | | 鳢科 | 鳢属 | 乌鳢 | *Channa argus* | + |
| | 刺鱼目 | 刺鱼科 | 多刺鱼属 | 中华多刺鱼 | *Pungitius sinensis* | ++ |
| | 鳉形目 | 青鳉科 | 青鳉属 | 青鳉 | *Oryzias latipes* | ++ |
| | 鲉形目 | 杜父鱼科 | 中杜父鱼属 | 黑龙江中杜父鱼 | *Mesocottus haitej* | ++ |

注：+为现场调查的鱼类；++为走访调查的鱼类；+++为历史记录的鱼类。

# 附录Ⅶ 保护区两栖和爬行动物名录

| 名称 | 备注 |
|---|---|
| **两栖纲 Amphibia** | |
| **一、有尾目 Caudata** | |
| （一）小鲵科 Hynobiidae | |
| 1. 极北鲵 *Salamandrella keyerlingi* | 2 |
| **二、无尾目 Anura** | |
| （二）蟾蜍科 Bufonidae | |
| 2. 中华蟾蜍 *Bufo gargarizans* | 1 |
| 3. 花背蟾蜍 *Bufo raddei* | 2 |
| （三）雨蛙科 Hylidae | |
| 4. 东北雨蛙 *Hyla japonica* | 2 |
| （四）蛙科 Ranidae | |
| 5. 黑龙江林蛙 *Rana amurensis* | 1 |
| 6. 黑斑侧褶蛙 *Pelophylax nigromaculatus* | 1 |
| **爬行纲 Reptilia** | |
| **一、龟鳖目 Testudinata** | |
| （一）鳖科 Trionychidae | |
| 1. 鳖 *Trionyx sinensis* | 2 |
| **二、蛇目 Serpentes** | |
| （二）游蛇科 Colubridae | |
| 2. 棕黑锦蛇 *Elaphe schrenckii* | 2 |
| 3. 白条锦蛇 *Elaphe dione* | 1 |
| 4. 红点锦蛇 *Elaphe rufodorsata* | 2 |
| （三）蝰科 Viperidae | |
| 5. 乌苏里蝮 *Gloydius ussuriensis* | 2 |

# 附录Ⅷ　保护区哺乳动物名录

| 名称 | 栖息生境 | 数量 | 保护级别 | 经济价值 | 区系 | 录入依据 |
|---|---|---|---|---|---|---|
| **一、食虫目 Insectivora** | | | | | | |
| （一）猬科 Erinaceidae | | | | | | |
| 1. 东北刺猬 *Erinaceus amurensis* | F | + | Ⅲ | 1 3 4 | 古 | 1 |
| （二）鼩鼱科 Soricidae | | | | | | |
| 2. 中鼩鼱 *Sorex caecutiens* | G F | + | | 4 | 古 | 3 |
| 3. 栗齿鼩鼱 *Sorex daphaenodon* | G F | + | | 4 | 古 | 3 |
| 4. 大麝鼩 *Crocidura lasiura* | G F | + | | 4 | 古 | 3 |
| **二、翼手目 Chiroptera** | | | | | | |
| （三）蝙蝠科 Vespertilionidae | | | | | | |
| 5. 伊氏鼠耳蝠 *Myotis ikonnikovi* | R | + | | 4 | 古 | 1 |
| 6. 普通蝙蝠 *Vespertilio murinus* | R | + | | 1 4 | 古 | 3 |
| 7. 东方蝙蝠 *Vespertilio sinensis* | R | + | | 1 4 | 广 | 1 |
| **三、食肉目 Carnivora** | | | | | | |
| （四）犬科 Canidae | | | | | | |
| 8. 狼 *Canis lupus* | M G F | + | Ⅱ | 1 2 3 | 广 | 3 |
| 9. 赤狐 *Vulpes vulpes* | G F | ++ | Ⅱ | 1 2 3 | 广 | 1 |
| 10. 貉 *Nyctereutes procyonoides* | M G | ++ | Ⅱ | 1 2 3 | 广 | 3 |
| （五）熊科 Ursidae | | | | | | |
| 11. 黑熊 *Selenarctos thibetanus* | M G F | + | Ⅱ | 1 2 3 | 东 | 1 |
| 12. 棕熊 *Ursus arctos* | M G F | O | Ⅱ | 1 2 3 | 古 | 1 |
| （六）鼬科 Mustelidae | | | | | | |
| 13. 紫貂 *Martes zibellina* | F | O | Ⅰ | 2 3 4 | 古 | 1 |
| 14. 伶鼬 *Mustela nivalis* | G F | + | Ⅲ | 2 3 4 | 古 | 1 |
| 15. 香鼬 *Mustela altaica* | G F | + | Ⅲ | 1 2 3 4 | 古 | 1 |
| 16. 黄鼬 *Mustela sibirica* | G F | ++ | Ⅲ | 1 2 3 4 | 广 | 1 |
| 17. 水貂 *Mustela vison* | W F | + | | 1 2 | 引 | 3 |
| 18. 狗獾 *Meles meles* | G F | + | Ⅲ | 1 2 3 | 古 | 1 |
| 19. 水獭 *Lutra lutra* | W | + | Ⅱ | 1 2 3 | 广 | 2 |
| （七）猫科 Felidae | | | | | | |
| 20. 猞猁 *Lynx lynx* | F | O | Ⅱ | 1 2 3 | 古 | 1 |
| 21. 豹猫 *Felis bengalensis* | F | + | Ⅱ | 1 2 3 | 广 | 2 |
| 22. 虎 *Panthera tigris* | F | O | Ⅰ | 1 2 3 | 广 | 2 |
| **四、兔形目 Lagomorpha** | | | | | | |
| （八）兔科 Leporidae | | | | | | |
| 23. 雪兔 *Lepus timidus* | G F | +++ | Ⅱ | 1 2 3 | 古 | 1 |
| 24. 东北兔 *Lepus mandshuricus* | G F | ++ | Ⅲ | 1 2 3 | 古 | 3 |

续表

| 名称 | 栖息生境 | 数量 | 保护级别 | 经济价值 | 区系 | 录入依据 |
|---|---|---|---|---|---|---|
| **五、啮齿目 Rodentia** | | | | | | |
| （九）松鼠科 Sciuridae | | | | | | |
| 25. 花鼠 *Tamias sibiricus* | F | +++ | Ⅲ | 1 2 3 | 古 | 1 |
| 26. 松鼠 *Sciurus vulgaris* | F | ++ | Ⅲ | 1 2 3 | 古 | 1 |
| （十）仓鼠科 Cricetidae | | | | | | |
| 27. 大仓鼠 *Cricetulus triton* | L | ++ | | | 广 | 1 |
| 28. 红背䶄*Clethrionomys rutilus* | F | ++ | | | 古 | 3 |
| 29. 棕背䶄*Clethrionomys rufocanus* | F | +++ | | | 古 | 3 |
| 30. 蒙古田鼠 *Microtus mongolicus* | G F | + | | | 古 | 3 |
| 31. 莫氏田鼠 *Microtus maximowiczii* | M G | + | | | 古 | 3 |
| 32. 东方田鼠 *Microtus fortis* | M F | ++ | | | 古 | 1 |
| 33. 麝鼠 *Ondatra zibethicus* | W M | +++ | Ⅲ | 1 2 3 | 引 | 1 |
| （十一）鼠科 Muridae | | | | | | |
| 34. 巢鼠 *Micromys minutus* | M G F | + | | | 古 | 1 |
| 35. 大林姬鼠 *Apodemus peninsulae* | G F | ++ | | | 古 | 1 |
| 36. 黑线姬鼠 *Apodemus agrarius* | F G | +++ | | | 古 | 1 |
| 37. 褐家鼠 *Rattus norvegicus* | R | +++ | | 1 | 广 | 1 |
| 38. 小家鼠 *Mus musculus* | R | ++ | | | 广 | 1 |
| **六、偶蹄目 Artiodactyla** | | | | | | |
| （十二）猪科 Suidae | | | | | | |
| 39. 野猪 *Sus scrofa* | G F L | + | Ⅲ | 1 2 3 | 广 | 1 |
| （十三）鹿科 Cervidae | | | | | | |
| 40. 马鹿 *Cervus elaphus* | G F | + | Ⅱ | 1 2 3 | 古 | 1 |
| 41. 梅花鹿 *Cervus nippon* | G F | O | Ⅰ | 1 2 3 | 广 | 3 |
| 42. 狍 *Capreolus pygargus* | G F | ++ | Ⅲ | 1 2 3 | 古 | 1 |
| 43. 驼鹿 *Alces alces* | G F | O | Ⅰ | 1 2 3 | 古 | 3 |

注：生境：W 表示水域；M 表示沼泽；G 表示草甸；F 表示林地；L 表示农田；R 表示居民区。数量：+++ 表示优势种；++ 表示常见种；+ 表示稀有种；O 表示绝迹或文献记载。保护级别：Ⅰ表示国家一级重点保护种类；Ⅱ表示国家二级重点保护种类；Ⅲ表示国家“三有”保护种类。经济价值：1 表示药用；2 表示猎用；3 表示观赏；4 表示农林有益。区系：古表示古北种；东表示东洋种；广表示广布种；引表示引入种。录入依据：1 表示标本；2 表示野外见到，3 表示文献记载。

# 附录IX　保护区鸟类名录

| 目序 | 目名 | 科序 | 科名 | 种序 | 物种名称 | 生境 | 数量 | 居留型 | 区系 | 保护级别 | 录入依据 |
|---|---|---|---|---|---|---|---|---|---|---|---|
| 1 | 鸡形目 Galliformes | 1 | 雉科 Phasianidae | 1 | 花尾榛鸡 *Tetrastes bonasia* | F | ++ | R | P | Ⅱ | 1 |
| | | | | 2 | 黑琴鸡 *Lyrurus tetrix* | F | + | R | P | Ⅰ | 2 |
| | | | | 3 | 柳雷鸟 *Lagopus lagopus* | F | O | V | P | Ⅱ | 3 |
| | | | | 4 | 斑翅山鹑 *Perdix dauurica* | F | ++ | R | P | | 3 |
| | | | | 5 | 鹌鹑 *Coturnix japonica* | G | ++ | S | C | | 1 |
| | | | | 6 | 雉鸡 *Phasianus colchicus* | G F | +++ | R | P | | 2 |
| 2 | 雁形目 Anseriformes | 2 | 鸭科 Anatidae | 7 | 鸿雁 *Anser cygnoid* | W M G L | +++ | S | P | Ⅱ | 2 |
| | | | | 8 | 豆雁 *Anser fabalis* | W M G L | ++ | P | P | | 2 |
| | | | | 9 | 灰雁 *Anser anser* | W M G L | ++ | S | P | | 2 |
| | | | | 10 | 白额雁 *Anser albifrons* | W M G L | + | P | C | Ⅱ | 2 |
| | | | | 11 | 小白额雁 *Anser erythropus* | W M G L | + | P | P | Ⅱ | 2 |
| | | | | 12 | 小天鹅 *Cygnus columbianus* | W M | + | S | C | Ⅱ | 2 |
| | | | | 13 | 大天鹅 *Cygnus cygnus* | W M | + | S | C | Ⅱ | 2 |
| | | | | 14 | 鸳鸯 *Aix galericulata* | W F | ++ | S | P | Ⅱ | 2 |
| | | | | 15 | 赤膀鸭 *Mareca strepera* | W M | ++ | S | C | | 2 |
| | | | | 16 | 罗纹鸭 *Mareca falcata* | W M | ++ | S | P | | 2 |
| | | | | 17 | 赤颈鸭 *Mareca penelope* | W M | ++ | S | P | | 3 |
| | | | | 18 | 绿头鸭 *Anas platyrhynchos* | W M L | +++ | S | C | | 2 |
| | | | | 19 | 斑嘴鸭 *Anas zonorhyncha* | W M L | +++ | S | C | | 2 |
| | | | | 20 | 针尾鸭 *Anas acuta* | W | ++ | S | C | | 2 |
| | | | | 21 | 绿翅鸭 *Anas crecca* | W M | ++ | S | C | | 2 |
| | | | | 22 | 琵嘴鸭 *Spatula clypeata* | W M | ++ | S | C | | 2 |
| | | | | 23 | 白眉鸭 *Spatula querquedula* | W | ++ | S | P | | 2 |
| | | | | 24 | 花脸鸭 *Sibirionetta formosa* | W M | + | P | P | Ⅱ | 2 |
| | | | | 25 | 红头潜鸭 *Aythya ferina* | W | ++ | S | P | | 2 |
| | | | | 26 | 青头潜鸭 *Aythya baeri* | W | ++ | S | P | Ⅰ | 2 |
| | | | | 27 | 凤头潜鸭 *Aythya fuligula* | W | +++ | P | P | | 2 |
| | | | | 28 | 斑背潜鸭 *Aythya marila* | W | + | P | P | | 2 |
| | | | | 29 | 丑鸭 *Histrionicus histrionicus* | W | O | V | C | | 3 |
| | | | | 30 | 斑脸海番鸭 *Melanitta fusca* | W | + | P | C | | 3 |
| | | | | 31 | 黑海番鸭 *Melanitta americana* | W | + | P | C | | 1 |
| | | | | 32 | 鹊鸭 *Bucephala clangula* | W F | ++ | P | C | | 2 |
| | | | | 33 | 斑头秋沙鸭 *Mergellus albellus* | W F | ++ | P | C | | 2 |
| | | | | 34 | 普通秋沙鸭 *Mergus merganser* | W F | ++ | S | C | | 2 |
| | | | | 35 | 红胸秋沙鸭 *Mergus serrator* | W F | + | S | C | | 3 |
| | | | | 36 | 中华秋沙鸭 *Mergus squamatus* | W F | + | S | P | Ⅰ | 3 |

续表

| 目序 | 目名 | 科序 | 科名 | 种序 | 物种名称 | 生境 | 数量 | 居留型 | 区系 | 保护级别 | 录入依据 |
|---|---|---|---|---|---|---|---|---|---|---|---|
| 3 | 鸊鷉目 Podicipediformes | 3 | 鸊鷉科 Podicipedidae | 37 | 小鸊鷉*Tachybaptus ruficollis* | W | + | S | C | | 2 |
| | | | | 38 | 赤颈鸊鷉*Podiceps grisegena* | W | + | S | C | II | 1 |
| | | | | 39 | 凤头鸊鷉*Podiceps cristatus* | W | +++ | S | P | | 2 |
| | | | | 40 | 角鸊鷉*Podiceps auritus* | W | O | P | C | II | 3 |
| | | | | 41 | 黑颈鸊鷉*Podiceps nigricollis* | W | ++ | S | C | II | 3 |
| 4 | 鸽形目 Columbiformes | 4 | 鸠鸽科 Columbidae | 42 | 山斑鸠 *Streptopelia orientalis* | F | +++ | S | C | | 2 |
| | | | | 43 | 灰斑鸠 *Streptopelia decaocto* | F R L | 0 | R | C | | 2 |
| 5 | 夜鹰目 Caprimulgiformes | 5 | 夜鹰科 Caprimulgidae | 44 | 普通夜鹰 *Caprimulgus indicus* | F | + | S | C | | 3 |
| | | 6 | 雨燕科 Apodidae | 45 | 白喉针尾雨燕 *Hirundapus caudacutus* | G F | O | P | O | | 3 |
| 6 | 鹃形目 Cuculiformes | 7 | 杜鹃科 Cuculidae | 46 | 四声杜鹃 *Cuculus micropterus* | F | + | S | C | | 3 |
| | | | | 47 | 中杜鹃 *Cuculus saturatus* | F | + | S | C | | 3 |
| | | | | 48 | 大杜鹃 *Cuculus canorus* | F | ++ | S | C | | 2 |
| | | | | 49 | 北棕腹鹰鹃 *Hierococcyx hyperythrus* | F | + | S | C | | 3 |
| 7 | 鹤形目 Gruiformes | 8 | 秧鸡科 Rallidae | 50 | 普通秧鸡 *Rallus indicus* | M | O | S | C | | 2 |
| | | | | 51 | 斑胁田鸡 *Zapornia paykullii* | M | + | S | P | II | 3 |
| | | | | 52 | 黑水鸡 *Gallinula chloropus* | M | ++ | S | C | | 2 |
| | | | | 53 | 白骨顶 *Fulica atra* | W | +++ | S | P | | 2 |
| | | 9 | 鹤科 Gruidae | 54 | 白枕鹤 *Grus vipio* | M G | ++ | S | P | I | 2 |
| | | | | 55 | 丹顶鹤 *Grus japonensis* | M G L | ++ | S | P | I | 2 |
| | | | | 56 | 白头鹤 *Grus monacha* | M G | + | P | P | I | 2 |
| 8 | 鸻形目 Charadriiformes | 10 | 蛎鹬科 Haematopodidae | 57 | 蛎鹬 *Haematopus ostralegus* | M G | + | P | P | | 2 |
| | | 11 | 反嘴鹬科 Recurvirostridae | 58 | 黑翅长脚鹬 *Himantopus himantopus* | M | + | P | P | | 2 |
| | | 12 | 鸻科 Charadriidae | 59 | 凤头麦鸡 *Vanellus vanellus* | M G | +++ | S | P | | 2 |
| | | | | 60 | 金鸻 *Pluvialis fulva* | M G | + | P | C | | 2 |
| | | | | 61 | 剑鸻 *Charadrius hiaticula* | M G | + | S | P | | 3 |
| | | | | 62 | 金眶鸻 *Charadrius dubius* | M G | + | S | C | | 2 |
| | | | | 63 | 环颈鸻 *Charadrius alexandrinus* | M G L | + | P | C | | 2 |
| | | 13 | 鹬科 Scolopacidae | 64 | 丘鹬 *Scolopax rusticola* | M | + | P | P | | 2 |
| | | | | 65 | 针尾沙锥 *Gallinago stenura* | M | +++ | P | P | | 2 |
| | | | | 66 | 大沙锥 *Gallinago megala* | M | + | S | P | | 3 |
| | | | | 67 | 扇尾沙锥 *Gallinago gallinago* | M | ++ | S | C | | 2 |
| | | | | 68 | 半蹼鹬 *Limnodromus semipalmatus* | M | O | P | P | II | 3 |
| | | | | 69 | 黑尾塍鹬 *Limosa limosa* | M | O | P | P | | 3 |
| | | | | 70 | 小杓鹬 *Numenius minutus* | W | + | P | P | II | 3 |
| | | | | 71 | 白腰杓鹬 *Numenius arquata* | M | + | S | P | II | 2 |
| | | | | 72 | 大杓鹬 *Numenius madagascariensis* | WL | + | S | P | II | 2 |
| | | | | 73 | 鹤鹬 *Tringa erythropus* | M | + | P | P | | 2 |
| | | | | 74 | 红脚鹬 *Tringa totanus* | M | + | P | P | | 2 |
| | | | | 75 | 泽鹬 *Tringa stagnatilis* | M | + | P | P | | 3 |

续表

| 目序 | 目名 | 科序 | 科名 | 种序 | 物种名称 | 生境 | 数量 | 居留型 | 区系 | 保护级别 | 录入依据 |
|---|---|---|---|---|---|---|---|---|---|---|---|
| 8 | 鸻形目 Charadriiformes | 13 | 鹬科 Scolopacidae | 76 | 青脚鹬 *Tringa nebularia* | M | O | P | P | | 3 |
| | | | | 77 | 白腰草鹬 *Tringa ochropus* | M | ++ | P | P | | 2 |
| | | | | 78 | 林鹬 *Tringa glareola* | M | ++ | S | P | | 3 |
| | | | | 79 | 矶鹬 *Actitis hypoleucos* | M | O | S | P | | 3 |
| | | | | 80 | 长趾滨鹬 *Calidris subminuta* | M | + | P | P | | 2 |
| | | | | 81 | 尖尾滨鹬 *Calidris acuminata* | M | O | P | P | | 3 |
| | | | | 82 | 流苏鹬 *Calidris pugnax* | M | O | P | P | | 2 |
| | | | | 83 | 弯嘴滨鹬 *Calidris ferruginea* | M | O | P | P | | 3 |
| | | | | 84 | 红颈瓣蹼鹬 *Phalaropus lobatus* | W | 0 | P | C | | |
| | | 14 | 燕鸻科 Glareolidae | 85 | 普通燕鸻 *Glareola maldivarum* | M G | + | S | C | | 2 |
| | | 15 | 鸥科 Laridae | 86 | 红嘴鸥 *Chroicocephalus ridibundus* | W G | +++ | S | P | | 2 |
| | | | | 87 | 黑嘴鸥 *Saundersilarus saundersi* | W G | + | P | C | Ⅰ | 2 |
| | | | | 88 | 普通海鸥（海鸥）*Larus canus* | W G | + | P | C | | 2 |
| | | | | 89 | 西伯利亚银鸥（银鸥）*Larus smithsonianus* | W G | ++ | P | C | | 1 |
| | | | | 90 | 白额燕鸥 *Sternula albifrons* | W | ++ | S | C | | 2 |
| | | | | 91 | 普通燕鸥 *Sterna hirundo* | W | +++ | S | C | | 2 |
| | | | | 92 | 灰翅浮鸥 *Chlidonias hybrida* | W | + | S | P | | 2 |
| | | | | 93 | 白翅浮鸥 *Chlidonias leucopterus* | W | ++ | S | P | | 2 |
| 9 | 潜鸟目 Gaviiformes | 16 | 潜鸟科 Gaviidae | 94 | 红喉潜鸟 *Gavia stellata* | W | + | P | C | | 1 |
| | | | | 95 | 黑喉潜鸟 *Gavia arctica* | W | + | P | C | | 3 |
| 10 | 鹳形目 Ciconiiformes | 17 | 鹳科 Ciconiidae | 96 | 黑鹳 *Ciconia nigra* | M | O | S | P | Ⅰ | 3 |
| | | | | 97 | 东方白鹳 *Ciconia boyciana* | M | + | S | P | Ⅰ | 2 |
| 11 | 鲣鸟目 Suliformes | 18 | 鸬鹚科 Phalacrocoracidae | 98 | 普通鸬鹚 *Phalacrocorax carbo* | W | +++ | S | C | | 2 |
| 12 | 鹈形目 Pelecaniformes | 19 | 鹮科 Threskiornithidae | 99 | 白琵鹭 *Platalea leucorodia* | M | + | S | P | Ⅱ | 2 |
| | | 20 | 鹭科 Ardeidae | 100 | 大麻鳽 *Botaurus stellaris* | M | ++ | S | C | | 2 |
| | | | | 101 | 紫背苇鳽 *Ixobrychus eurhythmus* | M | + | S | C | | 2 |
| | | | | 102 | 夜鹭 *Nycticorax nycticorax* | W M L | + | S | C | | 2 |
| | | | | 103 | 绿鹭 *Butorides striata* | M | + | S | C | | 3 |
| | | | | 104 | 牛背鹭 *Bubulcus ibis* | M | O | V | C | | 2 |
| | | | | 105 | 苍鹭 *Ardea cinerea* | M W | +++ | S | C | | 2 |
| | | | | 106 | 草鹭 *Ardea purpurea* | M | ++ | S | C | | 2 |
| | | | | 107 | 大白鹭 *Ardea alba* | M L | ++ | S | P | | 2 |
| | | | | 108 | 白鹭 *Egretta garzetta* | M L | 0 | V | O | | 2 |
| 13 | 鹰形目 Accipitriformes | 21 | 鹗科 Pandionidae | 109 | 鹗 *Pandion haliaetus* | W M G L | + | S | C | Ⅱ | 2 |
| | | 22 | 鹰科 Accipitridae | 110 | 凤头蜂鹰 *Pernis ptilorhynchus* | G F L | + | S | P | Ⅱ | 3 |
| | | | | 111 | 乌雕 *Clanga clanga* | M G F | O | S | P | Ⅰ | 3 |
| | | | | 112 | 金雕 *Aquila chrysaetos* | G F | + | R | C | Ⅰ | 1 |
| | | | | 113 | 松雀鹰 *Accipiter virgatus* | F | + | S | C | Ⅱ | 3 |

续表

| 目序 | 目名 | 科序 | 科名 | 种序 | 物种名称 | 生境 | 数量 | 居留型 | 区系 | 保护级别 | 录入依据 |
|---|---|---|---|---|---|---|---|---|---|---|---|
| 13 | 鹰形目 Accipitriformes | 22 | 鹰科 Accipitridae | 114 | 雀鹰 *Accipiter nisus* | F | + | S | P | Ⅱ | 2 |
| | | | | 115 | 苍鹰 *Accipiter gentilis* | F | + | S | C | Ⅱ | 2 |
| | | | | 116 | 白腹鹞 *Circus spilonotus* | M G | +++ | S | P | Ⅱ | 3 |
| | | | | 117 | 白尾鹞 *Circus cyaneus* | M G | +++ | S | C | Ⅱ | 2 |
| | | | | 118 | 鹊鹞 *Circus melanoleucos* | M G | ++ | S | P | Ⅱ | 2 |
| | | | | 119 | 黑鸢 *Milvus migrans* | M F L R | + | S | C | Ⅱ | 2 |
| | | | | 120 | 玉带海雕 *Haliaeetus leucoryphus* | W G L F | + | S | C | Ⅰ | 2 |
| | | | | 121 | 白尾海雕 *Haliaeetus albicilla* | W M F | + | S | C | Ⅰ | 2 |
| | | | | 122 | 虎头海雕 *Haliaeetus pelagicus* | W M F | + | S | P | Ⅰ | 2 |
| | | | | 123 | 灰脸鵟鹰 *Butastur indicus* | G F | O | S | P | Ⅱ | 3 |
| | | | | 124 | 毛脚鵟 *Buteo lagopus* | G F L | ++ | W | C | Ⅱ | 2 |
| | | | | 125 | 大鵟 *Buteo hemilasius* | M G L F | + | R | C | Ⅱ | 2 |
| | | | | 126 | 普通鵟 *Buteo japonicus* | M G L F | ++ | S | C | Ⅱ | 2 |
| 14 | 鸮形目 Strigiformes | 23 | 鸱鸮科 Strigidae | 127 | 北领角鸮 *Otus semitorques* | F L | + | R | O | Ⅱ | 3 |
| | | | | 128 | 红角鸮 *Otus sunia* | F L | + | R | C | Ⅱ | 2 |
| | | | | 129 | 雪鸮 *Bubo scandiacus* | G F L | ++ | W | C | Ⅱ | 2 |
| | | | | 130 | 雕鸮 *Bubo bubo* | F L | + | R | P | Ⅱ | 2 |
| | | | | 131 | 长尾林鸮 *Strix uralensis* | F L | ++ | R | C | Ⅱ | 3 |
| | | | | 132 | 乌林鸮 *Strix nebulosa* | F L | ++ | R | C | Ⅱ | 3 |
| | | | | 133 | 鬼鸮 *Aegolius funereus* | F | O | R | C | Ⅱ | 3 |
| | | | | 134 | 鹰鸮 *Ninox scutulata* | F | + | R | C | Ⅱ | 3 |
| | | | | 135 | 长耳鸮 *Asio otus* | F L R | ++ | R | C | Ⅱ | 2 |
| | | | | 136 | 短耳鸮 *Asio flammeus* | F L | + | R | C | Ⅱ | 2 |
| 15 | 犀鸟目 Bucerotiformes | 24 | 戴胜科 Upupidae | 137 | 戴胜 *Upupa epops* | F L | ++ | S | C | | 2 |
| 16 | 佛法僧目 Coraciiformes | 25 | 佛法僧科 Coraciidae | 138 | 三宝鸟 *Eurystomus orientalis* | F | + | S | C | | 2 |
| | | 26 | 翠鸟科 Alcedinidae | 139 | 普通翠鸟 *Alcedo atthis* | W F | ++ | S | C | | 2 |
| 17 | 啄木鸟目 Piciformes | 27 | 啄木鸟科 Picidae | 140 | 蚁䴕 *Jynx torquilla* | F | ++ | S | P | | 2 |
| | | | | 141 | 小星头啄木鸟 *Dendrocopos kizuki* | F | + | R | P | | 2 |
| | | | | 142 | 星头啄木鸟 *Dendrocopos canicapillus* | F | 0 | R | O | | 3 |
| | | | | 143 | 小斑啄木鸟 *Dendrocopos minor* | F | + | S | P | | 2 |
| | | | | 144 | 白背啄木鸟 *Dendrocopos leucotos* | F | O | R | P | | 2 |
| | | | | 145 | 大斑啄木鸟 *Dendrocopos major* | F | ++ | R | P | | 2 |
| | | | | 146 | 三趾啄木鸟 *Picoides tridactylus* | F | O | R | P | Ⅱ | 3 |
| | | | | 147 | 黑啄木鸟 *Dryocopus martius* | F | + | R | P | Ⅱ | 2 |
| | | | | 148 | 灰头绿啄木鸟 *Picus canus* | F | ++ | R | P | | 2 |
| 18 | 隼形目 Falconiformes | 28 | 隼科 Falconidae | 149 | 红隼 *Falco tinnunculus* | M G F | ++ | R | C | Ⅱ | 2 |
| | | | | 150 | 红脚隼 *Falco amurensis* | M G F | ++ | S | P | Ⅱ | 2 |
| | | | | 151 | 灰背隼 *Falco columbarius* | M G L F | + | W | P | Ⅱ | 1 |
| | | | | 152 | 燕隼 *Falco subbuteo* | M G F | O | S | P | Ⅱ | 2 |
| | | | | 153 | 游隼 *Falco peregrinus* | G F | O | P | C | Ⅱ | 3 |

续表

| 目序 | 目名 | 科序 | 科名 | 种序 | 物种名称 | 生境 | 数量 | 居留型 | 区系 | 保护级别 | 录入依据 |
|---|---|---|---|---|---|---|---|---|---|---|---|
| 19 | 雀形目 Passeriformes | 29 | 黄鹂科 Oriolidae | 154 | 黑枕黄鹂 *Oriolus chinensis* | F | ++ | S | O | | 2 |
| | | 30 | 山椒鸟科 Campephagidae | 155 | 灰山椒鸟 *Pericrocotus divaricatus* | F | + | S | O | | 2 |
| | | 31 | 伯劳科 Laniidae | 156 | 红尾伯劳 *Lanius cristatus* | M L G F | ++ | S | P | | 2 |
| | | | | 157 | 灰伯劳 *Lanius excubitor* | G F | + | W | P | | 2 |
| | | | | 158 | 楔尾伯劳 *Lanius sphenocercus* | L F | O | P | P | | 1 |
| | | 32 | 鸦科 Corvidae | 159 | 北噪鸦 *Perisoreus infaustus* | F | ++ | R | P | | 3 |
| | | | | 160 | 松鸦 *Garrulus glandarius* | F | ++ | R | C | | 2 |
| | | | | 161 | 灰喜鹊 *Cyanopica cyanus* | G L F | ++ | R | P | | 2 |
| | | | | 162 | 喜鹊 *Pica pica* | G L F R | +++ | R | P | | 2 |
| | | | | 163 | 星鸦 *Nucifraga caryocatactes* | G L F | ++ | R | P | | 2 |
| | | | | 164 | 寒鸦 *Corvus monedula* | G L F | + | R | P | | 2 |
| | | | | 165 | 秃鼻乌鸦 *Corvus frugilegus* | G L F R | + | R | P | | 2 |
| | | | | 166 | 小嘴乌鸦 *Corvus corone* | G L F R | +++ | R | C | | 2 |
| | | | | 167 | 大嘴乌鸦 *Corvus macrorhynchos* | G L F R | + | R | C | | 2 |
| | | | | 168 | 渡鸦 *Corvus corax* | G L F | + | R | P | | 1 |
| | | 33 | 山雀科 Paridae | 169 | 煤山雀 *Periparus ater* | F | O | R | P | | 3 |
| | | | | 170 | 沼泽山雀 *Poecile palustris* | M F | ++ | R | P | | 2 |
| | | | | 171 | 褐头山雀 *Poecile montanus* | M F | + | R | P | | 2 |
| | | | | 172 | 灰蓝山雀 *Cyanistes cyanus* | M F | + | R | P | | 2 |
| | | | | 173 | 欧亚大山雀 *Parus major* | F | ++ | R | C | | 2 |
| | | 34 | 攀雀科 Remizidae | 174 | 中华攀雀 *Remiz consobrinus* | F M | + | S | P | | 2 |
| | | 35 | 百灵科 Alaudidae | 175 | 云雀 *Alauda arvensis* | G L | +++ | S | P | II | 3 |
| | | 36 | 苇莺科 Acrocephalidae | 176 | 东方大苇莺 *Acrocephalus orientalis* | M | ++ | S | C | | 2 |
| | | | | 177 | 黑眉苇莺 *Acrocephalus bistrigiceps* | M | ++ | S | P | | 2 |
| | | | | 178 | 厚嘴苇莺 *Arundinax aedon* | M | ++ | S | P | | 2 |
| | | 37 | 蝗莺科 Locustellidae | 179 | 斑胸短翅蝗莺 *Locustella thoracica* | LF | ++ | S | P | | 2 |
| | | | | 180 | 矛斑蝗莺 *Locustella lanceolata* | G F | O | S | P | | 3 |
| | | | | 181 | 小蝗莺 *Locustella certhiola* | M G | O | V | P | | 3 |
| | | | | 182 | 苍眉蝗莺 *Locustella fasciolata* | G F | O | P | P | | 3 |
| | | 38 | 燕科 Hirundinidae | 183 | 崖沙燕 *Riparia riparia* | G L | +++ | S | C | | 2 |
| | | | | 184 | 家燕 *Hirundo rustica* | R G L | +++ | S | C | | 2 |
| | | | | 185 | 毛脚燕 *Delichon urbicum* | G L | +++ | S | C | | 2 |
| | | | | 186 | 金腰燕 *Cecropis daurica* | R G L | +++ | S | C | | 2 |
| | | 39 | 柳莺科 Phylloscopidae | 187 | 褐柳莺 *Phylloscopus fuscatus* | F | O | S | P | | 3 |
| | | | | 188 | 巨嘴柳莺 *Phylloscopus schwarzi* | F | O | S | P | | 3 |
| | | | | 189 | 黄腰柳莺 *Phylloscopus proregulus* | F | ++ | S | P | | 2 |
| | | | | 190 | 黄眉柳莺 *Phylloscopus inornatus* | F | ++ | S | P | | 2 |
| | | | | 191 | 极北柳莺 *Phylloscopus borealis* | F | O | S | P | | 2 |
| | | | | 192 | 暗绿柳莺 *Phylloscopus trochiloides* | F | O | S | P | | 3 |
| | | | | 193 | 淡脚柳莺 *Phylloscopus tenellipes* | F | O | S | P | | 3 |

续表

| 目序 | 目名 | 科序 | 科名 | 种序 | 物种名称 | 生境 | 数量 | 居留型 | 区系 | 保护级别 | 录入依据 |
|---|---|---|---|---|---|---|---|---|---|---|---|
| 19 | 雀形目 Passeriformes | 39 | 柳莺科 Phylloscopidae | 194 | 冕柳莺 *Phylloscopus coronatus* | F | O | S | P | | 3 |
| | | 40 | 树莺科 Cettiidae | 195 | 短翅树莺 *Horornis diphone* | F | + | S | P | | 3 |
| | | | | 196 | 鳞头树莺 *Urosphena squameiceps* | F | O | S | P | | 3 |
| | | 41 | 长尾山雀科 Aegithalidae | 197 | 北长尾山雀 *Aegithalos caudatus* | F | ++ | R | P | | 2 |
| | | 42 | 绣眼鸟科 Zosteropidae | 198 | 红胁绣眼鸟 *Zosterops erythropleurus* | F | + | S | C | II | 2 |
| | | 43 | 旋木雀科 Certhiidae | 199 | 欧亚旋木雀 *Certhia familiaris* | F | O | R | P | | 3 |
| | | 44 | 䴓科 Sittidae | 200 | 普通䴓 *Sitta europaea* | F | ++ | R | P | | 2 |
| | | 45 | 鹪鹩科 Troglodytidae | 201 | 鹪鹩 *Troglodytes troglodytes* | F | O | R | P | | 2 |
| | | 46 | 河乌科 Cinclidae | 202 | 褐河乌 *Cinclus pallasii* | W F | + | R | C | | 3 |
| | | 47 | 椋鸟科 Sturnidae | 203 | 北椋鸟 *Agropsar sturninus* | G F | + | S | O | | 2 |
| | | | | 204 | 灰椋鸟 *Spodiopsar cineraceus* | G F | ++ | S | O | | 2 |
| | | 48 | 鸫科 Turdidae | 205 | 白眉地鸫 *Geokichla sibirica* | G L F | + | S | P | | 3 |
| | | | | 206 | 虎斑地鸫 *Zoothera aurea* | G L F | + | S | P | | 3 |
| | | | | 207 | 灰背鸫 *Turdus hortulorum* | G L F | ++ | S | P | | 2 |
| | | | | 208 | 白眉鸫 *Turdus obscurus* | G L F | + | S | P | | 3 |
| | | | | 209 | 白腹鸫 *Turdus pallidus* | G L F | + | S | P | | 2 |
| | | | | 210 | 赤颈鸫 *Turdus ruficollis* | G L F | ++ | S | P | | 2 |
| | | | | 211 | 红尾斑鸫 *Turdus naumanni* | G L F | ++ | P | P | | 2 |
| | | | | 212 | 斑鸫 *Turdus eunomus* | G L F | ++ | P | P | | 2 |
| | | 49 | 鹟科 Muscicapidae | 213 | 红尾歌鸲 *Larvivora sibilans* | F | ++ | S | P | | 1 |
| | | | | 214 | 蓝歌鸲 *Larvivora cyane* | F | ++ | S | P | | 2 |
| | | | | 215 | 红喉歌鸲 *Calliope calliope* | M F | ++ | S | P | II | 2 |
| | | | | 216 | 红胁蓝尾鸲 *Tarsiger cyanurus* | F | ++ | S | P | | 2 |
| | | | | 217 | 北红尾鸲 *Phoenicurus auroreus* | F R | ++ | S | P | | 2 |
| | | | | 218 | 黑喉石䳭 *Saxicola maurus* | M G F | + | S | P | | 2 |
| | | | | 219 | 蓝头矶鸫 *Monticola cinclorhyncha* | G L F | + | S | P | | 2 |
| | | | | 220 | 灰纹鹟 *Muscicapa griseisticta* | F | + | S | P | | 3 |
| | | | | 221 | 乌鹟 *Muscicapa sibirica* | F | + | P | P | | 3 |
| | | | | 222 | 北灰鹟 *Muscicapa dauurica* | F | ++ | S | P | | 3 |
| | | | | 223 | 白眉姬鹟 *Ficedula zanthopygia* | F | O | S | P | | 2 |
| | | | | 224 | 鸲姬鹟 *Ficedula mugimaki* | F | + | S | P | | 3 |
| | | | | 225 | 红喉姬鹟 *Ficedula albicilla* | F | ++ | P | P | | 2 |
| | | | | 226 | 白腹蓝鹟 *Cyanoptila cyanomelana* | F | O | P | P | | 3 |
| | | 50 | 戴菊科 Regulidae | 227 | 戴菊 *Regulus regulus* | F | O | S | P | | 2 |
| | | 51 | 太平鸟科 Bombycillidae | 228 | 太平鸟 *Bombycilla garrulus* | F | O | W | C | | 2 |
| | | | | 229 | 小太平鸟 *Bombycilla japonica* | F | O | W | P | | 3 |
| | | 52 | 岩鹨科 Prunellidae | 230 | 领岩鹨 *Prunella collaris* | L F | O | P | P | | 3 |
| | | | | 231 | 棕眉山岩鹨 *Prunella montanella* | S | ++ | P | P | | 2 |

续表

| 目序 | 目名 | 科序 | 科名 | 种序 | 物种名称 | 生境 | 数量 | 居留型 | 区系 | 保护级别 | 录入依据 |
|---|---|---|---|---|---|---|---|---|---|---|---|
| 19 | 雀形目 Passeriformes | 53 | 雀科 Passeridae | 232 | 麻雀 *Passer montanus* | R L F | +++ | R | C | | 2 |
| | | 54 | 鹡鸰科 Motacillidae | 233 | 山鹡鸰 *Dendronanthus indicus* | F | + | S | P | | 2 |
| | | | | 234 | 黄鹡鸰 *Motacilla tschutschensis* | M G F | ++ | S | P | | 2 |
| | | | | 235 | 灰鹡鸰 *Motacilla cinerea* | M G F | ++ | S | P | | 2 |
| | | | | 236 | 白鹡鸰 *Motacilla alba* | M G F | ++ | S | P | | 2 |
| | | | | 237 | 田鹨 *Anthus richardi* | M G F | + | S | C | | 3 |
| | | | | 238 | 树鹨 *Anthus hodgsoni* | F | + | S | P | | 2 |
| | | | | 239 | 水鹨 *Anthus spinoletta* | M G L | + | P | P | | 2 |
| | | 55 | 燕雀科 Fringillidae | 240 | 燕雀 *Fringilla montifringilla* | L F | O | P | P | | 2 |
| | | | | 241 | 锡嘴雀 *Coccothraustes coccothraustes* | F | O | R | P | | 2 |
| | | | | 242 | 黑尾蜡嘴雀 *Eophona migratoria* | F | O | P | P | | 2 |
| | | | | 243 | 黑头蜡嘴雀 *Eophona personata* | F | O | P | P | | 2 |
| | | | | 244 | 松雀 *Pinicola enucleator* | F L | + | W | P | | 3 |
| | | | | 245 | 红腹灰雀 *Pyrrhula pyrrhula* | F | O | W | P | | 3 |
| | | | | 246 | 普通朱雀 *Carpodacus erythrinus* | F | + | S | P | | 2 |
| | | | | 247 | 长尾雀 *Carpodacus sibiricus* | F | ++ | R | P | | 2 |
| | | | | 248 | 北朱雀 *Carpodacus roseus* | F | ++ | W | P | II | 1 |
| | | | | 249 | 金翅雀 *Chloris sinica* | F | O | R | P | | 2 |
| | | | | 250 | 白腰朱顶雀 *Acanthis flammea* | F G | ++ | W | P | | 2 |
| | | | | 251 | 红交嘴雀 *Loxia curvirostra* | L | + | P | P | II | 3 |
| | | | | 252 | 黄雀 *Spinus spinus* | F | ++ | S | P | | 2 |
| | | 56 | 铁爪鹀科 Calcariidae | 253 | 铁爪鹀 *Calcarius lapponicus* | G L | O | W | C | | 2 |
| | | | | 254 | 雪鹀 *Plectrophenax nivalis* | G L | O | W | C | | 2 |
| | | 57 | 鹀科 Emberizidae | 255 | 白头鹀 *Emberiza leucocephalos* | F | ++ | P | P | | 3 |
| | | | | 256 | 三道眉草鹀 *Emberiza cioides* | G | ++ | R | P | | 2 |
| | | | | 257 | 白眉鹀 *Emberiza tristrami* | F | O | S | P | | 3 |
| | | | | 258 | 栗耳鹀 *Emberiza fucata* | G | + | S | P | | 2 |
| | | | | 259 | 小鹀 *Emberiza pusilla* | L | + | P | P | | 2 |
| | | | | 260 | 田鹀 *Emberiza rustica* | G | + | P | P | | 2 |
| | | | | 261 | 黄喉鹀 *Emberiza elegans* | G L | ++ | P | P | | 2 |
| | | | | 262 | 黄胸鹀 *Emberiza aureola* | M G L | +++ | S | P | I | 2 |
| | | | | 263 | 栗鹀 *Emberiza rutila* | G L | ++ | P | P | | 2 |
| | | | | 264 | 灰头鹀 *Emberiza spodocephala* | M G L | ++ | S | P | | 2 |
| | | | | 265 | 苇鹀 *Emberiza pallasi* | W L | ++ | S | P | | 2 |
| | | | | 266 | 红颈苇鹀 *Emberiza yessoensis* | M G | +++ | S | P | | 2 |
| | | | | 267 | 芦鹀 *Emberiza schoeniclus* | M | +++ | S | P | | 3 |

注：生境：W 表示水域；M 表示沼泽；G 表示草甸；F 表示林地；L 表示农田；R 表示居民区。数量：+++ 表示优势种；++ 表示常见种；+ 表示稀有种；O 表示绝迹或文献记载。区系：P 表示古北种；O 表示东洋种；C 表示广布种；居留型：R 表示留鸟；V 表示迷鸟；P 表示旅鸟；S 表示夏候鸟；W 表示冬候鸟。保护级别采用《国家重点保护野生动物名录》录入依据：1 表示标本；2 表示野外见到；3 表示文献记载。